CAMBRIDGE LIBRARY COLLECTION

Books of enduring scholarly value

Life Sciences

Until the nineteenth century, the various subjects now known as the life sciences were regarded either as arcane studies which had little impact on ordinary daily life, or as a genteel hobby for the leisured classes. The increasing academic rigour and systematisation brought to the study of botany, zoology and other disciplines, and their adoption in university curricula, are reflected in the books reissued in this series.

Rapport Historique sur les Progrès des Sciences Naturelles Depuis 1789

In 1808, Napoleon I, Emperor of the French from 1804 to 1815, commissioned a series of official reports on the progress of scientific research since 1789. First published in 1810, this report on the current state of science was written by French naturalist and zoologist Georges Cuvier (1769–1832). One of the first scientists to establish the fields of comparative anatomy and palaeontology, Cuvier became permanent secretary of the Academy of Sciences in 1803. As such, he was charged with examining the state of science in higher educational establishments, and with presenting an overview of the progress accomplished during Napoleon's reign in the fields of chemistry, physics, biology, geology, and medicine. This report includes discoveries made by French scientists, such as the chemist Antoine Lavoisier (1743–94), as well as those made in the countries then under French occupation.

Cambridge University Press has long been a pioneer in the reissuing of out-of-print titles from its own backlist, producing digital reprints of books that are still sought after by scholars and students but could not be reprinted economically using traditional technology. The Cambridge Library Collection extends this activity to a wider range of books which are still of importance to researchers and professionals, either for the source material they contain, or as landmarks in the history of their academic discipline.

Drawing from the world-renowned collections in the Cambridge University Library, and guided by the advice of experts in each subject area, Cambridge University Press is using state-of-the-art scanning machines in its own Printing House to capture the content of each book selected for inclusion. The files are processed to give a consistently clear, crisp image, and the books finished to the high quality standard for which the Press is recognised around the world. The latest print-on-demand technology ensures that the books will remain available indefinitely, and that orders for single or multiple copies can quickly be supplied.

The Cambridge Library Collection will bring back to life books of enduring scholarly value (including out-of-copyright works originally issued by other publishers) across a wide range of disciplines in the humanities and social sciences and in science and technology.

Rapport Historique sur les Progrès des Sciences Naturelles Depuis 1789

EDITED BY GEORGES CUVIER

CAMBRIDGE
UNIVERSITY PRESS

CAMBRIDGE UNIVERSITY PRESS

Cambridge, New York, Melbourne, Madrid, Cape Town,
Singapore, São Paolo, Delhi, Tokyo, Mexico City

Published in the United States of America by Cambridge University Press, New York

www.cambridge.org
Information on this title: www.cambridge.org/9781108037990

This edition first published 1810
This digitally printed version 2011

ISBN 978-1-108-03799-0 Paperback

RAPPORT HISTORIQUE

SUR LES PROGRES

DES SCIENCES NATURELLES.

RAPPORT HISTORIQUE

SUR LES PROGRES

DES SCIENCES NATURELLES

DEPUIS 1789,

ET SUR LEUR ÉTAT ACTUEL,

Présenté à Sa Majesté l'Empereur et Roi, en son Conseil d'état, le 6 Février 1808, par la Classe des Sciences physiques et mathématiques de l'Institut, conformément à l'arrêté du Gouvernement du 13 Ventôse an X;

Rédigé par M. Cuvier, Secrétaire perpétuel de la Classe pour les Sciences physiques.

IMPRIMÉ PAR ORDRE DE SA MAJESTÉ.

A PARIS,

DE L'IMPRIMERIE IMPÉRIALE.

M. DCCC. X.

AVERTISSEMENT.

MALGRÉ les efforts que devoient inspirer au rédacteur de ce Rapport, et l'importance du sujet, et les hommes respectables dont il y est fait mention, et le corps célèbre au nom duquel on y parle, et sur-tout le Prince auguste à qui il a été présenté ; malgré les soins qui ont été pris pour recueillir tous les faits et pour profiter de toutes les lumières, il n'a pas été possible, dans une matière aussi vaste, d'éviter ni toutes les erreurs, ni toutes les omissions ; et ce n'est qu'en tremblant qu'on soumet au public un ouvrage encore si imparfait. On espère du moins que le respect pour les savans à qui nous devons tant de découvertes, et le desir de rendre justice à leurs travaux et d'en faire sentir l'utilité aussi-bien que les difficultés, s'y montreront partout, et contribueront à faire accorder quelque indulgence aux imperfections qui y restent.

L'auteur doit témoigner ici sa reconnoissance pour les membres de la Classe qui l'ont aidé de leurs conseils et de leurs renseignemens : nommer MM. Guyton, Chaptal, Vauquelin, de Jussieu,

Olivier, Desfontaines, Ramond, Thouin, Tessier, Parmentier, Silvestre, comme ayant fourni des notes nombreuses et intéressantes sur leurs sciences respectives ; dire que M. Hallé a remis un mémoire detaillé sur la médecine et les sciences qui s'y rapportent ; que MM. Laplace, Berthollet, de Rumford, Haüy, Fourcroy, Hallé, Lacépède, ont bien voulu lire diverses parties, et communiquer leurs remarques à l'auteur, c'est assez faire sentir combien cet écrit auroit pu devenir utile à l'histoire des sciences, si tant d'hommes illustres avoient trouvé un organe plus digne d'eux.

TABLE

TABLE

Des Articles qui composent ce Rapport.

Ire PARTIE.

Sciences physiques.　　　　　　　　　　　　b

II. PARTIE.

III.ᵉ PARTIE.

FIN DE LA TABLE.

RAPPORT

RAPPORT

SUR

LES SCIENCES PHYSIQUES.

S<small>IRE</small>,

D<small>ANS</small> l'honorable tâche que votre Majesté impériale a prescrite à l'Institut, de vous présenter un tableau général des progrès des connoissances humaines pendant les vingt dernières années, il n'est point de partie plus étendue, et par conséquent il n'en est point de plus délicate, que celle qui embrasse les sciences purement physiques ou naturelles ; et ce ne seroit, en quelque sorte, qu'en tremblant que nous approcherions de votre trône, pour exercer un ministère où il est si difficile que notre justice soit toujours éclairée, si nous ne comptions sur l'équité des hommes de mérite dont nous ne sommes obligés de nous faire un instant les juges, que pour nous voir bientôt soumis nous-mêmes à leur jugement et à celui du public et de la postérité.

Votre Majesté, dont le génie s'élève au-dessus des rivalités nationales, a senti que les sciences sont la propriété commune de tout le genre humain ; elle nous a ordonné de comprendre dans cette histoire les travaux des étrangers, comme ceux de ses sujets; et s'il y a, en effet, une circonstance où la générosité Françoise doive être portée à rendre à nos émules les témoignages qui leur sont dus, c'est lorsqu'il s'agit de parler publiquement de nos propres succès.

Mais, pendant quinze années de guerres et de défiance, les difficultés naturelles que la différence des langues oppose à la propagation des découvertes, ont été augmentées par la cessation presque absolue de tout commerce littéraire, et cela peut-être à l'époque où le zèle pour les sciences a été le plus général, et où les contrées les plus reculées semblent s'être fait un devoir de leur fournir quelque important tribut.

L'impartialité que vous nous avez prescrite, et qui s'accorde si bien avec nos propres sentimens, ne pourra donc pas toujours nous préserver d'une injustice apparente envers ceux dont les écrits nous sont moins familiers ; idée plus pénible que jamais, dans cette occasion solennelle où le génie demande à connoître et à honorer le génie, où le Héros qui a porté la gloire militaire et politique au-delà de toutes les bornes que lui assignoient les exemples de l'histoire et les élans les plus hardis de l'imagination, veut rapprocher de lui et couronner de ses mains toutes les sortes de gloire.

Et même dans les ouvrages que nous avons rassemblés, parmi des efforts si nombreux de persévérance et de sagacité, comment saisir toujours avec précision ceux qui ont conduit à des vérités nouvelles ? Comment, dans ce vif éclat dont brillent aujourd'hui les sciences, faisceau composé de la réunion de tant de lueurs éparses, distinguer et réfléchir vers chaque auteur les rayons qu'il a fait jaillir ? Comment sur-tout retracer nettement, dans un récit rapide, des travaux si diversifiés, en composer un tableau uniforme, et faire sentir d'une manière également claire leur objet général et leurs liens communs ?

Ils se lient cependant tous ; car les sciences ne sont que l'expression des rapports réels des êtres : elles doivent donc former un ensemble comme les êtres eux-mêmes ; l'univers est leur objet commun ; si elles se divisent, ce n'est que pour l'envisager par différentes faces. Leur marche est donc tracée ; les points où elles doivent se réunir, sont fixés ; l'édifice qu'elles ont à construire, est en quelque sorte dessiné d'avance, et son plan toujours sous les yeux des hommes qui se consacrent à cette noble entreprise. Mais c'est précisément pour cela que chacun d'eux peut opérer isolément, et placer à son gré quelques matériaux, laissant à ses successeurs ou à ses émules à remplir les vides qui les séparent.

En suivant une autre comparaison, nous pouvons nous représenter la nature et les sciences comme deux vastes

Idée générale de l'objet et de la marche des sciences.

tableaux, dont l'un devroit être la copie de l'autre. Tous deux sont divisés en une infinité de compartimens que les divers ordres de savans semblent s'être partagés, et qui n'en composent pas moins un seul et même système. Mais, dans celui qu'a formé la nature, tout est plein, tout est lié : dans celui que les hommes ont essayé de faire, une grande partie des cases est encore absolument vide ; une autre n'est remplie que d'images incorrectes, et qui n'ont avec l'original qu'une ressemblance grossière; enfin, il faut l'avouer, tous les efforts de ceux qui ont cultivé les sciences, ne sont encore parvenus à reproduire avec fidélité qu'un bien petit nombre des traits de l'immense et sublime ensemble des êtres naturels.

Il n'y a toutefois dans ces idées rien de décourageant, quand on songe qu'à peine les premières étincelles des sciences remontent à trente siècles, et que leur lumière, loin de s'être propagée sans obstacle, a été interrompue par une nuit profonde pendant près de la moitié d'un si court intervalle. L'espoir s'étend au contraire, quand on considère qu'elles marchent aujourd'hui avec une rapidité toujours croissante ; que les deux derniers siècles ont plus fait pour elles que tous les précédens, et que les trente dernières années ont peut-être à elles seules égalé les deux derniers siècles.

C'est, du moins, ce que nous pouvons affirmer par rapport aux sciences naturelles, objet de cette partie de notre Rapport.

Nature et limites des sciences naturelles. Placées entre les sciences mathématiques et les sciences morales, elles commencent où les phénomènes ne sont plus susceptibles d'être mesurés avec précision, ni les résultats d'être calculés avec exactitude ; elles finissent, lorsqu'il n'y a plus à considérer que les opérations de l'esprit et leur influence sur la volonté.

L'espace entre ces deux limites est aussi vaste que fertile, et appelle de toute part les travailleurs par les riches et faciles moissons qu'il promet.

Dans les sciences mathématiques, même lorsqu'elles quittent leurs abstractions pour s'occuper des phénomènes réels, un seul fait bien constaté et mesuré avec précision sert de principe et de point de départ ; tout le reste est l'ouvrage du calcul : mais les bornes du calcul sont aussi celles de la science. La théorie des affections morales et de leurs ressorts s'arrête plus promptement encore devant cette continuelle et incompréhensible mobilité du cœur, qui met sans cesse toute règle et toute prévoyance en défaut, et que le génie seul, comme par une inspiration divine, sait diriger et fixer. Les sciences naturelles, qui n'ont que le second rang pour la certitude de leurs résultats, méritent donc, sans contredit, le premier par leur étendue ; et même, si les sciences mathématiques ont l'avantage d'une certitude presque indépendante de l'observation, les sciences naturelles ont en revanche celui de pouvoir étendre à tout, le genre de certitude dont elles sont susceptibles.

Une fois sortis des phénomènes du choc, nous n'avons plus d'idée nette des rapports de cause et d'effet. Tout se réduit à recueillir des faits particuliers, et à chercher des propositions générales qui en embrassent le plus grand nombre possible. C'est en cela que consistent toutes les théories physiques ; et, à quelque généralité qu'on ait

conduit chacune d'elles, il s'en faut encore beaucoup qu'elles
aient été ramenées aux lois du choc, qui seules pourroient
les changer en véritables explications.

Leurs prin-
cipes généraux.

Il existe cependant quelques-uns de ces principes ou de
ces phénomènes élevés, déduits de l'expérience généralisée, qui, sans être eux-mêmes encore expliqués rationnellement, semblent donner une explication assez générale
et assez plausible des phénomènes inférieurs, pour contenter
l'esprit, tant qu'il ne cherche pas une précision rigoureuse
dans les relations qu'il saisit. Telles sont sur-tout l'attraction et la chaleur combinées avec les figures primitives
que l'on peut admettre dans les molécules des corps, et
que l'on peut y considérer comme constantes et uniformes pour chaque substance.

L'attraction générale, si bien établie entre les grands
corps de l'univers par les phénomènes astronomiques, paroît, en effet, régner aussi entre les particules rapprochées
de matière qui composent les différentes substances terrestres ; mais, aux distances énormes où les astres sont les
uns des autres, chacun d'eux peut être considéré comme
si toute sa matière étoit concentrée en un point, tandis
que dans l'état de rapprochement des molécules des corps
terrestres, leur figure influe sur leur manière d'agir, et
modifie puissamment le résultat total de leur attraction.
De là les particularités de l'attraction moléculaire, et la
possibilité d'attribuer d'une manière générale à son action,
limitée par celle de la chaleur et par quelques autres causes
analogues, les phénomènes de la cohésion et ceux des
affinités chimiques. Ces derniers expliquent à leur tour
la formation des minéraux et toutes les altérations de

l'atmosphère, les mouvemens des eaux et leur composition. Les corps vivans eux-mêmes laissent apercevoir clairement, dans une multitude de leurs phénomènes, l'influence de l'affinité qu'ont entre eux, et avec les substances extérieures, les élémens qui les composent; et beaucoup de ces phénomènes n'échappent peut-être encore aux explications déduites de l'affinité, que parce qu'il nous échappe aussi plusieurs des substances qui prennent part aux mouvemens multipliés de la vie.

Toujours voit-on que, dans ces cas compliqués, les principes dont nous parlons sont plus propres à reposer l'imagination qu'à donner une raison précise des phénomènes, et que même, dans les cas plus simples où nul ne peut méconnoître leur influence, on est bien éloigné encore d'en avoir réduit l'appréciation à la rigueur des lois mathématiques.

Nous sommes dans l'ignorance la plus absolue de la figure des molécules élémentaires des corps; et quand nous la connoîtrions, il seroit impossible à l'analyse d'en calculer les effets dans les attractions à petites distances qui déterminent les affinités diverses de ces molécules.

Par conséquent, les seuls principes généraux qui paroissent dominer dans les sciences physiques, sont aussi ce qui les rend rebelles au calcul, et ce qui les réduira long-temps à l'observation des faits et à leur classement. En d'autres mots, nos sciences naturelles ne sont que des faits rapprochés, nos théories que des formules qui en embrassent un grand nombre; et, par une suite nécessaire, le moindre fait bien observé doit être accueilli, s'il est nouveau, puisqu'il peut modifier nos théories les mieux

accréditées, puisque l'observation la plus simple peut ren-
verser le système le plus ingénieux, et ouvrir les yeux sur
une immense série de découvertes dont nous séparoit le
voile des formules reçues.

C'est-là ce qui donne aux sciences naturelles leur caractère particulier, et ce qui, ôtant du champ qu'elles parcourent tout obstacle et toute limite, y promet des succès
certains à tout observateur raisonnable qui, ne s'élevant
point à des suppositions téméraires, se borne aux seules
routes ouvertes à l'esprit humain dans son état actuel;
mais c'est aussi là ce qui multiplie, comme nous l'avons
dit, au-delà de toute mesure, les travaux particuliers qui
méritent d'entrer dans cette histoire.

Le genre de certitude qui résulte de l'observation bien
faite, s'applique, en effet, à tout ce qui est observable;
et comme les tables astronomiques, rédigées seulement
d'après les remarques long-temps continuées des astro-
nomes, constitueroient déjà une science très-importante,
quand même Newton n'auroit pas créé l'astronomie physique, nous avons aussi, sur tous les objets naturels,
depuis la simple agrégation des molécules d'un sel, jusqu'aux mouvemens les plus compliqués des animaux,
jusqu'à leurs sensations les plus délicates, des espèces de
tables moins précises à la vérité, et dont sur-tout les principes rationnels sont encore loin d'être découverts, mais
dont la partie empirique, ou purement expérimentale,
ne s'en perfectionne et ne s'en étend pas moins chaque
jour.

Vains efforts
pour augmen-
ter leur certi-
tude.

Au reste, si nous continuons à rapporter ainsi toutes
nos sciences physiques à l'expérience généralisée, ce n'est

pas

pas que nous ignorions les nouveaux essais de quelques
métaphysiciens étrangers pour lier les phénomènes naturels aux principes rationnels, pour les démontrer *à priori*,
ou, comme ces métaphysiciens s'expriment, pour les soustraire à la conditionnalité.

C'est à une autre classe à rendre compte à votre
Majesté de la partie générale et purement métaphysique de cette entreprise : quant à nous, qui n'avons à
parler ici que des applications particulières que l'on en a
faites aux divers ordres de phénomènes, depuis le galvanisme et l'affinité chimique, jusqu'à la production des
êtres organisés et aux lois qui les régissent, nous ne
pouvons nous empêcher de déclarer que nous n'y avons
vu qu'un jeu trompeur de l'esprit, où l'on ne semble
faire quelques pas qu'à l'aide d'expressions figurées prises
tantôt dans un sens et tantôt dans un autre, et où l'incertitude de la route se décèle bien vîte, quand ceux qui
s'y donnent pour guides ne connoissent pas d'avance le
but où ils prétendent qu'elle conduit. En effet, la plupart
de ceux qui se sont livrés à ces recherches spéculatives,
ignorant les faits positifs, et ne sachant pas bien ce qu'il
falloit démontrer, sont arrivés à des résultats si éloignés
du vrai, qu'ils suffiroient pour faire soupçonner leur méthode de démonstration d'être bien fautive.

Nous n'ignorons pas non plus que la plupart de ces
métaphysiciens, faisant abstraction de toute idée de matière, se bornent à considérer les forces qui agissent dans
les phénomènes, et que les corps eux-mêmes ne sont à
leurs yeux que les produits de ces forces : mais ce n'est
au fond qu'une différence d'expression qui n'apporte aucun

Sciences physiques. B

changement dans les théories spéciales ; et ceux même qui croient ces subtilités métaphysiques utiles pour accoutumer à l'abstraction l'esprit des jeunes gens , et pour l'exercer à tous les artifices de la dialectique, conviennent qu'elles n'ont point d'influence dans l'histoire et l'explication des phénomènes positifs , et que l'emploi du langage ordinaire y est sans inconvénient.

Laissant donc de côté les vains efforts que l'on a faits, dans tous les siècles, pour procurer aux objets qui nous entourent et aux apparences qu'ils manifestent un autre genre de certitude que celui qui peut résulter de l'expérience, et nous en tenant à celle-ci , autant qu'elle est gouvernée par les lois d'une saine logique, qui seules lui sont supérieures, nous allons parcourir son vaste domaine dans l'ordre de simplicité et de généralité des faits qu'elle nous présente.

Plan de ce Rapport. Prenant pour guide celui de tous les phénomènes que nous avons dit être le plus général et exercer sur les autres l'influence la plus universelle, nous considérerons d'abord l'attraction moléculaire dans ses effets les plus simples dans les lois auxquelles elle est soumise , et dans les modifications qu'elle éprouve de la part des autres principes généraux. La théorie des cristaux et celle des affinités commenceront donc cette histoire, et avec d'autant plus d'avantage , que ce sont deux sciences entièrement nouvelles , et nées dans la période dont nous avons à rendre compte à votre Majesté.

Passant ensuite aux combinaisons et décompositions que les affinités produisent entre les diverses substances simples , soit dans nos laboratoires, soit au-dehors, nous tracerons l'histoire de la chimie, dont la météorologie, l'hydrologie et la minéralogie sont en quelque sorte des dépendances.

Mais il faudra, bientôt après, considérer le jeu des affinités dans ces corps d'une forme plus ou moins compliquée, dont l'origine n'est point connue, et dont la composition est loin encore de l'être ; dans les corps organisés, en un mot, où l'action simultanée de tant de substances entretient, au milieu d'un mouvement continuel, une constance d'état, objet éternel de notre étonnement, et borne peut-être à jamais insurmontable pour toutes les forces de notre esprit.

L'anatomie, la physiologie, la botanique et la zoologie s'occupent de ces êtres merveilleux, et forment des sciences tellement unies par des rapports nombreux, que leurs histoires seront presque inséparables.

Les circonstances les plus favorables au développement, à la propagation et à la vie des espèces utiles, et les altérations de l'ordre de leurs fonctions, c'est-à-dire, les maladies, qui elles-mêmes sont soumises à un certain ordre dont on peut saisir les lois, forment, à cause de leur importance pour la société, l'objet de deux sciences particulières, bases de l'agriculture et de l'art de guérir.

C'est par leur histoire et par celle des arts qui en dépendent que nous terminerons cet exposé des progrès des sciences naturelles, ajoutant seulement, en quelques mots, l'indication des principaux avantages qu'ont retirés de ces progrès les arts plus matériels.

Si nous parlions à un prince ordinaire, c'est sur ces avantages immédiats que nous insisterions le plus. La plupart des Gouvernemens se croient le droit de ne voir et de n'encourager dans les sciences que leur emploi journalier aux besoins de la société; et sans doute le vaste tableau que nous avons à tracer pourroit ne leur paroître, comme au vulgaire, qu'une suite de spéculations plus curieuses qu'utiles.

Mais votre Majesté, nourrie elle-même dans les sciences les plus sublimes, sait parfaitement que toutes ces opérations de pratique, sources des commodités de la vie, ne sont que des applications bien faciles des théories générales, et qu'il ne se découvre dans les sciences aucune proposition qui ne puisse être le germe de mille inventions usuelles.

On peut lui dire que nulle vérité physique n'est indifférente aux agrémens de la société, comme nulle vérité morale ne l'est à l'ordre qui doit la régir. Les premières ne sont pas même étrangères aux bases sur lesquelles reposent l'état des peuples et les rapports politiques des nations : l'anarchie féodale subsisteroit peut-être encore, si la poudre à canon n'eût changé l'art de la guerre; les deux mondes seroient encore séparés sans l'aiguille aimantée; et nul ne peut prévoir ce que deviendroient leurs rapports actuels, si l'on parvenoit à suppléer aux denrées coloniales par des plantes indigènes.

Mais, sans nous jeter dans ces hautes conjectures, en parcourant un moment les procédés des arts, nous verrons aisément qu'il n'en est aucun qui n'ait ressenti jusque dans ses moindres détails l'influence bienfaisante des découvertes scientifiques qui ont illustré notre période.

Puissions-nous donc peindre dignement ce grand

ensemble d'efforts et de succès! Puissions-nous présenter dans leur véritable jour à l'Autorité suprême ces hommes respectables, sans cesse occupés d'éclairer leurs semblables et d'élever l'espèce humaine à ces vérités générales qui forment son noble apanage, et d'où découlent tant d'applications utiles! Cet espoir seul nous soutiendra dans la longue et pénible carrière où les ordres de votre Majesté nous engagent.

DE tous les phénomènes que l'attraction moléculaire produit, le plus immédiat, le plus sensible, et celui qui se rapproche le plus, à quelques égards, de cette simplicité qu'exigent les applications des mathématiques, c'est la cristallisation des substances homogènes, ou l'union de leurs molécules selon certaines lois, pour constituer ces corps d'une figure polyèdre déterminée, que l'on nomme des *cristaux*.

La partie de ce phénomène qui tient aux divers arrangemens que ces molécules prennent entre elles, est devenue, dans les mains de l'un de nos confrères, M. Haüy, l'objet d'une science toute entière.

Depuis long-temps on savoit que plusieurs sels, plusieurs pierres, affectent, jusqu'à un certain point, des formes constantes dans chaque espèce. On avoit même observé qu'un cube de sel marin, par exemple, se compose de la réunion d'une infinité de cubes plus petits.

Néanmoins un premier embarras naissoit de ce que d'autres sels, d'autres pierres, se présentent aussi sous des formes infiniment variées, et qui ne paroissoient pas faciles à ramener à une origine unique.

I.re PARTIE.

CHIMIE.

Lois générales de l'attraction molécul.re

CHIMIE GÉNÉRALE dans les subs.ces homogènes.

Théorie de la cristallisation.

Histoire de cette théorie.

Un minéralogiste François, Romé de l'Isle (1), fit en 1772 un premier pas, mais bien foible encore, vers la vérité.

Ayant rassemblé et décrit un grand nombre de cristaux différens de chaque substance, il reconnut, dans presque tous, une forme générale, propre à chaque espèce, et dont il est aisé de déduire toutes les autres formes, en supposant que ses angles ou ses arêtes sont tronquées plus ou moins profondément.

Mais les cristaux, comme tous les minéraux, croissent, parce que de nouvelles couches les enveloppent : on ne peut donc supposer que la nature, après leur avoir donné leur forme primitive, leur enlève ensuite leurs parties saillantes, pour les tailler, en quelque sorte, en cristaux secondaires.

Le célèbre chimiste Suédois Bergman, de son côté, avoit fait un pas de plus, et l'avoit dû au hasard (2). Un de ses élèves, M. Gahn, s'aperçut qu'un cristal secondaire, le spath à double pyramide par exemple, se laisse aisément casser en lames régulièrement posées les unes sur les autres, et que, si l'on enlève successivement les lames extérieures, on finit par arriver à un noyau central, qui est précisément la forme générale et primitive commune à tous les spaths calcaires.

Cette remarque étoit applicable à tous les cristaux : la pratique, nommée *clivage* par les joailliers, montroit qu'en effet tous les cristaux pierreux sont composés de

(1) Essai de cristallographie, &c.; 1.ʳᵉ édit., Paris, *1772*, 1 vol. in-8.°; 2.ᵉ édit. *1783*, 4 vol.

(2) De la forme des cristaux; *Mém. d'Upsal*, *1773*.

lames, et une expérience aisée en apprenoit autant pour les sels.

Mais Bergman se trompa, dès qu'il voulut étendre la découverte de Gahn. Au lieu d'observer immédiatement la disposition des lames dans les cristaux des autres espèces, il voulut l'imaginer, et n'arriva à rien de précis.

M. Haüy est donc le seul véritable auteur de la science mathématique des cristaux. Le hasard lui fit faire un jour la même remarque qu'à Gahn, sans qu'il eût été informé de celle du Suédois, et il sut en tirer un tout autre parti (1). Un cristal secondaire, dit-il, ne diffère donc de son noyau que parce que les lames qui enveloppent celui-ci, diminuent de largeur, selon certaines proportions régulières ; et les divers cristaux d'une même espèce, formés tous sur un noyau semblable, diffèrent les uns des autres, parce que le décroissement des lames s'est fait dans chacun d'eux selon des proportions et des directions différentes.

Mais chaque lame, supposée la plus mince possible, peut être considérée comme une couche des molécules de la substance placée côte à côte, et formant des compartimens réguliers.

Chaque lame nouvelle sera donc moindre que la précédente, si elle a une ou plusieurs rangées de molécules de moins, soit sur ses bords, soit sur ses angles ; et en supposant que toutes les lames successives diminuent suivant la même loi, il doit résulter des espèces d'escaliers représentant, pour l'œil, des surfaces nouvelles qui modifient

(1) Essai d'une théorie de la structure des cristaux ; *Paris, 1784, 1 vol.* in-8.°

la forme primitive, et qui sont précisément ce que Romé de l'Isle appeloit des *troncatures*.

Mais, toute lumineuse que cette théorie paroissoit, M. Haüy ne s'est point contenté de ces généralités : suivant l'exemple de tous ceux qui ont véritablement servi les sciences, il a confirmé sa théorie, en montrant qu'elle explique réellement d'une manière rigoureuse les phénomènes connus, et qu'elle prévoit avec précision les phénomènes possibles.

Pour cet effet, il a déterminé, par l'analyse ou cassure mécanique, et par une mesure exacte des angles, les formes des noyaux et des molécules élémentaires de tous les cristaux connus ; puis, au moyen d'un calcul trigonométrique, il a montré qu'en admettant un nombre assez borné de lois de décroissement, et en les combinant ensemble de diverses manières, on peut en faire dériver un nombre déterminé, mais très-considérable, de formes secondaires possibles. Examinant enfin les formes secondaires découvertes jusqu'à présent dans la nature, il a fait voir qu'elles rentrent toutes dans celles que les élémens précédens démontrent possibles pour chaque espèce.

C'est ainsi que M. Haüy (1) a créé l'ensemble et les détails d'une science nouvelle, qui appartient presque toute entière à l'époque dont votre Majesté nous a ordonné de lui tracer l'histoire, et qui est d'autant plus satisfaisante, d'autant plus honorable pour l'esprit humain, qu'elle n'a rien d'hypothétique ni de vague, et que tout y est déterminé par une heureuse réunion du calcul et de l'observation immédiate.

(1) Traité de minéralogie, par M. Haüy ; *Paris, 1801, 4 vol. in-8.º et in 4.º*

Deux

Deux cas seulement offrent quelque chose d'arbitraire. Le premier est celui des cristaux à noyau prismatique : la division mécanique n'y donne point par elle-même la proportion de la hauteur du prisme à la largeur de sa base ; mais on admet alors celle qui satisfait aux formes secondaires connues, au moyen des lois de décroissement les plus simples.

Le second est celui où les joints naturels des lames se multiplient assez pour intercepter des espaces de diverses figures : probablement alors les uns sont seuls occupés par des molécules solides ; les autres sont des vides ou des pores : mais on ne sait auxquels attribuer cette qualité. Au reste, c'est une chose indifférente, pourvu qu'il y ait toujours un noyau constant.

Quant à la cause qui détermine dans chaque variété telle loi de décroissement plutôt que telle autre, elle est encore couverte d'un voile épais.

Feu Leblanc étoit bien parvenu à faire cristalliser à volonté l'alun sous la forme primitive d'octaèdre, ou sous la forme secondaire de cube, en saturant plus ou moins (1).

Mais il ne paroît point que les formes secondaires des autres sels dépendent ainsi des proportions de leurs composans, et les innombrables variétés de spath calcaire n'ont donné aucune différence sensible à l'analyse qu'en a faite M. Vauquelin.

Indépendamment de cet intérêt général que la science des cristaux offre à l'esprit, en sa qualité de doctrine précise

(1) Essai sur quelques phénomènes relatifs à la cristallisation des sels ; Journ. de phys. t. *XXVIII*, p. *341.*

Sciences physiques. C

et démontrée, son utilité directe pour la connoissance des minéraux est très-grande : elle leur fournit des caractères faciles à saisir ; elle a souvent aidé à en distinguer que l'on confondoit, et plusieurs fois elle a précédé à cet égard l'analyse chimique. Nous verrons, à l'article de la minéralogie, l'heureux emploi qu'en a fait M. Haüy pour éclairer cette science importante.

Objections faites contre cette théorie.

On a élevé, dans ces derniers temps, la question, si une même substance doit avoir constamment la même molécule primitive et le même noyau ; et l'on a cité l'exemple de l'arragonite, qui cristallise tout différemment du spath calcaire, quoique la chimie trouve les mêmes principes dans l'un et dans l'autre, malgré tous les soins que M. Vauquelin, et plus récemment encore MM. Biot et Thenard, ont donnés a leur comparaison analytique et à celle de leur force réfractive.

Mais peut-être cette difficulté se résoudra-t-elle ou par la découverte de quelque nouveau principe chimique, ou parce que l'on s'apercevra que des circonstances passagères ont influé sur la cristallisation, comme il y en a qui influent sur les combinaisons, ainsi que nous le dirons bientôt d'après M. Berthollet, ou parce qu'enfin le parallélipipède rhomboïde, regardé jusqu'à présent comme la molécule primitive du spath, doit lui-même être subdivisé en molécules d'une autre forme. On conçoit, en effet, que lorsqu'on trouve de nouveaux joints dans un cristal, on est obligé d'en conclure une autre forme pour ses molécules, et qu'alors celles-ci peuvent constituer des noyaux ou formes primitives qu'on n'avoit pas calculées d'abord.

Ce sont là, comme on voit, des difficultés qui tiennent

a l'imperfection momentanée de l'observation , et qui n'affectent en rien les principes fondamentaux de la science.

Les combinaisons des substances diverses, et leurs séparations, ou ce que l'on nomme *le jeu des affinités,* sont un autre effet de l'attraction moléculaire, beaucoup plus varié et jusqu'à présent beaucoup plus obscur que la cristallisation , quoiqu'on l'ait étudié beaucoup plutôt.

Dans les substances hétérogènes.

(Théorie des affinités.)

On s'en faisoit , il y a très-peu d'années encore, des idées extrêmement simples. Deux substances différentes, dissoutes et mélangées, s'unissent en un composé binaire, mais homogène, qui manifeste des qualités différentes de celles des substances composantes : voilà ce que l'on nommoit *affinité.* Une troisième substance mise dans cette dissolution s'empare de l'une des deux premières et laisse précipiter l'autre : c'est , disoit-on , qu'elle a avec la première plus d'affinité que n'en avoit la seconde. Essayant ainsi toutes les substances par rapport à une seule, on les avoit rangées d'après leur plus ou moins d'affinité pour celle-ci : c'étoit la table des affinités. Chaque substance choisiroit, dans un grand nombre, celle pour qui elle auroit le plus d'affinité, et l'attireroit de préférence : de là le nom *d'affinités électives.* On ne peut détruire une combinaison binaire que par une substance qui ait avec l'un de ses deux élémens une affinité plus forte qu'ils n'en ont ensemble; mais, si cette affinité pour le premier est trop foible, on peut l'aider en donnant a la substance décomposante , pour auxiliaire , une quatrième substance qui agisse sur la seconde du premier composé. Alors les

Anciennes idées sur ce sujet.

deux composés binaires, tirés en quelque sorte chacun en deux sens, se décomposent à-la-fois pour en reformer deux nouveaux, ou, en d'autres termes, ils font un échange de leurs bases; ce qui se reconnoît quand l'un de ces deux composés nouveaux se précipite ou se dégage en vapeur : voilà ce qu'on nommoit *affinités doubles*. Il pouvoit y en avoir de triples, &c.

Ces idées, ainsi vaguement énoncées, n'avoient pu échapper long-temps aux anciens chimistes, puisqu'elles résultent plus ou moins immédiatement de tous les phénomènes de la chimie, et qu'elles en donnent à-peu-près la solution générale.

Le François Geoffroy (1) imagina le premier de réduire les affinités en tables ; et cette heureuse idée, éclaircie et développée par Senac et par Macquer, devint le principe fondamental de tous les travaux des chimistes.

Bergman sur-tout, par des recherches assidues que guidoit un génie élevé, avoit fait des affinités un corps de doctrine extrêmement séduisant, et qui sembloit démêler et représenter clairement la marche des phénomènes les plus compliqués.

Cependant on négligeoit une foule de considérations importantes ; on admettoit au moins tacitement plusieurs suppositions évidemment erronées, et l'on confondoit sous un même nom plusieurs effets très-différens. Ainsi, quoique l'on connût l'influence de la chaleur et de quelques autres circonstances extérieures pour altérer l'ordre des affinités, on n'en avoit point fait d'application générale, ni à cet ordre même, ni à la proportion des élémens

(1) Mémoires de l'Académie des sciences pour 1718.

de chaque combinaison ; l'on regardoit à-peu-près celles-ci comme constantes ; dans les décompositions par affinité simple, on supposoit que la substance intervenante s'empare entièrement de l'élément qu'elle attire, pour laisser l'autre entièrement libre ; enfin, dans les décompositions par affinités doubles, on croyoit pouvoir toujours déterminer la formation des deux nouveaux composés et leur séparation par un calcul rigoureusement appréciable des affinités prises deux à deux.

C'est contre cette doctrine trop absolue que s'est élevé récemment M. Berthollet dans plusieurs mémoires, et dans son grand ouvrage de la Statique chimique, où il a en quelque sorte imposé des lois toutes nouvelles aux affinités, en leur créant une véritable théorie (1).

Idées nouvelles de M. Berthollet.

Il a commencé par faire voir que les précipitations ne fournissent que des indices très-équivoques de la supériorité d'affinité, et ne tiennent, dans le cas des affinités simples comme dans celui des affinités doubles, qu'à la moindre dissolubilité de l'une des combinaisons définitives. Cette remarque a conduit M. Berthollet à examiner la force par laquelle les molécules des solides tiennent ensemble et résistent à leur dissolution. C'est l'*affinité de cohésion* qui unit les molécules de même nature et qui opère la cristallisation : loin d'être identique avec l'*affinité de combinaison*, qui tend à former un composé homogène des molécules de nature différente, elle s'oppose à son action et la contrebalance ; elle paroît agir au contact des molécules seulement et dépendre de leurs surfaces et de

(1) Essai de Statique chimique, par C. L. Berthollet ; *Paris, 1803,* 2 *vol. in-8*

leur figure, tandis que l'affinité de combinaison, s'exerçant à quelque distance, laisse moins d'influence à ces modifications pour en donner davantage à la masse. C'est ainsi, selon l'ingénieuse comparaison de M. Delaplace, que, dans les phénomènes astronomiques, les corps très-éloignés n'agissent les uns sur les autres que par leur masse, que l'on peut considérer comme réduite en un point, tandis qu'il faut avoir égard à la figure dans les attractions des corps plus rapprochés.

Passant ensuite à l'examen de l'affinité de combinaison elle-même, qui ne s'exerce, comme on sait, qu'entre des substances dissoutes ou au moins broyées ensemble, M. Berthollet a vu dans cette propriété d'agir à distance la source d'une foule de variations dans sa force.

Ainsi, la quantité relative d'une substance qui ne change point la cohésion, influe sur les affinités. Les molécules semblent s'aider mutuellement ; et telle matière qui n'agiroit point sur une autre, si elle ne lui étoit présentée que dans une certaine quantité, exerce de l'action quand elle devient plus abondante. La quantité influe sur le pouvoir de décomposer comme sur celui de dissoudre.

Tout ce qui peut écarter ou rapprocher les molécules, peut changer les affinités de combinaison : de là l'influence de la chaleur, de la pression, du choc, de la tendance à l'élasticité ou à l'efflorescence, pour opérer des unions ou des séparations.

Il faudroit donc autant de tables d'affinité différentes qu'il pourroit y avoir de changemens dans ces diverses circonstances ; et il n'y a peut-être pas de variation imaginable dans les affinités que l'on ne parvînt à effectuer, si l'on étoit le maître de faire varier à son gré ces circonstances accessoires. Chaque substance pourroit devenir susceptible de se combiner à toute autre dans une multitude de proportions différentes. M. Berthollet, par exemple, a réussi à saturer complétement les alcalis d'acide carbonique en s'aidant de la pression.

Il n'y a non plus presque jamais de séparation absolue dans les décompositions, quand elles résultent du contact d'une troisième substance; mais il s'y fait ordinairement un partage de l'une des trois avec les deux autres, selon la force des affinités que donnent respectivement à celles-ci, tant leur propre nature, que l'ensemble des circonstances étrangères que nous venons d'énoncer. Ainsi, les précipités sont des combinaisons variables qui exigent une analyse particulière : aussi verrons-nous que la plupart des analyses ont besoin d'être revues.

Pour remplacer à quelques égards cet ancien ordre des affinités, M. Berthollet considère les rapports des substances entre elles sous un point de vue nouveau qu'il nomme *capacité de saturation :* il entend par ces mots la quantité qu'il faut de l'une à l'autre pour être complétement saturée, c'est-à-dire, pour que ses propriétés soient entièrement masquées dans la combinaison. Il a reconnu avec MM. Richter (1) et Guyton (2) que c'est une force constante, et que s'il faut, par exemple, à une base deux fois plus d'un certain acide qu'à une autre pour être saturée, il lui faudra aussi pour cela deux fois plus de tout autre acide, et réciproquement.

(1) Stéchiométrie de Richter, sect. 1.re, p. 124.

(2) Mémoire sur les tables de composition des sels, &c. Mémoires de l'Institut, Sciences mathématiques et physiques, t. II, p. 326.

Ainsi, selon M. Berthollet, il n'y a point d'affinité élective absolue ; l'affinité n'est qu'une tendance générale d'un corps à s'unir à d'autres, dont la force, par rapport à chacun de ceux-ci, se mesure par la quantité qu'il peut en saisir, et augmente avec sa propre quantité : cette force continueroit d'agir, lorsqu'on mêle trois ou plusieurs corps, si elle n'étoit contrebalancée par des forces opposées, comme l'indissolubilité de l'une des combinaisons résultantes, ou sa plus grande tendance à cristalliser ou à se vaporiser, ou enfin à effleurir ; ce sont ces dernières causes qui produisent les séparations ou décompositions, et celles-ci ne sont point des effets immédiats de l'affinité : enfin la chaleur et la pression sont à leur tour deux causes opposées entre elles, qui font varier dans différens sens l'affinité elle-même, aussi-bien que les tendances qui lui sont contraires, et qui influent par ce moyen sur les résultats définitifs.

On juge aisément que M. Berthollet n'a pu s'élever à des idées si générales et si neuves, sans porter son attention sur une foule de phénomènes chimiques, et sans y faire une multitude de découvertes de détail. Nous en verrons une partie dans la suite de ce Rapport.

Indépendamment de leur vérité intrinsèque, ces vues ont l'avantage d'expliquer beaucoup de phénomènes qui échappoient à la théorie reçue ; elles ont sur-tout celui de rattacher plus étroitement la chimie au grand système des sciences physiques, tandis que la simple considération de l'affinité et l'exclusion donnée tacitement aux forces ordinaires de la nature sembloient laisser cette science dans l'état d'isolement où ses créateurs l'avoient mise. Le chimiste,

chimiste, obligé désormais d'avoir égard à tant de circonstances accessoires, et d'en mesurer la force pour en calculer les effets, ne pourra plus se dispenser d'être physicien et géomètre. C'est une garantie de plus de la certitude des découvertes futures.

Parmi ces circonstances, dont les diverses intensités font varier les affinités chimiques, il en est qui paroissent tenir à des principes d'une nature tellement particulière, que l'on n'a point encore décidé généralement s'ils sont vraiment matériels et s'ils ne consistent pas dans un mouvement intestin des corps. Toujours est-il sûr que nous n'avons aucun moyen de les peser et d'en apprécier la masse; nous ne pouvons pas même les contenir, les diriger ou les transporter entièrement à notre gré: mais chacun d'eux est assujetti dans ses mouvemens à des lois invariables, auxquelles il faut que nous nous soumettions nous-mêmes quand nous voulons en faire usage.

Circonstances qui modifient l'attraction moléculaire.

(Agens chimiques impondérables.)

Peut-être le nombre de ces agens chimiques impondérables est-il plus grand qu'on ne croit; peut-être même est-ce de ceux qui nous sont encore cachés que dépendra un jour l'explication d'une multitude de phénomènes de la nature, sur-tout de la nature vivante, aujourd'hui incompréhensibles pour nous: mais jusqu'à présent on n'est parvenu à en distinguer que trois; la lumière et la chaleur, qui sont connues de toute antiquité, et l'électricité, qu'on n'a bien caractérisée que dans le XVIII.e siècle.

Le principe de l'aimant ressemble, à beaucoup d'égards, aux trois autres; mais on ne lui a encore reconnu aucune action chimique distincte.

Que la lumière soit un simple mouvement de l'éther,

Lumière.

Sciences physiques.   D

Action chimi-
que de la lu-
mière.

ou un corps particulier, ou l'un des élémens de la matière de la chaleur, ou enfin un certain état de cette matière, car toutes ces opinions ont été avancées, les lois de sa transmission sont depuis long-temps déterminées par les mathématiciens, et il ne reste de découvertes à faire que dans leur application aux arts.

Mais son action chimique est beaucoup moins connue, quoique l'on sache positivement qu'elle en exerce une assez forte, non-seulement sur les corps vivans, comme nous le dirons ailleurs, mais encore sur les substances mortes, et en particulier sur les couleurs et sur quelques acides ou oxides métalliques qu'elle aide à dépouiller de leur oxigène. Elle dégage même l'acide muriatique du muriate d'argent.

Union de la
lumière à la
chaleur dans
les rayons so-
laires.

La nature du lien qui unit la lumière et la chaleur dans les rayons solaires, a été l'objet de grandes disputes et de longues recherches.

M. Herschel a remarqué que les différens rayons ne donnent ni la même clarté ni la même chaleur, et que ces deux actions ne suivent pas le même ordre. Ceux du milieu du spectre éclairent davantage ; mais leur force échauffante va en augmentant du violet au rouge. Ce célèbre astronome assure même qu'il se produit encore une chaleur plus forte au-delà du rouge et en dehors des limites du spectre.

D'un autre côté, MM. Ritter, Bœckmann et Wollaston vont jusqu'à avancer qu'il y a encore une troisième sorte de rayons auxquels appartient la propriété de désoxigéner, et qu'ils suivent un ordre inverse, augmentant de force du côté du violet, et s'étendant au-delà et hors du spectre comme les rayons échauffans du côté opposé. Mais ces expériences sont encore contestées par d'habiles physiciens.

Enfin, il est plusïeurs hommes de mérite qui pensent que les rayons solaires ne produisent de la chaleur que par quelque influence chimique qu'ils exercent en traversant l'atmosphère, et qui croient avoir besoin de cette hypothèse pour expliquer le grand froid des hautes montagnes.

Quant à la chaleur en elle-même, on conçoit qu'elle a dû être étudiée de bonne heure, puisque son pouvoir de changer les affinités des substances entre elles, ainsi que celui de dilater tous les corps et d'en écarter les molécules, sont les moyens les plus actifs de la nature pour entretenir à la surface de notre globe le mouvement et la vie.

Chaleur.

Il est vrai que tous les travaux dont elle a été l'objet n'ont pas encore établi, d'une manière plus démonstrative que pour la lumière, sa qualité d'être matériel; mais ils n'en ont pas moins fait connoître, dans ces derniers temps, relativement à ses diverses sources, aux lois de sa propagation, aux différentes modifications qu'elle fait subir aux corps et à celles qu'elle subit elle-même, une foule de faits de première importance qui constituent une science, pour ainsi dire, entièrement nouvelle, et dont les physiciens de la première moitié du XVIII.ᵉ siècle se faisoient à peine une idée.

Nous venons de parler de sa source principale, les rayons du soleil; nous traiterons ailleurs de la combustion et des diverses décompositions chimiques qui en produisent aussi une grande quantité. Il ne nous reste donc à rappeler ici que sa naissance par le frottement.

Sources de la chaleur.

D 2

M. le comte de Rumford a montré que c'en est une source, pour ainsi dire, intarissable ; et ses expériences, à cet égard, sont au nombre des plus fortes preuves que l'on puisse alléguer en faveur de l'opinion qui ne fait de la chaleur qu'un mouvement vibratile des molécules des corps (1).

Sa propagation. La propriété la plus apparente de la chaleur une fois manifestée consiste à se distribuer entre les corps jusqu'à ce qu'ils exercent tous une action égale sur le thermomètre : c'est ce qu'on appelle *propagation de la chaleur libre.* Prise ainsi en général, elle est connue de tous les temps ; mais, en examinant de près sa direction et son plus ou moins de facilité de transmission, l'on a découvert des lois de détail extrêmement intéressantes.

Chaleur rayonnante et chaleur engagée. Mariotte avoit indiqué depuis long-temps la distinction de la chaleur rayonnante, qui se transmet en ligne droite au travers de l'air ou du vide, et de la chaleur engagée, qui pénètre plus irrégulièrement et plus lentement dans la substance des corps, à-peu-près comme l'eau pénètre dans une matière spongieuse. Il avoit fait voir que la chaleur rayonnante, même obscure, se réfléchit comme la lumière, en frappant les corps polis ; mais qu'elle ne traverse pas le verre.

Effet des surfaces sur le rayonnement. Scheele a développé plus nouvellement le même ordre de faits (2) ; il a remarqué que si l'on noircit les surfaces qui repoussoient la chaleur, ou qu'on les rende sombres ou rudes, elles la reçoivent promptement et la changent en chaleur engagée.

(1) Essais politiques, économiques et philosophiques ; *Genève, 1799,* 2 *vol. in-8.*

(2) Traité chimique de l'air et du feu, trad. fr. *1777, 1 vol. in-12.*

Les expériences de ces deux physiciens ont été confirmées par celles de M. Pictet (1).

M. le comte de Rumford (2) en a fait récemment, qui prouvent que les qualités de surface qui aident les corps à prendre de la chaleur, les aident aussi à perdre celle qu'ils ont, et qu'en général la facilité de donner, comme celle de recevoir, est inverse du pouvoir de réfléchir. On devoit s'y attendre en effet, puisqu'autrement l'équilibre de la chaleur ne pourroit s'établir entre les corps.

M. de Rumford a imaginé, pour ces expériences, un instrument qu'il a nommé *thermoscope*, et qui est propre à faire apercevoir les moindres différences de chaleur. C'est un tube de verre horizontal, dont les deux extrémités sont redressées et terminées par des boules. Tout l'appareil est plein d'air, et le milieu du tube horizontal contient une bulle de liquide coloré. On ne peut échauffer l'air de l'une des boules, sans que la bulle soit chassée vers l'autre ; et elle est si sensible, que l'approche de la main suffit pour la faire marcher.

M. Leslie obtenoit, de son côté, les mêmes résultats en Angleterre avec un instrument à-peu-près semblable, qu'il nomme *thermomètre différentiel*. Ces expériences nous apprennent que beaucoup d'enveloppes et d'enduits accélèrent le refroidissement, au lieu de le retarder.

Un corps plus échauffé que l'air où il se trouve, perd, par le rayonnement, une partie déterminée de chaleur dans chaque portion de temps.

Lois du rayonnement par rapport au temps.

---

(1) Essais de physique, par Marc-Auguste Pictet ; *Genève*, *1790*, *1 vol.* *in-8.*

(2) Mémoires sur la chaleur ; *Paris*, *1804*, *1 vol.* *in-8.*

C'est une ancienne loi fixée par Newton, et confirmée par Lambert, que dans des intervalles égaux le refroidissement se fait en progression géométrique.

La chaleur engagée dans un corps s'y répand plus ou moins facilement, et en sort plus ou moins promptement, selon la nature intime du corps. Une barre de métal, échauffée par un bout, l'est bien vîte à l'autre ; on peut, au contraire, tenir impunément l'extrémité d'un bâton qui brûle par l'extrémité opposée. C'est ce que l'on nomme des corps bons et mauvais conducteurs de la chaleur ; distinction fort ancienne, dont Richman s'étoit occupé, que Franklin et Ingenhous ont développée, et d'après laquelle ils ont cherché les premiers à comparer les corps entre eux avec quelque précision.

En supposant une barre, bonne conductrice, plongée par un bout dans un foyer d'une chaleur constante, et suspendue dans de l'air plus froid, la chaleur se distribuera sur sa longueur, suivant une certaine loi que M. Biot (1) a calculée et vérifiée par l'expérience. Des thermomètres dont les distances étoient en progression arithmétique, sont montés suivant une progression géométrique décroissante. Cette règle donne un moyen de calculer la chaleur du foyer, quelque violente qu'elle soit, d'après celle de quelque endroit de la barre où elle diminue assez pour être mesurable. Lambert s'étoit aussi occupé de cette question ; mais il l'avoit envisagée sous d'autres rapports, et il n'avoit pas mis la même exactitude dans ses expériences.

La distribution de la chaleur dans les liquides et dans

(1) Bulletin des sciences, *messidor an 12, n.° 88.*

les fluides n'a pas lieu de la même manière que dans les solides.

M. de Rumford a fait voir, par des expériences multipliées, que leurs molécules ne se transméttent entre elles que très-difficilement la chaleur qu'elles ont acquise, et qu'une masse liquide ou fluide ne prend une température uniforme qu'autant que chacune de ses molécules, après s'être échauffée par le contact immédiat du foyer, se déplace pour en laisser venir d'autres s'échauffer à leur tour; c'est ordinairement leur dilatation qui les déplace, en les rendant plus légères et en les élevant.

Les conséquences de ce fait dans tous les arts qui emploient la chaleur, dans l'économie domestique, l'architecture, les vêtemens, sont très-grandes ; et M. de Rumford les a poursuivies avec une patience et une sagacité qui ne le sont pas moins.

Notre propre corps prend part, comme les autres, à cette distribution générale de la chaleur libre, en même temps qu'il dégage constamment de la chaleur nouvelle ; mais les impressions qui résultent pour nos sens des changemens qui lui arrivent en ce genre, sont très-infidèles. En général, la sensation que nous appelons le chaud, n'indique pas toujours que nous recevons de la chaleur du dehors, mais seulement que nous en perdons moins dans un instant donné que dans l'instant immédiatement précédent : la sensation du froid indique le contraire. De là les impressions différentes que nous donnent les corps de diverses capacités, ou plus ou moins conducteurs, ou enfin l'air libre comparé à l'air en mouvement, quoique échauffés tous au même degré ; de là

Effets de la chaleur.

Sensation du chaud et du froid.

aussi l'influence des diverses sortes de vêtemens. M. Seguin a le premier bien développé cette idée (1).

Dilatabilité des corps par la chaleur.

L'effet le plus anciennement connu de la chaleur libre sur les corps qu'elle pénètre, est de les dilater par degrés, en s'y accumulant jusqu'à ce qu'elle leur fasse changer d'état, et de les dilater indéfiniment, lorsqu'ils sont une fois à l'état élastique, bien entendu tant qu'elle ne les décompose pas. En effet, quoique nous n'ayons pas les moyens de faire changer d'état à tous les corps, il est probable que c'est faute de pouvoir augmenter ou diminuer la chaleur à notre gré. Déjà Buffon a volatilisé, par le miroir ardent, l'or et l'argent, qui restent fixes aux feux ordinaires de nos fourneaux; et M. Fourcroy assure avoir fait cristalliser, par un froid de 40°, l'ammoniaque, l'alcool et l'éther, que l'on n'avoit point vu geler jusque-là.

En ne considérant que la simple dilatation, on trouve à établir encore des lois particulières, d'autant plus importantes, que la justesse des mesures thermométriques en dépend.

Dilatabilité des liquides.

On peut faire, en effet, des thermomètres solides liquides ou élastiques. On a observé que les liquides ne se dilatent pas tous à proportion des quantités de chaleur qu'ils reçoivent. Plus ils approchent de l'instant de la vaporisation, plus leur dilatation croît rapidement. Ceux qui y arrivent le plus tard, sont donc les meilleurs thermomètres pour les degrés élevés. De là la qualité précieuse du mercure. M. Deluc l'a constatée le premier (2) par

(1) Annales de chim. *VIII, 183.*
(2) Recherches sur les modifica- | tions de l'atmosphère; *Paris, 1762,* et 2.ᵉ éd. *1784, 4 vol. in-8.º*

des

des mélanges d'eau de chaleur différente. M. Gay-Lussac vient de la confirmer, en comparant les dilatations du mercure à celles de l'air.

Les liquides éprouvent aussi de l'irrégularité, lorsqu'ils approchent de leur congélation. L'eau, par exemple, que la gelée dilate, commence à éprouver cette dilatation un peu avant le moment où elle se gèle : ainsi ce n'est pas à o du thermomètre, mais à quelques degrés au-dessus, que l'eau est à son *maximum* de densité. L'Académie de Florence l'avoit remarqué, il y a long-temps. M. Lefévre-Gineau a constaté, lorsqu'il s'est agi de fixer l'étalon des poids, que ce *maximum* est à quatre degrés quatre dixièmes (centigrades) ; et M. de Rumford l'a confirmé depuis par des expériences d'un autre genre.

Maximum de densité de l'eau.

D'autres liquides, et sur-tout le mercure, éprouvent un effet contraire ; ils se contractent fortement à l'approche de la congélation, ainsi que l'a fait voir M. Cavendish. Ceux qui gèlent le plus tard, comme l'esprit de vin, sont donc à préférer pour la mesure du froid.

Les thermomètres solides prennent le nom de *pyromètres*, quand ils sont employés à mesurer de très-hauts degrés de chaleur. La difficulté n'est que de les placer sur une échelle qui ne se dilate point ; car autrement on ne pourroit savoir de combien ils ont varié. C'est ce qu'on cherche à faire, en réunissant une barre de métal à une échelle d'argile cuite : MM. Guyton et Brongniart s'occupent de cet instrument, qui seroit bien important pour les arts qui emploient le feu. En attendant le succès de leurs expériences, on y supplée imparfaitement, en comparant, comme l'a imaginé Wedgwood, le retrait que

Dilatabilité des solides (pyromètres).

prennent des morceaux d'argile homogène exposés aux divers degrés de feu.

Dilatabilité des fluides élastiques.

Depuis long-temps on avoit essayé des thermomètres d'air : il avoit donc fallu faire des recherches sur la dilatabilité de ce fluide ; et Amontons l'avoit anciennement portée à un tiers de son volume, pour l'intervalle de la glace à l'eau bouillante. On avoit depuis fait des expériences semblables sur les autres gaz ; mais les parcelles d'humidité qu'on avoit négligé d'enlever, avoient occasionné de fortes erreurs. M. Dalton, en Angleterre (1), et M. Gay-Lussac, à Paris (2), viennent de les répéter sur tous les fluides élastiques, en empêchant l'humidité de s'introduire dans les vaisseaux ; et ils sont arrivés l'un et l'autre à ce résultat inattendu, que, quelle que soit la nature du fluide, il se dilate d'une quantité totale, égale, pendant qu'il monte de la température de la glace à celle de l'eau bouillante, et qu'il acquiert un peu plus du tiers, ou plus exactement 0,375 de son volume primitif. M. Gay-Lussac a prouvé de plus que les vapeurs sont soumises à la même loi.

Restitution de la chaleur par les corps comprimés, et son absorption par ceux qu'on dilate.

Comme l'abondance de la chaleur, ou sa privation, dilate les corps ou les resserre, on peut réciproquement, en les dilatant ou en les comprimant par des moyens mécaniques, leur faire absorber ou restituer une quantité de chaleur plus ou moins considérable. Tout récemment encore, M. Berthollet a fait voir que, pour les solides, la chaleur produite est, pour ainsi dire, proportionnelle à la compression. Beaucoup plus anciennement, Cullen

(1) Bulletin des sciences, *ventôse an 11, n.° 72.*
(2) Ibid. *thermidor an 10, n.° 65.*

Wilke, avoient montré qu'on refroidit, en faisant le vide ;
Darwin, que la même chose a lieu, si on laisse dilater
de l'air comprimé : il étoit à croire que le contraire arri-
veroit, si l'on comprimoit de l'air qui ne le fût point.
En effet, on produit même de la lumière, quand la compression est subite. Un ouvrier de Saint-Étienne en a fait
l'observation avec un fusil à vent. M. Mollet, de Lyon,
s'est servi de ce moyen pour allumer de l'amadou (1) ; et
M. Biot, pour faire détonner un mélange d'hydrogène et
d'oxigène (2). Cette dernière expérience a de l'intérêt pour
la chimie, en ce qu'elle opère la formation de l'eau sans
le concours de l'électricité.

Mais, de tous les phénomènes relatifs à la chaleur, que
l'âge présent a fait connoître, il n'en est point de plus
intéressans, ni qui aient plus influé sur tout l'ensemble
des sciences physiques, que ces apparitions et ces dispa-
ritions subites de chaleur qui arrivent quand les corps se
fondent ou se vaporisent, ou quand ils reviennent de
l'état de fusion ou de celui de vapeur à leur solidité primitive.

Combinaison de la chaleur (chaleur latente et chaleur libre).

On croyoit autrefois, avec Boerhaave et tous ceux qui
s'étoient occupés de la mesure de la chaleur, qu'à même
volume et à même pesanteur, tous les corps qui marquent le même degré au thermomètre, en ont la même
quantité.

Richman et Kraft, académiciens de Pétersbourg, com-
mencèrent, vers le milieu du XVIII.e siècle, à proposer les
motifs qu'ils avoient de douter de cette opinion ; et c'est

(1) Bulletin des sciences, *prairial an 12, n.° 87.*
(2) Ibid. *frimaire an 13 , n.° 93.*

E 2

peut-être à cette époque qu'il faut placer la première origine du grand système des nouvelles découvertes sur la
chaleur.

Black, qui conçut des idées semblables à-peu-près vers
le même temps, démontra, dans ses leçons particulières,
à Glascow, cette proposition capitale, que, chaque fois
qu'un corps se fond ou se vaporise, il disparoît subitement une portion considérable de chaleur, qui devient
ce qu'il nomma *latente*, comme si elle se cachoit, en
s'unissant plus intimement avec les molécules du corps,
au lieu de rester entre elles libre et active sur le thermomètre.

Quand le corps reprend son état primitif, cette chaleur se reproduit; et ces effets ont lieu lorsque la fusion,
la vaporisation ou la fixation s'opèrent en vertu d'affinités
chimiques, tout comme lorsqu'elles sont immédiatement
dues à l'accumulation ou à la déperdition de la chaleur.

Par-là se trouvèrent expliquées non-seulement la constance du degré de la glace fondante et de l'eau bouillante,
mais encore les froids artificiels, et quelquefois excessifs,
qui résultent de la dissolution de certains sels.

Fahrenheit avoit essayé, il y avoit long-temps, de ces
mélanges frigorifiques.

MM. Lowitz et Walker en ont fait nouvellement un
grand nombre, et ont observé que le plus refroidissant de tous est celui de muriate de chaux avec de la
neige.

Capacité pour
la chaleur.

Black ne s'arrêta point à ces premières découvertes,
toutes brillantes qu'elles étoient : mêlant ensemble deux
liquides différens diversement échauffés, ou plongeant un

solide dans un liquide, il vit que le superflu du plus chaud ne se partage ni selon le volume, ni selon la masse, et que le degré définitif est tantôt plus haut tantôt plus bas qu'on n'auroit dû s'y attendre, d'après ce qui se passe dans des mélanges de même espèce ; ou, en d'autres termes, qu'il faut, pour élever des corps différens d'un même nombre de degrés, des quantités de chaleur plus ou moins fortes selon leurs espèces, propriété qu'il appela *capacité* plus ou moins grande pour la chaleur.

Il résulte, en effet, de ces expériences, que chaque corps retient, selon son espèce, une certaine proportion de chaleur qui n'agit point sur le thermomètre ; par conséquent, que, dans tous les états, les corps d'espèce différente qui marquent le même degré, peuvent différer beaucoup par leur chaleur totale.

Mais, pendant que les découvertes de Black restoient concentrées dans son école, le Suédois Wilke travailloit avec succès sur le même sujet, d'après une méthode un peu différente : il nommoit *chaleurs spécifiques* les quantités respectivement nécessaires aux divers corps, pour les élever tous d'un même nombre de degrés (1).

Ces différences de capacité ou de chaleur spécifique expliquant un grand nombre de productions de chaleur ou de froid qui ont lieu lors des combinaisons chimiques, celles qui résultent des changemens d'état n'étant elles-mêmes que des cas particuliers de cette loi générale, on conçut promptement combien il devenoit important d'en avoir une mesure exacte pour tous les corps.

(1) Acad. des sciences de Stock- | de physique, *1785*, t. *XXVI*, holm, *1781*, *4.ᵉ trimestre*; et Journal | *p. 256*.

Table des ca-
pacités.
Black et son disciple Irwine y procédoient, comme nous venons de le dire, en mêlant des corps différens, et en calculant d'après la chaleur définitive. Leur méthode est embarrassante, et ne peut servir pour les corps qui ont une action chimique les uns sur les autres.

Wilke employoit un moyen plus simple et plus général, qui consiste à mesurer la quantité de neige que chaque corps fond en se refroidissant d'un degré à un autre ; mais son appareil étoit inexact et incommode.

Calorimètre.
M. Delaplace (1) en a imaginé un beaucoup plus parfait, où la glace dont la fusion doit servir de mesure, est enveloppée par d'autre glace qui arrête la chaleur extérieure. Il est devenu, sous le nom de *calorimètre*, l'un des plus essentiels de la nouvelle chimie.

On est arrivé ainsi à avoir des tables de plus en plus exactes de ces capacités : Kirwan, Crawford, Bergman, Lavoisier et M. Delaplace, y ont successivement travaillé.

On a même cherché à déterminer le zéro réel, c'est-à-dire, à combien de degrés un thermomètre baisseroit, s'il n'y avoit point de chaleur du tout : mais on a besoin, pour ce calcul, de supposer qu'un corps conserve la même capacité proportionnelle, tant qu'il ne change point d'état ; et cette proposition, qui affecte plusieurs autres théories, et notamment toute celle des thermomètres, n'est point prouvée, et ne peut guère l'être.

Ces recherches sur les capacités ont fait découvrir encore un nouveau mode de combinaison de la chaleur. Il

(1) Mémoires de l'Académie des sciences de Paris, *année 1780, p. 355.*

arrive, dans quelques cas, qu'un gaz se combine et se fixe avec presque toute la chaleur qui le maintenoit à l'état élastique, et sans en laisser échapper à beaucoup près autant qu'on devoit lui en supposer. La théorie de la chaleur latente semble alors, au premier coup-d'œil, se trouver en défaut, puisqu'il se fait un changement d'état sans manifestation proportionnelle de chaleur ; mais aussi cette chaleur contrainte se reproduit avec violence, quand la combinaison se détruit. L'acide nitrique est un exemple de ce genre d'union de la chaleur, et l'explosion de la poudre est un de ses effets. Nous en verrons d'autres dans l'histoire de la chimie particulière. C'est aux travaux communs de Lavoisier et de M. Delaplace que l'on doit la connoissance de ces faits importans.

Enfin la dernière des propriétés de la chaleur, celle qui lie le plus son histoire à la chimie, et par où elle exerce le plus de pouvoir dans la nature, c'est la faculté de modifier les effets des affinités mutuelles des corps. C'est ainsi qu'elle combine des substances qui, sans elle, seroient toujours restées étrangères l'une à l'autre, et qu'elle en sépare qui seroient demeurées unies ; c'est par-là qu'elle s'engendre et se multiplie sans cesse elle-même, en se dégageant des combinaisons où elle étoit entrée.

Action chimique de la chaleur.

Il y a de l'apparence que ces changemens tiennent à ceux qu'elle occasionne dans la densité; mais cette idée générale ne peut s'appliquer encore aux phénomènes d'une manière détaillée : ce qui est certain, c'est que leur exposition fait peut-être la moitié de la chimie.

Parmi les circonstances étrangères qui modifient les affinités, nous avons nommé ci-dessus la pression : comme son influence s'exerce principalement dans les effets auxquels la chaleur prend part, c'est ici le lieu d'en dire un mot.

On sait depuis long-temps qu'elle arrête la vaporisation ; et personne n'ignore, par exemple, que de l'eau bout dans le vide, lorsqu'elle est à peine tiède, tandis qu'on peut la faire rougir en la tenant comprimée dans la marmite de Papin.

On peut aussi ramener la vapeur à l'état liquide sans la refroidir, par la simple compression. Chaque fois que l'on réduit un espace rempli de vapeur, il y en a une partie qui retombe en eau ; c'est une expérience de M. Watt : il s'en dégage alors une énorme quantité de chaleur.

Des liquides différens de l'eau bouillent quelquefois sans être échauffés, pour peu que la pression de l'air diminue.

C'est ce que Lavoisier a fait voir pour l'éther.

En général, suivant M. Robison, le poids ordinaire de l'atmosphère augmente de 62° centigrades la chaleur nécessaire pour faire bouillir un liquide quelconque ; ils bouillent donc tous dans le vide à 62° au-dessous de leur point d'ébullition dans l'air.

Cette même pression, quand elle est absolue, arrête et modifie beaucoup d'autres effets de la chaleur. Le chevalier Jacques Hall, d'Édimbourg, a soumis un grand nombre de corps aux feux les plus violens dans des vaisseaux qui ne pouvoient se rompre. Leurs élémens n'ayant alors aucun moyen de se séparer, ces corps ont pris des formes et des consistances toutes différentes de
celles

celles sous lesquelles ils paroissent ordinairement : la craie, au lieu de se calciner en laissant échapper son acide carbonique, est entrée en fusion et a pris l'apparence cristalline du marbre blanc ; le bois, la corne, au lieu de se brûler, se sont changés en une sorte de houille, &c. Nous verrons ailleurs quelle application M. Hall a cru pouvoir faire de ces expériences à la théorie de la terre : mais nous devons les citer ici comme une confirmation intéressante des vues de M. Berthollet.

L'eau ne se vaporise pas seulement à la température qui la fait bouillir ; chacun sait qu'elle se dissipe aussi, quoique plus lentement, à des degrés bien inférieurs : les physiciens ont reconnu que la glace même s'évapore. Quelques-uns ont pensé, avec feu Leroy de Montpellier, qu'il se fait alors une dissolution de l'eau par l'air. D'autres, comme MM. Deluc et de Saussure, n'y ont vu qu'une action ordinaire de la chaleur, qui ne diffère de l'ébullition que par sa lenteur et la moindre densité de la vapeur produite. M. Dalton vient en effet de prouver qu'un espace donné dans lequel on laisse des vapeurs se former, en admet toujours la même quantité, tant que la chaleur reste la même, qu'il soit vide ou plein d'air, et quelle que soit l'espèce d'air qui le remplit. Saussure et M. Volta l'avoient déjà fait voir pour l'air atmosphérique en particulier, et MM. Deluc et Watt avoient montré de leur côté que cette évaporation lente absorbe au moins autant de chaleur que l'ébullition.

M. Dalton a aussi reconnu ce fait important, que la pression exercée par les vapeurs est la même, qu'il y ait de l'air ou qu'il n'y en ait point dans l'espace où elles

Des vapeurs.

sont. Dans le premier cas, cette pression s'ajoute simplement à celle de l'air. A tension égale, cette vapeur d'eau
est plus légère que l'air, dans le rapport de 10 à 14° ;
par conséquent, à pression et à chaleur égales, l'air devient
plus léger en devenant humide. C'étoit aussi une ancienne
découverte de Saussure. Enfin M. Dalton a déterminé la
quantité de vapeur produite et la pression exercée par
chaque degré de chaleur, et est arrivé à un rapport remarquable entre le degré d'ébullition de chaque fluide et
la force élastique de sa vapeur à une température donnée :
c'est que, à partir du terme où les forces élastiques des
vapeurs seroient égales (par exemple, de celui de l'ébullition sous une pression déterminée, comme celle de l'atmosphère), les accroissemens ou les diminutions de ces
forces élastiques sont aussi les mêmes pour chaque fluide,
par des variations égales de température (1).

La règle de M. Robison pour le degré d'ébullition dans
le vide, est un cas particulier de celle de M. Dalton.

Toute cette théorie des vapeurs sera un jour, comme il
est aisé de le voir, la base fondamentale de la météorologie :
mais elle ne borne pas là son utilité ; ainsi que tout le grand
corps de doctrine que nous venons d'exposer, et qui appartient presque en entier à l'âge présent, elle est aussi pro-
fitable pour la société qu'honorable pour l'esprit humain.

M. de Rumford l'a appliquée à l'art de chauffer, soit
les appartemens, soit les liquides, et il est arrivé à des
économies qui, dans certains cas, surpassent tout ce que
l'on auroit osé espérer.

(1) Bibliothèque Britann. *t. XX,* | *ventôse an 11.* Voyez aussi les Essais
p. 338 ; et Bulletin des sciences, | d'hygrométrie de Saussure.

On sait assez l'heureux emploi que l'on fait de la vapeur comme force mouvante. Les recherches délicates dont nous venons de parler ont prodigieusement augmenté le parti qu'on tire de cet agent puissant ; la multiplication des pompes à feu , les emplois infinis auxquels on les applique, la force incroyable que l'on est parvenu à leur donner, doivent être mis au nombre des preuves les plus frappantes de l'influence que le perfectionnement des sciences peut avoir sur la prospérité des nations (1).

L'électricité est encore un de ces principes impondérables, qui jouissent du pouvoir de modifier les affinités. Sa production par le frottement , sa transmission au travers des différens corps, sa distribution le long de leur surface, la répulsion mutuelle de ses molécules , les deux fluides que l'on croit y pouvoir admettre , son analogie avec la foudre, sont déjà des découvertes un peu anciennes. Les lois mathématiques qui la gouvernent, ne sont point de notre ressort ; mais son action chimique, sa production par le contact de divers corps , c'est-a-dire, le galvanisme et la nature différente de ses effets dans cette circonstance, rentrent complétement dans le cercle de notre Rapport.

Non - seulement l'étincelle électrique brûle les corps combustibles ordinaires, tels que l'hydrogène, parce qu'elle produit de la chaleur , peut-être en comprimant l'air ; elle en brûle encore qui résistent à toute autre flamme :

Électricité. Son action chimique.

(1) Nous regrettons que notre plan ne nous ait pas permis d'exposer les hypothèses théorétiques. Celle de l'équilibre mobile du calorique, par M. Prevôt, eût tenu, dans l'article de notre Rapport qui concerne la chaleur, une place distinguée. *Voyez* le Journal de physique de 1791 , et la Bibliothèque Britannique , *t. XXI et XXVI.*

F 2

tel est l'azote qu'elle combine avec l'oxigène pour former l'acide nitreux, selon la belle découverte de M. Cavendish; et depuis que l'on connoît l'action chimique de la pile galvanique pour décomposer l'eau et les sels, on est parvenu à opérer les mêmes effets par l'électricité ordinaire, en la faisant arriver en grande masse par des conducteurs très-déliés.

MM. Pfaff et Van-Marum (1) ont fait cette expérience d'une manière, et M. Wollaston l'a faite d'une autre.

L'électricité galvanique est peut-être de toutes les branches de la physique celle qui a excité le plus vivement la curiosité, qui a donné le plus d'espoir, et qui a occasionné le plus de travaux et d'efforts dans ces dernières années.

L'intérêt que votre Majesté a pris à ces recherches, et l'honorable récompense qu'elle a promise à ceux qui s'y distingueroient, a réveillé le zèle; et chaque jour semble faire entrevoir quelque influence nouvelle de ces phénomènes dans leurs liaisons étendues à presque toute la nature.

On peut diviser l'histoire du galvanisme en trois époques principales, d'après les trois grandes propriétés qui le caractérisent et qui n'ont été découvertes que successivement.

La première est son effet sur l'économie animale, aperçu par Cotugno et développé par son maître Galvani (2);

Sa production par le contact des corps hétérogènes.

(Galvanisme.)

---

(1) Extrait d'une lettre de M. Van-Marum au cit. Berthollet; Ann. de chimie, *tome XLI, page 77.*

(2) Journal encycl. de Bologne,

1786, n.° 8; De viribus electricitatis in motu musculari commentarius, Mémoires de l'Institut de Bologne, *tome VII.*

la seconde, sa nature et son origine demontrées par M. Volta; la troisième, son action chimique si particulière, reconnue par MM. Ritter, Carlisle, Davy et Nicholson.

Si l'on réunit quelques nerfs du corps d'un animal avec quelque partie de ses muscles par un conducteur formé de métaux différens, les muscles éprouveront des convulsions. Galvani en fit d'abord l'essai sur des grenouilles, dont les muscles sont fort irritables. Divers physiciens, et principalement M. Aldini, neveu de Galvani (1), M. de Humboldt (2), M. Rossi (3), M. Nysten (4), &c. l'ont étendu depuis à tous les animaux et à toutes leurs parties, sur-tout par le moyen de l'énergie de la pile.

Arc métallique ou excitateur.

On a vu des grenouilles mortes sauter à plusieurs pieds; des membres séparés du corps se fléchir et s'étendre avec violence; des têtes décollées grincer les dents, remuer les yeux d'une manière effrayante : les vivans ont éprouvé des sensations fortes, quelquefois même très-douloureuses. Mais, en dernière analyse, tout se réduit à avoir trouvé un excitant d'un nouveau genre, plus subtil et plus actif à-la-fois que ceux qu'on avoit possédés jusque-là : aussi dit-on en avoir tiré quelque parti dans certaines paralysies. M. de Humboldt l'a employé pour distinguer dans les animaux quelques parties d'une nature douteuse ; et MM. Tourde et Circaud croient avoir produit par son moyen, dans cette partie du sang qu'on nomme *la fibrine,*

(1) Essai sur le galvanisme, par J. Aldini; *Paris, 1804, 1 vol. in-4.°*

(2) Essai sur l'irritation musculaire, en allemand ; *Berlin, 1797, 1 vol. in-8.°*

(3) Mémoires de l'Académie de Turin, *tome VI, de 1792 à 1800.*

(4) Nouvelles Expériences galvaniques, par P. H. Nysten; *Paris, an 11.*

des mouvemens assez analogues à l'irritabilité des fibres vivantes (1).

On soupçonna de bonne heure que l'électricité entroit pour quelque chose dans ces singuliers phénomènes; mais on ne voyoit point clairement la cause qui la produisoit: les uns la cherchoient dans les nerfs, d'autres dans les muscles ; d'autres enfin supposoient quelque nouveau fluide. M. Volta le premier dit : L'électricité naît du seul contact des deux métaux; les convulsions ne sont que des effets ordinaires de ce fluide ; c'est dans sa manière de naître, ou plutôt d'être mis en mouvement, que consiste tout ce que vos expériences ont de particulier.

Pile de Volta.

Pour mieux convaincre les physiciens de cette production d'électricité par le simple contact de substances diverses, il importoit de la rendre tellement intense, qu'elle ne pût rester soumise à aucune de ces conjectures vagues qui servent toujours d'auxiliaires au doute. La découverte que M. Volta avoit faite quelque temps auparavant de l'influence des matières demi-conductrices, pour faire accumuler l'électricité dans l'instrument nommé *condensateur,* lui indiqua le moyen qu'il cherchoit. Multipliant un grand nombre de fois les plaques des deux métaux, et les séparant par des plaques de carton mouillé, il vit se manifester à l'instant, à l'une des extrémités de cette pile, l'électricité vitrée, à l'autre la résineuse; il obtint des attractions, des répulsions et des commotions toutes semblables à celles de la bouteille de Leyde; en un mot, il eut un instrument qui s'électrise constamment lui-même, et qui, par cette action continuée, exerce les

(1) Bulletin des sciences, *pluviôse an 11, n.° 71.*

effets les plus inattendus et les plus importans pour la chimie et pour la physiologie (1), et deviendra peut-être, pour l'une et pour l'autre, ce que le microscope a été pour l'histoire naturelle, et le télescope pour l'astronomie. Aussi les sciences compteront-elles parmi leurs époques les plus brillantes, celle où ce grand physicien, honoré publiquement du suffrage de votre Majesté, fut couronné dans l'Institut.

On a rendu compte, dans la partie mathématique de ce Rapport, de la théorie de la pile donnée par M. Biot.

Divers physiciens, comme feu Gautherot et MM. Pfaff et Davy, ont varié les substances des piles, et reconnu que les métaux n'y sont pas nécessaires. Il suffit de combiner des plaques de deux natures ; observation qui peut devenir de la plus grande importance pour expliquer plusieurs phénomènes physiologiques.

M. Aldini, dans ses expériences sur les animaux, a aussi remplacé l'arc métallique par des parties animales ou par des corps vivans. MM. Biot et Fréd. Cuvier (2) ont montré que l'oxidation des plaques métalliques n'est point la cause essentielle de l'électrisation, quoiqu'elle la favorise ; mais c'est par cette oxidation que la pile altère l'air où on la renferme.

MM. Fourcroy, Thenard et Hachette (3), ayant fort agrandi le diamètre des plaques, ont enflammé des conducteurs de fil de fer : c'est un effet de la grande masse d'électricité dans un conducteur mince. Mais les commo-

---

(1) Transactions philosophiques, 1790; et Bibliothèque Britannique, t. XV, p. 3.

(2) Bulletin des sciences, par la Société philomatique, *thermidor an 9.*

(3) Journal de physique, *messidor an 9.*

tions qui tiennent à la vîtesse de l'électricité, dépendent du nombre des plaques, et sont en raison inverse de leur largeur, ainsi que M. Biot l'a fait sentir. M. Van-Marum a bien comparé et constaté ces divers effets.

On remplace aussi la pile par des tasses pleines d'eau que réunissent, en y plongeant, des lames recourbées de deux métaux. Cet appareil commode est également de M. Volta, qui l'a imaginé par imitation de l'appareil électrique de la torpille.

C'est encore une belle expérience que celle de la pile secondaire imaginée par M. Ritter : formée d'un seul métal et de cartons mouillés, elle n'engendre point l'électricité par elle-même ; mais si l'on fait communiquer ses deux bouts avec ceux de la pile ordinaire, ils prennent leurs électricités opposées, et les conservent à cause de la difficulté qu'oppose le carton mouillé à la communication.

M. Volta avoit reconnu une distribution semblable dans un simple ruban ; Gautherot, dans des fils conducteurs qui venoient d'être séparés de la pile primitive ; et il paroît qu'elle se fait de même dans beaucoup de conducteurs imparfaits.

L'Institut vient de récompenser, au nom de votre Majesté, d'autres expériences de M. Erman, desquelles il résulte que quelques-uns de ces conducteurs, quand on les fait communiquer à-la-fois avec les deux pôles de la pile, ne transmettent que l'une des deux électricités seulement, encore quand on lui donne une issue vers le sol (1).

Action chimique de la pile. Mais de toutes les propriétés de la pile, son action

(1) Nouveau Bulletin des sciences, n.ᵒˢ 4 et suiv.

chimique

chimique est certainement la plus importante. M. Ritter, en Allemagne, et MM. Carlisle et Nicholson (1), en Angleterre, ayant plongé dans l'eau deux fils métalliques, qui communiquoient chacun avec l'un des pôles de la pile, remarquèrent qu'il se manifestoit à l'un et à l'autre beaucoup de bulles d'air; et ayant examiné la nature des gaz qui les formoient, ils trouvèrent que celles du pôle positif étoient de l'oxigène, et celles du fil opposé de l'hydrogène.

M. Davy et M. Ritter virent chacun de leur côté ces gaz naître dans deux vases séparés, pourvu qu'ils communiquassent ensemble par le corps humain, par une fibre animale, par de l'acide sulfurique ou tel autre conducteur. Nous exposerons ailleurs ce que l'on a cru pouvoir conclure de ce phénomène contre la théorie de la composition de l'eau. Quelques personnes vouloient également en déduire une différence de nature entre le fluide galvanique et l'électricité; mais cette opinion est réfutée, depuis que MM. Pfaff, Van-Marum et Wollaston ont aussi décomposé l'eau par l'électricité ordinaire.

M. Cruikshank aperçut, dès les premières expériences, des traces d'acidité et d'alcalinité. M. Pacchiani (2) crut voir qu'il se formoit de l'acide muriatique du côté positif, et en conclut que cet acide est de l'hydrogène moins oxigéné que l'eau. On trouvoit ordinairement aussi de la soude du côté opposé. Mais MM. Thenard, Biot, Simon,

---

(1) Bibliothèque Britann. t. XV, p. 11.

(2) Histoire du galvanisme, t. IV, p. 282. Extrait d'une nouvelle Lettre du docteur Pacchiani à M. Fabroni, par M. Darcet; Annales de chimie,

t. LVI, p. 111. Cette Histoire du galvanisme, par M. Sue, Paris, 4 vol. in-8.°, peut, en général, être consultée avec beaucoup de fruit pour tout ce qui tient aux progrès de cette nouvelle branche de la physique.

Pfaff et plusieurs autres physiciens, constatèrent bientôt qu'il n'y a point d'acide ni d'alcali quand on emploie de l'eau bien pure, et quand on éloigne soigneusement de l'appareil tout ce qui pourroit fournir du sel marin; précaution très-difficile à prendre complétement, car il n'est pas jusqu'à la peau des doigts qui n'exhale de ce sel.

Enfin MM. Davy et Berzelius, ainsi que MM. Riffault et Chompré, de la Société galvanique de Paris, viennent de montrer que tous ces phénomènes tiennent à la propriété qu'a la pile de décomposer les sels de la même manière que l'eau, semblant entraîner aussi l'un de leurs principes d'un vase dans l'autre, au travers de la fibre ou du siphon qui unit ces vases, et cela de manière que l'oxigène ou les substances oxigénées sont attirées vers le pôle positif, et l'hydrogène et les alcalis vers le négatif.

Dans la plupart des expériences qui avoient fait d'abord illusion, il se trouvoit un peu de sel marin, fourni par les fibres animales, ou par les autres moyens de communication que l'on établissoit entre les deux vases; souvent c'étoit le verre qui avoit fourni la soude; le tube même de l'alambic où l'on distille l'eau, peut lui communiquer quelque principe propre à induire en erreur.

Cette action sur les sels étoit reconnue depuis quelque temps par M. Ritter : M. Vassali-Eandi en avoit trouvé une sur l'alcool et les acides; M. Klaproth, sur l'alcali volatil. On s'explique ces phénomènes, en supposant que, dans tous ces cas, l'un des élémens de la substance qui se décompose est repoussé par l'un des pôles de la pile, pendant que l'autre élément se dégage, et que le contraire arrive au pôle opposé; enfin, que la décomposition se continue de molécule à molécule, jusqu'à un point intermédiaire où ces élémens, repoussés de part et d'autre, se combinent entre eux de manière que le résidu reprend toujours sa composition primitive. Mais il faut admettre aussi que ce transport d'un élément d'un vase dans l'autre a lieu avec tant de force, qu'un acide traverse, par exemple, une dissolution alcaline sans y laisser la moindre trace de combinaison, et réciproquement.

Il résulte toujours de cette grande découverte, cette vérité aussi nouvelle qu'importante, que le simple contact des substances hétérogènes a le pouvoir d'altérer l'équilibre électrique, et que cette altération peut en occasionner dans les affinités chimiques de tous les corps environnans. Il est aisé de concevoir à quel point cette action tranquille et continue peut influer sur ce qui se passe à la surface du globe et dans son intérieur, et contribue peut-être aux mouvemens les plus compliqués de la vie, et quelle abondante source de lumière ce nouveau corps de doctrine doit ouvrir à toute la philosophie naturelle.

Aussi l'Institut n'a-t-il cru pouvoir mieux placer en 1807 le prix annuel fondé par votre Majesté impériale pour le galvanisme, qu'en le décernant à M. Davy, qui a su apprécier avec le plus d'exactitude les lois de cette puissance singulière (1).

C'est ici que viendroit se placer l'action cachée que l'on attribue aux métaux, au charbon et à l'eau, sur le corps humain, action par laquelle on cherche à expliquer et

(1) Lorsque ce Rapport a été rédigé, les expériences qui paroissent annoncer la décomposition des alcalis par la pile, n'étoient pas encore connues à Paris.

à remettre en crédit la baguette divinatoire : mais nous
ne pouvons nous permettre de ranger parmi les progrès
réels et constatés des sciences, des expériences équivoques,
et que l'on avoue ne réussir que sur quelques personnes
privilégiées. Le pendule métallique de Fortis, auquel on
a prétendu trouver de l'analogie avec la baguette, et dont
on assure qu'il vibre en des sens différens, selon les substances sur lesquelles on le suspend, n'a point donné à nos
physiciens les résultats que des étrangers, d'ailleurs gens
de mérite, assurent en avoir obtenus (1).

Effets de l'at-
traction molé-
culaire dans les
substances di-
verses.
Théorie de la
combustion.

De tous les effets qui peuvent résulter, soit des affinités immédiates, soit de ces modifications instantanées
qu'y apportent la chaleur, l'électricité ou d'autres circonstances, la combustion est non-seulement le plus important
pour nous, en ce que nous en tirons toute la chaleur
artificielle dont nous avons besoin dans la vie commune
et dans les arts ; mais c'est encore celui dont l'influence
est la plus générale dans tous les phénomènes de la nature comme dans ceux de nos laboratoires.

Nous ne lui donnons guère le nom de combustion que
quand c'est la chaleur qui l'occasionne et qu'elle est accompagnée de flamme ; mais elle peut aussi être amenée
par une foule d'autres causes, ou n'aller point jusqu'à cet
excès : et lorsqu'on la prend ainsi dans son acception la
plus étendue, on peut dire qu'elle précède, qu'elle ac-
compagne ou qu'elle constitue la plupart des opérations
chimiques et des fonctions vitales ; il n'en est presque

(1) On ne peut, en général, trop
recommander, sur toutes les questions
physiques mentionnées jusqu'à cet endroit, la lecture du Traité élémentaire de physique de M. Haüy, *Paris,
1806, 2 vol. in-8.°* ; et celle de la Physique mécanique de Fischer, traduite
par M.ᵐᵉ Biot, *Paris, 1806, 1 v. in-8.*

aucune où quelque corps ne se trouve, soit brûlé, soit débrûlé, si l'on peut employer ce terme expressif : en un mot, c'est presque de la manière de concevoir ce qui se passe dans la combustion, que dépendent toutes les diversités des explications que l'on peut donner en chimie; et par les mots de *théorie chimique*, on n'entend guère autre chose que théorie de la combustion.

Aussi tout le monde sait-il que la nouvelle théorie de la combustion est la plus importante des révolutions que les sciences naturelles aient éprouvées dans le xviii.ᵉ siècle.

Elle coincide à-peu-près avec le commencement de l'époque dont nous avons à rendre compte à votre Majesté; mais ce n'est guère que pendant le cours de cette époque même qu'elle a obtenu l'assentiment universel des savans. D'ailleurs, elle a eu trop d'influence sur les découvertes postérieures, elle est trop honorable à la nation Françoise, pour que nous n'en rappelions pas l'histoire en peu de mots; histoire bien singulière, et qui remonteroit bien haut, si la tradition des idées n'avoit pas été interrompue pendant un siècle et demi.

Son histoire.

Un médecin du Périgord, nommé Jean Rey (1), avoit eu, dès 1630, sur la calcination de l'étain et du plomb, qui n'est qu'une sorte de combustion, des idées toutes semblables à celles de la nouvelle chimie; mais son écrit étoit tombé dans l'oubli le plus profond. L un des créateurs de la physique expérimentale, l'illustre Robert Boyle, avoit aussi reconnu, dès le milieu du xvii.ᵉ siècle, une

Jean Rey.

Boyle.

(1) Essais de Jean Rey, docteur en médecine, sur la recherche de la cause pour laquelle l'étain et le plomb augmentent de poids quand on les calcine ; *nouvelle édition, Paris, 1777, 1 vol. in-8.º*

grande partie des faits qui servent aujourd'hui de base à cette chimie nouvelle ; il savoit que la combustion et la respiration diminuent le volume de l'air et le rendent insalubre, et il n'ignoroit point l'augmentation de poids que les métaux acquièrent par la calcination. Son disciple Mayow avoit appliqué ces faits à la respiration et à la production de la chaleur animale, presque comme nous le ferions aujourd'hui. L'appareil que nous appelons *pneumato-chimique,* étoit connu de l'un et de l'autre; ils avoient déjà distingué différentes sortes d'air.

Mais, par une fatalité inconcevable, ces hommes célèbres n'avoient point saisi les conséquences immédiates de leurs expériences. Boyle, sur-tout, n'avoit vu dans cette augmentation de poids que la fixation du feu, et depuis eux les chimistes proprement dits avoient presque perdu de vue les fluides élastiques.

Beccher et Stahl, ne donnant d'attention qu'à la facilité de ramener toutes les chaux métalliques à l'état de régule par une matière grasse ou combustible quelconque, imaginèrent, l'un sa terre sulfureuse, l'autre son phlogistique, principe commun, selon eux, à tous les corps combustibles, qu'ils perdent en se brûlant et reprennent en se réduisant : cette hypothèse, développée et appliquée à presque tous les phénomènes par les travaux successifs d'un grand nombre d'habiles gens, sembloit avoir reçu ses derniers perfectionnemens par les travaux brillans de Scheele et de Bergman ; elle avoit acquis un tel crédit, qu'elle domina constamment ceux même des physiciens de la Grande-Bretagne dont les expériences ont le plus contribué à l'ébranler.

(marginal notes) Mayow.

Beccher et Stahl.

Découvertes sur les airs pendant la pre- mière moitié du XVIII.ᵉ siècle.

En effet, les recherches sur les fluides élastiques furent continuées dans cette île presque sans interruption depuis Boyle. Hales (1) montra dans combien d'occasions de l'air fixé et retenu dans les corps recouvre son volume et son élasticité. Black (2) reconnut l'identité de celui qui s'élève des liqueurs fermentées, avec la vapeur qui se manifeste lors de l'effervescence de la pierre calcaire et des alcalis, vapeur dont la privation les met dans l'état appelé *caustique*. M. Cavendish (3) détermina la pesanteur spécifique respective de l'air fixe et de l'air inflammable; il montra l'identité du premier avec la vapeur du charbon et sa nature acide. Priestley (4) sur-tout, par des expériences

Priestley.

multipliées avec une patience admirable, étudia toutes les circonstances où ces deux airs se forment, fixa les caractères de celui qui reste après la combustion dans l'air commun, et qu'il nomma *phlogistiqué*, découvrit l'air nitreux et sa propriété de mesurer la salubrité de l'air commun en absorbant toute sa partie respirable, obtint enfin séparément cette partie respirable, cet air pur, le seul qui entretienne la combustion et la vie.

Cependant nos François n'étoient pas restés entière- ment inactifs.

(1) La Statique des végétaux et l'Analyse de l'air, par M. Hales; trad. de l'anglois, par M. de Buffon; *Paris, 1735, 1 vol. in-4.º*

(2) Transactions philosophiques, *années 1766 et 1767.*

(3) Expériences sur l'air, Mémoires lus à la Société royale de Londres les 15 janvier 1783 et 2 juin 1785, trad. par Pelletier, et insérés dans le Jour-

nal de physique, *t. XXV, p. 417, t. XXVI, p. 38, et t. XXVII, p. 107.*

(4) Expériences et observations sur différentes espèces d'air, traduites de l'anglois; *Berlin, 1775, 1 vol. in-8.º*

Expériences et observations sur dif- férentes branches de la physique, avec une continuation des observations sur l'air, ouvrage traduit de l'anglois, par M. Gibelin; *Paris, 1782, 3 vol. in-8.º*

Bayen (1), entre autres, avoit remarqué que plusieurs chaux de mercure se réduisent sans addition d'aucune matière combustible, et en dégageant beaucoup d'air. On peut même dire que c'étoit lui qui avoit donné à Priestley l'idée d'examiner cet air, et par conséquent l'occasion de découvrir l'air pur.

Mais ces expériences, tout en faisant sentir l'insuffisance de la théorie du phlogistique, n'en donnoient pas immédiatement une meilleure.

Celle-ci fut due toute entière au génie d'un François. Lavoisier, après avoir long-temps examiné les phénomènes relatifs aux airs dégagés et fixés, après avoir vu, comme beaucoup d'autres, que l'augmentation de poids des métaux calcinés est due à la fixation d'une portion quelconque de l'air, eut enfin le bonheur particulier de reconnoître et de démontrer par une suite d'expériences aussi claires que rigoureuses, que non-seulement les métaux, mais encore le soufre, le phosphore, en un mot tous les corps combustibles, absorbent, en brûlant, seulement de l'air pur (2), c'est-à-dire, cette portion uniquement respirable de l'air, et cela en quantité précisément égale à l'augmentation de poids des chaux ou des acides produits ; qu'ils rendent cet air en se réduisant, et que l'air ainsi restitué se change en air fixe, quand c'est par le charbon qu'on les réduit (3).

(1) Mémoires de l'Académie des sciences, *année 1774.*

(2) C'est en ce point que consiste ce qu'il y a de propre à Lavoisier dans sa découverte : ainsi déterminée, elle fut soupçonnée seulement en 1774, et nettement énoncée en 1775.

(3) Opusc. physiques et chimiques, par A. L. Lavoisier, *Paris, 1773.*

Mémoires de l'Académie des sciences, *années 1777, page 186, et 1781, page 448.*

Le

Le phlogistique est donc un être de raison, se dit-il ; la combustion n'est qu'une combinaison de l'air pur avec les corps. La lumière et la flamme qui s'y développent, étoient cette chaleur latente employée auparavant à maintenir l'air pur à l'état élastique. Le fluide qui reste après que la portion pure de l'atmosphère est consommée, est un fluide particulier dans son espèce. L'air nommé *fixe* est le produit spécial de la combustion du charbon.

Il est évident que dès-lors la nouvelle théorie fut découverte.

On devoit naturellement chercher aussi à savoir ce que donne la combustion de l'air inflammable ; il étoit d'ailleurs nécessaire qu'on le sût, pour expliquer plusieurs phénomènes dans lesquels cet air se montre ou disparoît. M. Cavendish observa le premier qu'il se manifestoit de l'eau dans cette combustion (1). M. Monge fit cette expérience de son côté, sans connoître celle de M. Cavendish. Lavoisier, Meunier, M. Delaplace, la répétèrent avec les précautions les plus rigoureuses (2) ; ils obtinrent de l'eau qui égaloit en poids l'air inflammable brûlé et l'air pur consommé. On fit passer à son tour de l'eau sur des corps qui pouvoient lui enlever son air pur ; il resta de l'air inflammable. La composition de l'eau fut donc connue. Les nombreuses calcinations qu'elle opère sans le concours de l'air, les productions d'air inflammable par ces calcinations,

(1) L'expérience de M. Cavendish date de 1781 ; la lecture de son Mémoire est de janvier 1783, l'expérience de Lavoisier de juillet 1783 : mais M. Cavendish, dans son Mémoire, conserve l'hypothèse du phlogistique.

(2) Développement des dernières expériences sur la décomposition et la recomposition de l'eau ; Journal polytype *du 26 juillet 1786.*

furent expliquées, et les principes particuliers à la nouvelle théorie absolument complétés.

Ils furent en quelque sorte démontrés, lorsque Lavoisier et M. Delaplace eurent imaginé le calorimètre, et que la quantité de chaleur dégagée dans chaque combustion se trouva constamment répondre à la quantité d'air pur employée, comme celle-ci répondoit à l'augmentation de poids du produit.

On put alors se faire des idées de la composition des substances combustibles végétales, formées essentiellement de la réunion de l'air pur, du charbon et de l'air inflammable. Les quantités respectives d'air fixe et d'eau qu'elles fournissoient en brûlant, indiquèrent les proportions de leurs principes. Les fermentations de toute espèce, ces mouvemens intestins des sucs et des substances végétales, jusque-là rebelles à toute explication précise, ne furent plus que l'effet des changemens d'affinités qu'amène l'accès de l'air et de la chaleur. Les élémens de ces substances une fois connus et mesurés, on put calculer les détails et les résultats de leurs nouvelles combinaisons ; on put confirmer ce calcul par l'analyse de leurs produits, tels que l'alcool et le vinaigre. Ce fut encore entièrement là l'ouvrage de Lavoisier.

Pendant ce temps, M. Berthollet (1) faisoit une découverte particulière destinée à tenir une grande place dans l'explication de phénomènes plus compliqués encore ; il reconnoissoit que l'alcali volatil est formé de l'air inflammable, combiné avec cet air nommé jusque-là

(1) Mémoire sur l'analyse de l'alcali volatil, lu à l'Académie des sciences le 11 juin 1785 ; Journal de physique, t. XXIX, p. 175.

phlogistiqué, qui reste de l'air commun après la combustion, et que toutes les matières animales, toutes celles des végétales qui donnent cet alcali en se brûlant ou en pourrissant, contiennent de l'air phlogistiqué : c'étoit à ce nouvel élément qu'étoient dues les fermentations putrides et les modifications si désagréables de leurs produits.

Les expériences du même chimiste, jointes à celles de Priestley, pouvoient encore faire présumer un emploi important de cet air, celui de former l'acide du nitre en se combinant avec l'air pur plus intimement qu'ils ne le font dans l'atmosphère ; et M. Cavendish ne tarda pas à changer ces soupçons en certitude, en composant cet acide immédiatement par l'étincelle électrique (1).

On peut dire qu'alors la théorie nouvelle s'étendit sur toutes les branches importantes de la science.

Elle n'est, comme on voit, qu'un lien qui rapproche heureusement des faits particuliers reconnus en des temps et par des hommes très-différens.

La découverte de la chaleur latente par Black ; celle du dégagement de l'air des chaux de mercure réduites sans addition, par Bayen ; celle de la production de l'air fixe dans la combustion du charbon, et de l'eau dans celle de l'air inflammable, par Cavendish, sont des portions intégrantes de la nouvelle chimie, tout comme l'augmentation de poids des métaux calcinés, déjà annoncée par Libavius, et l'absorption de l'air dans les calcinations, reconnue dès le temps de Boyle.

Mais c'est précisément la création de ce lien qui constitue la gloire incontestable de Lavoisier. Jusqu'à lui, les

(1) *Voyez* les Mémoires cités plus haut.

phénomènes particuliers de la chimie pouvoient se comparer à une espèce de labyrinthe dont les allées profondes et tortueuses avoient presque toutes été parcourues par beaucoup d'hommes laborieux ; mais leurs points de réunion , leurs rapports entre elles et avec l'ensemble , ne pouvoient être aperçus que par le génie qui sauroit s'élever au-dessus de l'édifice et en saisiroit le plan d'un œil d'aigle.

C'est ce qu'a fait Lavoisier dans cette science ; c'est ce qu'ont fait, chacun dans la leur, tous ceux dont les grandes théories ont éclairé la nature. Ici , comme dans toutes les autres branches , c'est à l'expression la plus générale des faits que se reconnoît la force du génie.

Réunion des chimistes Fran- çois.

L'Europe fut témoin , à cette époque , d'un spectacle touchant, dont l'histoire des sciences offre bien peu d'exemples. Les chimistes François les plus distingués , les contemporains de Lavoisier , ceux qui avoient le plus de droits à se regarder comme ses émules , et particulièrement MM. Fourcroy, Berthollet et Guyton , passèrent franchement sous ses drapeaux , proclamèrent sa doctrine dans leurs livres et dans leurs chaires , travaillèrent avec lui à l'étendre à tous les phénomènes et à l'inculquer dans tous les esprits.

C'est par cette conduite noble, autant que par l'importance de leurs propres découvertes , qu'ils méritèrent de partager la gloire de cet heureux génie , et qu'ils firent donner à la nouvelle théorie le nom de *chimie Françoise,* sous lequel elle est adoptée aujourd'hui de toute l'Europe.

Ce n'est pas sans combats qu'elle y est parvenue.

Les partisans de l'ancienne doctrine recoururent à mille

ressources pour défendre le phlogistique : les uns lui attri-
buèrent une pesanteur négative ; les autres le regardèrent
comme identique avec l'air inflammable. M. Kirwan , le
plus habile de ceux qui soutinrent cette dernière modification de la théorie de Stahl , fut cependant si complète-
ment réfuté par les chimistes François , qu'il s'avoua vaincu ,
et qu'il passa solennellement dans leur parti (1).

On peut dire, en effet, que les objections que la nouvelle théorie chimique excita dans son origine , ont toutes
été combattues avec succès : elles tenoient ou à l'imperfection des expériences que l'on alléguoit , ou à quelque
élément que l'on négligeoit d'apprécier. C'est à l'une ou
à l'autre de ces deux classes que l'on peut rapporter celles
de Priestley (2), de Wiegleb, de Goettling.

On en a fait nouvellement quelques autres, tirées de la
météorologie ou des découvertes du galvanisme : c'est ici
le lieu d'en dire un mot, et de faire voir qu'elles ne méritent pas véritablement le nom d'objections, mais qu'elles
indiquent seulement des développemens ultérieurs dont
la théorie est peut-être susceptible, et auxquels on doit
donner une grande attention.

M. Deluc est celui qui a le plus insisté sur les premières.
Il arrive très-souvent , quand on est sur des montagnes ,
qu'on voit naître des nuages à des hauteurs où l'hygromètre n'annonce point d'eau dissoute ni suspendue , et

Objections
nouvelles con-
tre cette théo-
rie.

(1) Essai sur le phlogistique et sur la constitution des acides , traduit de l'anglois de M. Kirwan , avec des notes de MM. de Morveau, Lavoi-sier, Delaplace , Monge, Berthollet , et de Fourcroy ; *Paris, 1788, iv. in-8.º*

(2) Réflexions sur la doctrine du phlogistique et la décomposition de l'eau, ouvrage traduit de l'anglois par P. A. Adet, *Paris , 1798 , 1 vol. in-8.º*, et plusieurs Mémoires particu-liers.

où d'ailleurs il ne peut y avoir d'air inflammable. D'où vient donc l'eau qui forme ces nuages, à moins qu'elle n'ait fait partie intégrante des gaz qui composent l'atmosphère (1)?

Les objections tirées du galvanisme tiennent à la décomposition de l'eau par la pile de Volta, découverte par MM. Ritter, Carlisle et Nicholson. Deux fils métalliques communiquant avec les deux bouts de la pile, et plongés dans de l'eau, en tirent continuellement, ainsi que nous l'avons dit plus haut, l'un de l'oxigène, l'autre de l'hydrogène, et cela même quand ils plongent dans deux vases séparés, pourvu que ceux-ci soient joints par une fibre animale, le corps humain, ou tel autre conducteur. L'eau d'un vase semble devoir se changer toute entière en oxigène, celle de l'autre en hydrogène. Ces deux gaz ne seroient-ils donc pas chacun une combinaison de l'eau avec l'un des principes électriques excités par la pile? On répond que, dans toutes les expériences, il y a de l'eau intermédiaire, et qu'elles s'expliquent par ce que nous avons dit ci-dessus, d'après M. Davy. Même lorsque M. Ritter a obtenu de l'oxigène sans hydrogène, en mettant, d'un côté, de l'acide sulfurique, il s'est précipité du soufre; ce qui prouve que l'hydrogène de l'eau alloit enlever l'oxigène de l'acide.

Il est d'ailleurs évident que, si ces conjectures venoient à se vérifier, la nouvelle théorie, loin d'être renversée, auroit fait un pas de plus, et que, quelle que soit la

(1) Introduction à la physique terrestre par les fluides expansibles, précédée de deux Mémoires sur la nouvelle théorie chimique considérée sous différens points de vue; *Paris,* *1803, 2 vol. in-8.°*

composition de l'oxigène, il n'en rempliroit pas moins ;
dans les combustions de tout genre, le rôle que cette
théorie lui assigne ; mais il est évident aussi que l'on ne
peut regarder ce nouveau pas comme entièrement fait,
qu'autant que les propositions qui en résulteroient, seroient établies sur des expériences aussi exactes et sur
des conclusions aussi rigoureuses que celles des créateurs
de la chimie Françoise, et que des suppositions tirées
des phénomènes de la science jusqu'à présent les plus
obscurs, non-seulement à l'égard des points en question,
mais encore par rapport à toutes les circonstances qui
peuvent les précéder, les accompagner ou les suivre, ne
peuvent être mises au même rang que des faits circons-
tanciés, faciles à reproduire à volonté, et dont on mesure
avec précision tous les détails.

Nous devons en dire autant des développemens d'un
autre genre que des savans étrangers, et sur-tout des
Allemands, ont cherché récemment à donner à la théorie
chimique.

M. Winterl, professeur à Pesth, en est le principal
auteur (1). Il se fonde d'abord sur un point incontestable ; c'est que l'oxigène n'est pas le principe général de
l'acidité, puisqu'on ne l'a point encore extrait de plusieurs acides, et que des combinaisons où il n'entre certainement point, agissent à la manière des acides, ainsi
que cela est reconnu de tout le monde pour l'hydrogène

Théorie de Winterl.

(1) *Prolusiones in chemiam seculi decimi noni, auctore Fr. Jos. Winterl;* 1800, 1 vol. in-8.°— Matériaux d'une chimie du XIX.ᵉ siècle, en allemand, par Œrstedt; *Ratisb. 1805.*— Exposé des quatre élémens de la nature inorganique, en allemand, par Schuster; *Berlin, 1806.*

sulfuré, tandis que plusieurs de celles où il entre, comme les oxides métalliques, se comportent à la manière des alcalis.

Rangeant alors, d'un côté, avec les acides, toutes les substances qui agissent comme eux, et parmi lesquelles il compte jusqu'au soufre et à la silice, et de l'autre, sous le nom de *bases,* toutes celles sur lesquelles les acides réagissent, comme alcalis, terres, oxides, &c., il attribue les qualités respectives de ces deux ordres de corps à deux principes qu'il nomme d'*acidité* et de *basicité,* et dont la tendance mutuelle à s'unir occasionne, selon lui, toutes les combinaisons chimiques. Les corps sont tous originairement composés d'atomes semblables, et les caractères particuliers à chacun dépendent de son degré d'adhérence au principe de basicité ou d'acidité; adhérence dont M. Winterl fait encore un troisième principe immatériel, qui peut se perdre, se reprendre, et se transmettre d'un corps à l'autre.

Une matière douée du principe d'adhérence, et qui ne demande que l'un des deux autres pour devenir active, s'appelle un *substratum.*

Pour ne rien dire des difficultés métaphysiques qui résulteroient de cette admission des principes immatériels, et principalement de celle du dernier, qu'il est bien difficile de se représenter autrement que comme une relation, et pour nous en tenir au pur examen physique, il est clair qu'une simple ressemblance des qualités des corps n'autoriseroit pas à leur attribuer des principes communs. Aussi M. Winterl cherche-t-il à prouver, par des expériences, l'existence de ceux qu'il établit; il assure que

si l'on fait sortir d'une combinaison par la simple chaleur non rouge, soit l'acide, soit la base, le premier n'en
ressort pas aussi acide, ni la seconde aussi alcaline, ou,
comme il s'exprime, aussi base qu'ils y sont entrés. C'est
qu'une partie des deux principes s'étoit détachée au moment de la combinaison, pour produire la chaleur, qui se
manifeste presque toujours, lorsqu'on unit un acide à une
base; et toute chaleur résulte, selon lui, de l'union du
principe de l'acidité et de celui de la basicité.

Cet affoiblissement n'est pas sensible, quand on décompose par un acide ou par une base, parce que la
substance qui entre en combinaison, cède le superflu de
son principe à celle qui s'en va.

L'oxigène est lui-même un acide, et l'hydrogène une
base, qui ont l'eau pour *substratum* commun : c'est-à-
dire que l'eau acidifiée, ou saisie, et, comme M. Winterl
s'exprime, animée par le principe d'acidité, est de l'oxigène ; et l'eau basifiée, ou animée par le principe de
basicité, de l'hydrogène. On ne s'étonne donc plus que
ces deux gaz donnent de l'eau en brûlant, et l'on devine
déjà que les deux électricités contiennent les deux principes, ou plutôt sont ces principes eux-mêmes, et que
c'est ainsi que la pile a l'air de décomposer l'eau et les
sels. Aussi faut-il avouer que M. Winterl avoit, en quelque sorte, prévu ses effets chimiques, avant que MM. Ritter
et Davy les eussent découverts. La différence du galvanisme
à l'électricité vient de la faculté qu'a le premier de communiquer aux corps le principe d'adhérence et de leur
faire retenir par-là les deux principes actifs. Le *maximum*
possible de chaleur naît de la combustion de l'hydrogène

par l'oxigène tiré des oxides au moyen de la chaleur, 1.° parce que celui-ci est le plus acidifié possible, beaucoup plus que celui qu'on tire de l'air commun ; 2.° parce que les deux gaz sont entièrement désanimés dans l'opération ; 3.° parce que la diminution de capacité du produit vient se joindre aux deux autres causes.

Mais, comme à la longue une réunion complète de toutes les portions des deux seuls principes actifs réduiroit toute la matière à son inertie naturelle, M. Winterl fait intervenir la lumière pour les séparer en certaines occasions et les rendre aux divers *substratum* dont elle les dégage aussi quelquefois.

On entrevoit sans doute, dans ce court exposé, qu'en alliant ces vues avec les nouvelles lois de l'affinité et avec celles des combinaisons de la chaleur, on doit arriver à une explication assez plausible de la plupart des phénomènes chimiques, et même que l'on pourroit en éclaircir quelques-uns de ceux qui restent encore obscurs pour la théorie reçue : cet avantage, et le rapport qu'on a cru apercevoir entre les deux principes actifs de M. Winterl et le système métaphysique du dualisme aujourd'hui fort en vogue en Allemagne, ont donné du crédit en ce pays-là aux idées du chimiste Hongrois.

Mais le système le plus séduisant, l'édifice le plus ingénieux, ne peut subsister, s'il n'est fondé sur l'expérience. Tant que les pertes de force que M. Winterl prétend causées aux acides et aux bases par leur simple passage à l'état de combinaison, n'auront pas été généralement démontrées, ses deux principes ne pourront être reconnus. Or, M. Berthollet vient de répéter les principales expériences sur lesquelles M. Winterl s'appuie pour établir ce point capital, et il les a trouvées fausses. Ce qui les rendoit suspectes d'avance, c'est que quelques autres que M. Winterl a mises en avant sur des sujets plus particuliers, n'ont également pu encore être vérifiées par ceux qui les ont tentées, et spécialement par MM. Guyton de Morveau et Bucholtz (1).

Nous voulons sur-tout parler de l'*andronia* et de la *thelyka* , deux substances auxquelles M. Winterl fait jouer un grand rôle dans les phénomènes particuliers, et qu'il ne paroît pas qu'on ait pu reproduire en suivant les procédés qu'il indique.

Pour reprendre le fil de l'histoire de la chimie, nous dirons que l'un des moyens qui ont le plus puissamment contribué à faciliter l'enseignement de la science en général, et à préparer l'adoption universelle de la théorie nouvelle, c'est la nomenclature créée par cette société de chimistes François dont nous avons parlé plus haut.

Nouvelle nomenclature , 1787.

Les termes de la chimie se ressentoient encore, à la fin du XVIII.ᵉ siècle, des temps déplorables où cette science a commencé à naître ; plusieurs étoient entièrement barbares ; la plupart conservoient cet air mystique ou merveilleux qui leur avoit été donné par des charlatans ; presque aucun n'avoit le moindre rapport d'étymologie avec l'objet qu'il désignoit, ni avec les noms des objets analogues : si quelque chose en justifioit l'usage, c'étoit l'impossibilité de faire mieux , tant qu'on n'avoit point d'idée nette de la composition de la plupart des substances.

(1) Annales de chimie de 1807.

Donner aux élémens des noms simples; en dériver, pour les combinaisons, des noms qui exprimassent l'espèce et la proportion des élémens qui les constituent, c'étoit offrir d'avance à l'esprit le tableau abrégé des résultats de la science, c'étoit fournir à la mémoire le moyen de rappeler par les noms la nature même des objets. C'est ce que M. Guyton de Morveau proposa le premier dès 1781, et ce qui fut complétement exécuté par lui et par ses collègues en 1787 (1).

Il falloit s'attendre que la plupart des anciens chimistes ne se résoudroient qu'à regret à étudier un système entier de dénominations nouvelles; mais il falloit espérer que les jeunes gens se trouveroient heureux de recevoir une instruction simplifiée par la fusion des noms et des définitions. La nouvelle nomenclature n'est en effet que cela: il seroit ridicule de vouloir en faire un instrument de découvertes, puisqu'elle n'est que l'expression des découvertes faites; mais il est juste de voir en elle un excellent instrument d'enseignement. Sans doute elle ne peut, comme toute définition, rendre que ce que l'on savoit à l'époque où on l'a faite: ainsi les acides dont on ignore le radical, ceux dont on n'a point déterminé le degré d'oxigénation, n'y portent encore que des noms provisoires; peut-être aussi auroit-on dû donner à l'acide nitrique son véritable nom, puisqu'on savoit dès-lors de quoi il est formé; l'ammoniaque ne devoit pas non plus y porter un nom simple, dès que l'on connoissoit sa composition.

Mais une partie de ces défauts tient à l'état de la

(1) Méthode de nomenclature chimique proposée par MM. de Morveau, Lavoisier, Berthollet et de Fourcroy; *Paris, 1787, 1 vol. in-8.*

science ; les autres peuvent aisément être corrigés , et ils n'ôtent rien à l'utilité de la nomenclature méthodique ni au mérite de ses inventeurs.

On se tromperoit cependant, si l'on attribuoit entière-ment à la nouvelle nomenclature, ou même à la nouvelle théorie de la combustion, l'état brillant où la chimie est arrivée de nos jours.

Précision ma-thématique in-troduite dans les expériences.

Il en est une cause encore plus essentielle, à laquelle même on doit , à proprement parler , et cette théorie nouvelle, et les découvertes qui l'ont fait naître, aussi-bien que celles qui l'ont suivie. Nous l'avons déjà indi-quée en général ; mais il est bon d'en parler encore dans cette occasion où son importance est si frappante. C'est l'esprit mathématique qui s'est introduit dans la science, et la rigoureuse précision qu'on a portée dans l'examen de toutes ses opérations.

Bergman en avoit donné l'exemple dans ses méthodes d'analyse minérale ; Priestley s'y étoit fort attaché dans ses expériences sur les airs ; M. Cavendish sur-tout, que nous avons déjà nommé tant de fois, avoit procédé cons-tamment en géomètre profond , autant qu'en chimiste ingénieux.

Les nouveaux chimistes François se sont plus rigou-reusement encore astreints à cette marche sévère , qui pouvoit seule donner à leur doctrine le caractère de la démonstration ; et c'est sur-tout dans cette partie qu'ils ont eu à se louer du concours de quelques-uns de nos géo-mètres les plus distingués , et que l'on a pu juger de l'heureux effet de cette association des divers genres d'études.

Nous avons déjà parlé du calorimètre imaginé par

Lavoisier et par M. Delaplace. Le gazomètre dû aux recherches de Lavoisier et de Meunier n'est pas moins important. Déjà auparavant l'appareil pneumato-chimique de Mayow, de Hales et de Priestley, et l'appareil de Woulfe pour la séparation des différens gaz, avoient rendu les plus grands services : ce dernier a été depuis extrêmement perfectionné par M. Welther.

C'est dans le Traité élémentaire de Lavoisier (1) que l'Europe vit pour la première fois avec étonnement le système entier de la nouvelle chimie, et cette belle réunion d'instrumens ingénieux, d'expériences précises et d'explications heureuses, présentées avec une clarté et dans un enchaînement qui n'étoient guère moins admirables que leur découverte.

Ce livre ayant paru précisément en 1789, on peut dire que tous les travaux de chimie particulière dont nous avons maintenant à rendre compte, se sont exécutés sous son influence ; et c'est le point de départ le plus convenable que nous puissions choisir, puisqu'il fait véritablement l'une des plus grandes époques de l'histoire des sciences.

CHIMIE PARTICULIÈRE. Nouveaux élémens métalliques.

Nous sommes loin aujourd'hui de la doctrine bizarre des anciens, qui prétendoient composer tous les corps avec quatre élémens ou modifications primitives de la matière : celle des chimistes du moyen âge, avec leurs terres, leurs soufres, leurs sels et leurs mercures, s'est écroulée aussi devant l'expérience et une saine logique.

(1) Traité élémentaire de chimie, présenté dans un ordre nouveau, et d'après les découvertes modernes, par M. Lavoisier; *Paris, 1789, 2 v. in-8.*

Tout ce que nous ne pouvons décomposer est un élément pour nous; et chaque fois que nous rencontrons une nouvelle matière rebelle à notre analyse, nous nous croyons en droit de l'inscrire sur la liste des substances simples, bien entendu que nous ne les considérons comme telles que relativement à l'état actuel de nos connoissances. Ces substances non encore décomposées vont aujourd'hui à près de cinquante, et les métaux de toute espèce y occupent un rang considérable.

Les anciens, comme on sait, n'en possédoient que sept; et l'identité de ce nombre avec celui de leurs planètes et avec celui des notes de la gamme et des couleurs de l'iris, avoit donné lieu à une foule d'idées superstitieuses ou ridicules. On découvrit, pendant le moyen âge, quelques demi-métaux, l'antimoine, le bismuth, le zinc, le cobalt, le nickel (1), dont les noms tudesques attestent encore aujourd'hui l'origine. Les chimistes de l'école de Stahl constatèrent la nature métallique et particulière des deux derniers, ainsi que celle de l'arsenic, du molybdène (2), du tungstène (3) et du manganèse (4).

Leurs longues recherches parvinrent à purifier le platine, et à nous montrer en lui un nouveau métal noble, le plus pesant et le plus inaltérable de tous.

On comptoit donc en 1789 dix-sept métaux, soit cassans,

---

(1) Découvert depuis long-temps, mais reconnu pour un métal particulier, en 1752, par Cronstedt.

(2) Scheele en détermina l'acide en 1778; Hielm, disciple de Bergman, le métal.

(3) L'acide en fut reconnu par Scheele en 1781; Bergman soupçonnoit sa nature métallique. MM. d'Elhuyar l'ont réduit les premiers.

(4) Gahn l'a réduit le premier. Bergman et Scheele en soupçonnoient la nature.

soit ductiles : dès cette année, M. Klaproth en découvrit un dix-huitième, l'urane (1).

Il y en ajouta, en 1795, un dix-neuvième, le titane, que M. Gregor avoit soupçonné dans une substance du pays de Cornouailles, et qui s'est retrouvé dans une foule de minéraux. Son oxide compose seul ce que l'on nommoit *schorl rouge* et *schorl octaèdre*.

Muller, Bergman et Kirwan avoient aussi soupçonné un métal dans quelques mines d'or de Hongrie ; M. Klaproth l'y a démontré en 1798, et l'a nommé *tellure* (2).

M. Vauquelin a fait en ce genre, en 1797, une découverte qui efface, pour ainsi dire, toutes les autres, par le rôle brillant que son métal joue dans la nature, et par son utilité dans les arts : c'est le chrome. Son oxide est d'un beau vert, et son acide d'un beau rouge ; il sert de minéralisateur au plomb rouge de Sibérie, et de principe colorant à l'émeraude et au rubis. Il y en a en abondance de combiné avec du fer, et on le retrouve jusque dans les pierres météoriques. La porcelaine, pour laquelle on n'avoit point jusqu'ici de vert qui pût soutenir le grand feu, en reçoit un de l'oxide du chrome, aussi beau dans son genre que le bleu qu'elle tire du cobalt ; on s'en sert pour imiter parfaitement la couleur des émeraudes ; et l'acide du chrome, combiné avec le plomb, donne un rouge inaltérable aussi beau que le minium (3).

Les travaux presque simultanés de MM. Fourcroy,

---

(1) Ann. de chimie, *t. IV, p. 162.*

(2) Annales de chimie, *t. XXV, p. 273* ; mém. lu à l'Académie de Berlin, le 25 janvier 1798.

(3) Annales de chimie, *t. XXV, p. 21* ; mém. lu à l'Institut, le 11 brumaire an 6.

Vauquelin,

Vauquelin, Descotils, Wollaston et Smithson-Tennant, viennent de mettre au jour (en 1805 et 1806) quatre métaux distincts et très-remarquables, qui se trouvent mélangés avec le platine brut. L'un d'eux, le *palladium*, ressemble à l'argent par l'éclat, la couleur et la ductilité, mais il est plus pesant et plus inaltérable ; un autre, l'*osmium*, a la propriété singulière de se dissoudre dans l'eau, de lui donner une saveur et une odeur fortes, et de s'élever avec elle en vapeurs ; le troisième, l'*iridium*, est remarquable par les couleurs vives qu'il communique à ses dissolutions ; le quatrième enfin, le *rhodium*, les colore toutes en rose (1).

Cette découverte presque subite de quatre substances métalliques dans un minéral où on les soupçonnoit si peu, et où elles sont accompagnées de sept autres déjà connues, peut faire croire qu'il en reste encore beaucoup à distinguer dans la nature : une foule de différences physiques des minéraux exigent en quelque sorte, pour être expliquées, que l'on y découvre de nouveaux principes.

Déjà M. Hatchett a retiré, en 1802, d'un minérai des États-Unis, un métal particulier qu'il a nommé *columbium*. MM. Hisinger et Berzelius en ont trouvé un autre, le *cerium*, dans un minérai de Suède (2) ; et M. Ekeberg, un troisième en 1801, le *tantale*, dans deux minérais du même pays (3), Mais ces trois métaux ont des propriétés moins saillantes que les précédens ; et l'on annonce que le tantale n'est qu'une combinaison de l'étain.

---

(1) Bulletin des sciences, *floréal et fructidor an 11, germinal et fructidor an 12, et vendémiaire an 13.*
Sciences physiques.

(2) Journal de physique, *t. LIV,* p. 85, 168, 361.
(3) Ibid. *t. LV,* p. 238, 281.

La liste des substances métalliques iroit donc aujour-
d'hui à vingt - huit, ou vingt - sept en retranchant le
tantale.

Nouveaux élé-
mens terreux. Celle des élémens terreux n'est pas aussi considérable.
Les anciens et les chimistes du moyen âge n'en admet-
toient qu'une seule espèce, qu'ils désignoient par les noms
vagues de *terre* et de *caput mortuum*.

C'est dans l'école de Stahl seulement qu'on a commencé
à distinguer la terre calcaire, la siliceuse et l'argileuse;
encore beaucoup de minéralogistes les regardoient-ils en
ce temps - là comme des modifications d'une substance
commune.

Les travaux de Black et de Margraf y ajoutèrent la
magnésie; et ceux de Scheele et de Gahn, la baryte ou
terre pesante. Ainsi l'on connoissoit cinq terres en 1789.

M. Klaproth se présente encore le premier parmi ceux
qui ont augmenté cette liste. Il découvrit la zircone en
1789 dans la pierre dite *jargon de Ceylan* (1), et la re-
trouva ensuite dans une variété d'hyacinthe. M. de Morveau prouva qu'elle entre essentiellement dans toutes les
véritables gemmes de ce nom (2).

M. Klaproth distingua en 1793 la strontiane, que l'on
avoit confondue jusqu'à lui avec la baryte. M. Fourcroy
a fait voir que l'une et l'autre jouissent éminemment des
propriétés alcalines (3).

M. Vauquelin se montra aussi bientôt un digne émule
de M. Klaproth dans ce genre de recherches, en décou-

(1) Mémoires de la Société des   (2) Ann. de chimie, *t. XXI, p. 72.*
amis scrutateurs de la nature, de   (3) Journal de physique, *t. XLV,*
Berlin.   *p. 56.*

vrant en 1798 la glucine, qui fait la base du beril et de l'émeraude : son nom vient de la saveur sucrée des sels qu'elle forme avec les acides (1).

Enfin M. Gadolin a reconnu encore en 1794, dans une pierre de Suède, une terre particulière qu'il a nommée *ittria.*

Ainsi la chimie possède aujourd'hui neuf terres distinctes qu'il n'a pas été possible de convertir les unes dans les autres, et dont aucune n'a pu être réduite à l'état métallique, quoi que l'on ait fait pour cela, et malgré la ressemblance frappante qu'a la baryte avec les oxides; il faut donc les conserver dans la liste des substances simples pour nos instrumens.

L'heureuse détermination des principes de l'alcali volatil par M. Berthollet pouvoit faire espérer que l'on parviendroit à décomposer également les deux alcalis fixes; mais toutes les tentatives faites jusqu'à présent pour cela ont été vaines et l'on doit aussi les laisser dans la liste des élémens (2).

Les chimistes devoient de même être encouragés, par la découverte du radical de l'acide nitrique, à la recherche de ceux des trois autres acides minéraux non décomposés, savoir, du fluorique, du boracique et du muriatique : mais ils n'y ont pas eu plus de succès que dans l'analyse des alcalis fixes; et si l'on ne place pas également ces acides dans

---

(1) Analyse de l'aigue marine, &c. lue à l'Institut le 26 pluviôse an 6; Annales de chimie, *tome XXVI, page 155.*

(2) Nous avons déjà remarqué que les expériences de M. Davy n'étoient pas connues lors de la rédaction de ce Rapport : au reste, on est encore en doute si le produit d'apparence métallique qu'elles donnent, résulte de la décomposition des alcalis, ou de leur combinaison avec le charbon.

la série des principes élémentaires, c'est que l'analogie n'a guère permis jusqu'à présent de douter qu'ils ne soient, comme les autres, formés de la combinaison d'un radical quelconque avec l'oxigène.

Nouveaux
acides. On a été plus heureux à découvrir des acides nouveaux; l'école de Stahl en avoit déjà obtenu plusieurs (1).

On sait, en effet, que l'acide sulfurique, le nitrique et le muriatique étoient seuls connus des chimistes du moyen âge : le sulfureux fut distingué par Stahl lui-même; le boracique, par Homberg; le phosphorique, par Margraf; le carbonique, par Black, Cavendish et Bergman; le fluorique, par Scheele.

Ce dernier fit connoître deux acides à base métallique, ceux du molybdène et du tungstène, et éclaircit la nature de celui de l'arsenic.

Ce même Scheele, dont les découvertes en ont tant préparé à ses successeurs, ayant oxigéné, ou, comme on s'exprimoit alors, déphlogistiqué l'acide muriatique, produisit l'acide muriatique oxigéné, dont les propriétés étonnantes ont été pour les chimistes une source si féconde de vérités nouvelles, qui tiennent presque toutes à la facilité avec laquelle cet acide abandonne son oxigène surabondant.

La période dont nous avons à rendre compte n'a fourni que deux nouveaux acides à base métallique ; le chromique, trouvé en même temps que le chrome par M. Vauquelin, et le columbique, par M. Hatchett : on n'y a

(1) *Voyez*, en général, l'excellent article *Acide*, dans l'Encyclopédie méthodique, par M. de Morveau; et | les chapitres sur le même sujet, dans les Systemes de chimie de M. Fourcroy et de M. Thomson.

reconnu aucun acide nouveau qui soit indécomposable ; mais les acides à bases compliquées, binaires ou ternaires, se sont multipliés davantage, soit qu'on les ait découverts déjà tout formés dans les végétaux ou dans les animaux, soit qu'on les y ait produits par l'oxigénation.

Les anciens possédoient au fond presque tous les acides animaux et végétaux naturels, tels que celui du vinaigre, celui du citron et celui du sel d'oseille ; mais ils étoient loin de les distinguer nettement, et plus loin encore d'avoir des idées justes de leur composition.

Bergman (1) fit faire un grand pas à leur théorie, et même à toute la chimie des corps organisés, en montrant qu'il étoit possible d'en préparer artificiellement. En traitant le sucre par l'acide nitrique, il obtint un acide végétal, que Scheele reconnut pour le même que celui du sel d'oseille. Scheele en produisit à son tour un nouveau, en traitant de la même manière le sucre de lait ; c'est l'acide saccolactique ou muqueux. Ce même chimiste enseigna à obtenir purs les acides du benjoin et du tartre, que l'on connoissoit depuis long-temps (2) ; il découvrit la nature acide du calcul de la vessie et celle du principe astringent de la noix de galle. Hermstaedt (3) caractérisa l'acide des pommes, qui s'est retrouvé dans presque tous les fruits rouges, et que M. Vauquelin a montré à fabriquer, en traitant les gommes par l'acide nitrique. Kosegarten (4) fit connoître celui qu'on retire de l'oxigénation du camphre.

(1) *Voyez*, en général, les Opuscules physiques et chimiques de Bergman : il y en a une traduction par M. de Morveau *Dijon, 1780, 2 vol. in-8.°*

(2) *Voyez* le Journal de physique, *1783, tome I.ᵉʳ, pages 67 et 170.*

(3) Journal de phys. *t. XXXII, p. 57.*

(4) Ibid. *t. XXXV, p. 291.*

Georgii et Bergman déterminèrent les propriétés distinc-
tives de celui des citrons. On s'est assuré en général que
presque toutes les matières végétales et même animales
peuvent s'acidifier par divers procédés d'oxigénation :
ainsi les matières animales donnent, par l'acide nitrique,
des acides en tout semblables à ceux des pommes et de
l'oseille.

L'acide du vinaigre sur-tout se forme dans toutes les
matières vineuses exposées à l'air , et dans une multitude d'autres opérations naturelles ou artificielles, dont
M. Fourcroy a, le premier, bien spécifié les effets. On
le supposoit susceptible de divers degrés d'oxigénation,
et on lui donnoit, d'après les règles de la nouvelle nomenclature, tantôt le nom d'*acide acétique* , tantôt celui d'*acide
acéteux* : M. Adet a montré récemment qu'il n'y a que
divers degrés de concentration (1).

Cet acide acétique, en se mêlant à diverses substances,
se montre sous des apparences qui l'ont quelquefois fait
prendre pour des acides particuliers. Par exemple, ceux
qu'on obtient en distillant le bois et les gommes, avoient
reçu les noms de *pyroligneux* et de *pyromuqueux* : MM. Fourcroy et Vauquelin ont fait voir qu'ils ne consistent qu'en
acide acétique, altéré par une portion d'huile empyreu-
matique , qui s'élève avec lui. L'acide que Scheele pensoit
avoir trouvé dans le petit lait, n'est encore , suivant ces
chimistes célèbres, que de l'acide acétique mêlé à la partie caséeuse du lait (2).

On croyoit également obtenir un acide particulier, en

(1) Ann. de chimie, *tom. XXVI,* | (2) Bulletin des sciences, *vendém.*
p. *299 :* lu à l'Institut, 11 therm. an 6. | *an 9.*

distillant le suif. M. Thenard a montré que c'est de l'acide acétique mêlé de graisse (1).

Il y a aussi des combinaisons de deux acides que l'on jugeoit former des espèces simples, et dont les élémens ont été démêlés par des recherches récentes.

L'acide des fourmis, par exemple, ne s'est trouvé, selon MM. Fourcroy et Vauquelin, qu'un mélange d'acide phosphorique, de malique et d'acétique (2). Ces chimistes soupçonnent qu'il en est de même de celui des vers-à-soie.

Il ne reste donc des anciens acides animaux que celui du calcul de la vessie, auquel M. Fourcroy a donné le nom d'*urique,* et l'acide prussique, qui se prépare artificiellement, et qui est si utile à la chimie pour reconnoître dans ses analyses les moindres parcelles de fer, et aux arts, comme l'un des ingrédiens du bleu de Prusse. Scheele est encore celui qui en a reconnu le premier la nature acide. Il a été trouvé tout formé dans les amandes amères, et M. Berthollet a réussi à le suroxigéner. Dans ce dernier état, il est plus volatil et colore le fer en vert.

Mais la période actuelle a produit six nouveaux acides à base composée, dont quatre ont été retirés des corps organisés, et les deux autres fabriqués de toutes pièces.

Les naturels sont celui que M. Klaproth a retiré de l'*honigstein* ou pierre de miel (3) (il y étoit combiné avec

---

(1) Bull. des sciences, *prairial an 9.*
(2) Annales du Muséum d'histoire naturelle, t. *I.er, p. 333.*

(3) **Journal de physique,** *novembre 1791.*

de l'alumine et du charbon), celui que le même chimiste
a trouvé dans la sève du mûrier blanc, celui qui a été
extrait du quinquina par M. Deschamps, enfin celui que
MM. Vauquelin et Buniva ont découvert dans les eaux
de l'amnios des vaches.

Des deux artificiels, l'un (le subérique) a été préparé
en traitant le liége par l'acide nitrique. C'est M. Bru-
gnatelli qui en est l'auteur. M. Bouillon-Lagrange en a
étudié les combinaisons.

L'autre se produit en distillant le suif. M. Thenard,
qui avoit réfuté l'existence de l'ancien acide sébacique,
en a transporté le nom à celui-ci, qu'il a découvert, et
qui est plus réel.

Il ne faut pas voir , dans toutes ces découvertes,
seulement la possession de quelques principes de plus
ou de moins : il n'est aucune de ces substances dont la
chimie ne puisse tirer parti dans ses analyses en les
employant comme réactifs. Ainsi l'acide gallique fait reconnoître les métaux ; l'acide oxalique, la chaux; l'acide
succinique sépare le fer du manganèse , &c. Comme
parties constituantes des corps, leur connoissance est indispensable à l'histoire naturelle ; enfin les arts utiles
profitent de quelques-unes. Mais l'utilité théorique la plus
immédiate de cette liste des principes chimiques , c'est de
nous donner des idées plus étendues sur la multitude des
combinaisons possibles.

Il est aisé de sentir, en effet, que les cinq combustibles non métalliques , les vingt - huit métaux , leurs
oxides de divers degrés, les neuf terres, les trois alcalis et
les acides de toute espèce, réunis deux à deux seulement,

donneroient

donneroient déjà plusieurs centaines et même plusieurs milliers de combinaisons, dont un grand nombre existe réellement dans la nature, et dont un nombre plus considérable encore peut être réalisé par les moyens de l'art.

Elles sont autant d'objets d'étude pour les chimistes : plusieurs étoient connues depuis long-temps ; d'autres n'ont été bien observées que dans la période actuelle, et il en reste beaucoup encore à soumettre à l'examen.

Un exposé complet de ce qui a été fait en ce genre depuis 1789 seroit infini ; bornons-nous aux résultats les plus utiles, ou à ceux qui répandent une lumière plus générale.

La seule détermination des quantités respectives de l'acide et de la base dans les différens sels a été l'objet de recherches très-longues, parce qu'elle se complique de la détermination de la portion d'eau, toujours plus ou moins forte dans les acides liquides, et de cette autre portion qui entre nécessairement dans tous les cristaux salins.

Étude des combinaisons salines.

Kirwan s'en est fort occupé (1); MM. Bucholtz, Wenzel et Vauquelin ont beaucoup ajouté à ses recherches : mais il s'en faut encore que les résultats de ces chimistes soient uniformes.

L'une des plus utiles de leurs découvertes en ce genre a été celle de la composition de l'alun. MM. Vauquelin,

---

(1) De la force des acides et de la proportion des substances qui composent les sels neutres, ouvrage traduit de l'anglois de M. Kirwan, par M.me L. *Voyez* aussi, sur tous les sels, le Système des connoissances chimiques de M. Fourcroy, et la Chimie de M. Thomson.

Chaptal et Descroisilles ont trouvé presque simultanément que la potasse est nécessaire à la composition de ce sel (1).

M. Vauquelin, en particulier, a fait une autre découverte qui n'est pas moins importante : c'est qu'il n'y a de différence entre l'alun de Rome et l'alun ordinaire, qu'un peu plus de fer dans celui-ci. On a fait l'application de cette découverte en grand à la teinture, et la France a été délivrée par-là d'un impôt considérable qu'elle payoit à l'étranger.

L'alun est donc un sel triple, puisque sa base est double. La chimie en possède encore quelques autres : on doit remarquer dans ce genre divers sels à base d'ammoniaque et de magnésie, sur lesquels M. Fourcroy a beaucoup travaillé (2).

La difficulté de ces sortes d'analyses augmente, quand il s'agit des sels métalliques, et qu'il faut estimer à quel degré d'oxidation le métal s'est uni à l'acide.

Parmi les recherches de ce genre, on doit citer principalement l'histoire des sels de mercure, que M. Fourcroy a commencée en 1791, et qu'il a terminée presque complétement en 1804, avec M. Thenard (3). M. Proust, chimiste François, établi en Espagne, a fait des travaux analogues sur les sels de fer et de cuivre, principalement sur les sulfates à divers degrés d'oxidation (4).

M. Thenard s'est aussi occupé des sulfates de fer (5).

M. Chenevix a travaillé sur les arseniates de cuivre, de

(1) Annales de chimie, *t. XXII,* p. 258 *et* 284 *; t. L , p. 154.*

(2) Ibid. *t. IV , p. 210.*

(3) Ibid. *t. X, p. 293 ; t. XIV,* p. 34 *;* Bull. des sciences, *brum. an 11.*

(4) Annales de chimie, *t. XXXII,* p. 26.

(5) Bulletin des sciences, *thermidor an 12.*

plomb, sur les muriates d'argent, et a découvert le muriate suroxigéné de ce dernier métal (1). Les muriates d'argent ont aussi été étudiés par MM. Proust et Klaproth.

Mais, parmi les sels métalliques nouvellement connus, on doit éminemment distinguer le phosphate de cobalt, dont M. Thenard a découvert la préparation, et qui, combiné avec de l'alumine, remplace, à peu de chose près, l'outremer en peinture (2).

Le plomb combiné avec l'acide du chrome découvert par M. Vauquelin, donne, ainsi que nous l'avons dit, un rouge éclatant qui ne noircit point comme le minium : on en prépare aujourd'hui une quantité immense.

La décomposition des sels est aussi quelquefois d'une très-grande utilité.

Ainsi l'art de retirer la soude du sel marin est de première importance pour tous les arts qui emploient cet alcali, et spécialement pour les savonneries et pour les verreries ; mais il n'en a pas moins pour la chimie générale, parce qu'il a été la première exception reconnue aux lois anciennement établies pour les affinités, et qu'il a peut-être occasionné la plupart des nouvelles idées de M. Berthollet sur ce grand sujet.

Scheele a encore ici fourni le premier germe et de l'art et de la doctrine, en remarquant que d'un mélange de sel marin et de chaux vive légèrement humecté et placé dans une cave, il effleurit continuellement du carbonate de soude, quoique la chaux n'ait pas par elle-même le pouvoir d'enlever l'acide muriatique à la soude.

Décomposition du sel marin.

Extraction de la soude.

(1) Journal de physique, *t. LV*, p. *85*.

(2) Bulletin des sciences, *brumaire an 12.*

Mais la nature opère cette décomposition en grand dans les plantes du bord de la mer, dans beaucoup de vieux murs des pays chauds, et de la manière la plus marquée dans les fameux lacs de natron de l'Égypte, où elle n'a point de chaux vive, mais seulement du carbonate de chaux (1). La théorie de M. Berthollet explique seule ces anomalies apparentes.

M. de Morveau est celui qui a le plus contribué à tirer de ces expériences des procédés usuels ; ils ont un tel succès, que, sans l'impôt sur le sel, on se passeroit de la soude d'Alicante pour nos manufactures.

Étude des oxides métalliques.

Les oxides isolés présentent encore leurs difficultés. MM. Berthollet père et fils ont fait voir qu'ils entraînent souvent quelques portions d'acide qui les modifient : tel est l'oxide blanc de plomb ; c'est seulement par un peu d'acide carbonique qu'il diffère du jaune.

D'autres changemens de couleur sont attribués à l'eau par M. Proust (2).

Il y en a qui sont dus à diverses proportions d'oxigène, et l'on en a reconnu plusieurs de ce genre. M. Proust a décrit un oxide puce de plomb, un jaune de cuivre ; M. Thenard, un blanc de fer, un noir et un vert de cobalt (3).

L'oxide puce de plomb contient tant d'oxigène, qu'il brûle les corps combustibles que l'on broye avec lui.

Cette diversité de proportion ne change pas toujours la couleur. Il y a trois oxides d'antimoine, selon M. Thenard (4), et deux d'étain, selon Pelletier, tous également blancs.

---

(1) Journal de physique, t. L, p. 5.　(3) Nouv. Bul. des scienc. fév. 1808.
(2) Ibid. t. LXV, p. 80,　(4) Ann. de ch. t. XXXII, p. 257.

Les oxides et les acides se combinent quelquefois à des substances combustibles non métalliques.

Pelletier a montré que la préparation d'étain qu'on appelle *or mussif*, est une combinaison de l'oxide de ce métal avec le soufre (1).

M. Berthollet fils a travaillé sur une combinaison intéressante de ce genre, que M. Thomson avoit découverte : c'est le soufre uni à de l'acide muriatique et à de l'oxigène (2).

Les oxides métalliques n'offrent guère de combinaisons plus curieuses que celles que l'on nomme vulgairement *poudres fulminantes*.

On ne connoissoit autrefois que celle d'or : c'est de l'oxide d'or mêlé d'ammoniaque. M. Berthollet en a donné la théorie ; il a formé d'une manière semblable un argent fulminant. On a aujourd'hui trois sortes de mercure fulminant : l'un de Bayen, composé d'oxide rouge, de mercure et de soufre (3) ; le second, de MM. Fourcroy et Thenard, formé du même oxide et d'ammoniaque, c'est-à-dire, sur les mêmes principes que l'or et l'argent fulminans ; le troisième, de M. Howard, qui joint à l'oxide de mercure, de l'ammoniaque et une matière végétale (4).

La plus terrible des poudres fulminantes est celle qu'a découverte M. Chenevix, et qui résulte de l'union du soufre avec le muriate suroxigéné d'argent (5).

MM. Fourcroy et Vauquelin ont remarqué que beau-

(1) Ann. de chim. *t. XIII, p. 280.*
(2) Société d'Arcueil, *t. I, p. 161.*
(3) Opuscules chimiques de Pierre Bayen ; *Paris, an 6, 2 vol. in-8.º*

(4) Bulletin des sciences, *brumaire an 10.*
(5) Journal de physique, *t. LV, p. 85.*

coup de muriates suroxigénés, joints à quelque matière combustible, fulminent par le choc (1).

La poudre à canon, cette composition chimique qui a exercé une influence si notable sur la civilisation, n'est au fond qu'une combinaison analogue aux précédentes. L'acide nitrique retient tant de calorique avec son oxigène, qu'on peut le comparer, à beaucoup d'égards, à l'acide muriatique suroxigéné : mais celui-ci produit des effets beaucoup plus violens; l'essai d'une nouvelle poudre où l'on vouloit le faire entrer, a occasionné une explosion funeste à plusieurs personnes.

Recherches sur les alliages.

Les diverses substances combustibles peuvent aussi se réunir sans être oxidées et sans l'intermède d'aucun acide: quand il n'y a que des métaux dans le mélange, on l'appelle *alliage*, et l'opération qui les isole se nomme *départ.* Depuis long-temps l'intérêt a perfectionné ce genre de travail pour les métaux précieux; la révolution en a occasionné une extension particulière, quand il a fallu séparer le cuivre et l'étain mêlés dans les cloches. M. Fourcroy en a le premier indiqué le véritable moyen (2), qui consiste à oxider une portion de l'alliage et à la mêler avec une autre portion non oxidée : l'oxide de cuivre de la première portion donne tout son oxigène à l'étain de la seconde, et la fusion livre le cuivre pur. C'est ce procédé qu'on a employé en ajoutant un peu de sel pour faciliter l'oxidation. On perdoit les scories; mais MM. Lecourt et Amfry ont trouvé moyen de les réduire et d'en retirer encore l'étain par des grillages répétés.

(1) Annales de chimie, *tome XXI,* page 236.

(2) Ibid. *t. IX, p. 365; t. X, p. 155; t. XXII, p. 1.*

Des substances combustibles non métalliques peuvent aussi s'unir aux métaux. Un peu de charbon, par exemple, combiné avec le fer, donne l'acier, cette substance si utile dans tous les arts ; connue et fabriquée depuis long-temps, ce n'est que depuis peu que sa véritable nature a été pleinement éclaircie. Bergman l'a indiquée le premier ; MM. Berthollet, Monge et Vandermonde l'ont démontrée en détail dans un travail digne de servir de modèle (1) ; et M. Vauquelin l'a confirmée par ses analyses. Feu Clouet avoit indiqué un moyen simple de fabriquer immédiatement l'acier fondu avec du fer doux (2) : quelques difficultés de pratique en ont retardé l'adoption ; mais ces entraves ne peuvent manquer d'être détruites, et la France exercera bientôt ce genre d'industrie jusqu'à présent réservé à l'Angleterre.

Nous en avons déjà conquis un autre dans cette classe de combinaisons ; beaucoup de charbon et peu de fer donnent la plombagine, ou le crayon vulgairement appelé *mine de plomb*. L'Angleterre seule en possédoit de belle, qu'elle retiroit des entrailles de la terre ; et les crayons Anglois se vendoient chèrement dans toute l'Europe. La chimie nous a appris à en préparer d'artificiels qui ne leur cèdent point. Les crayons de Conté fournissent aux arts du dessin un instrument commode et peu coûteux, et à notre patrie une branche intéressante de commerce (3).

On n'a réussi encore à combiner aucun des autres

Recherches sur les carbures.

(Le crayon l'acier.)

---

(1) Avis aux ouvriers en fer, publié par ordre du comité de salut public au commencement de l'an 2 ; Annales de chimie, *tome XIX, page 1.*

(2) Ann. de chimie, *t. XXVIII, p. 19.*

(3) Annales de chimie, *tome XX, p. 370.*

métaux avec le charbon d'une manière utile , quoique l'on ait la preuve que l'étain en absorbe dans diverses opérations , et devient par-là dur et cassant (1).

Quant au phosphore , Pelletier l'a uni à divers métaux ; mais sans rien obtenir d'important ni d'utile ; seulement on facilite ainsi la fusion , comme on le fait aussi par l'intermède du soufre (2).

L'union de ce dernier avec les métaux est connue depuis des siècles , et s'observe en abondance dans la nature et dans les arts : il y a cependant aussi, à cet égard, des remarques nouvelles et importantes. L'éthiops et le cinabre sont des sulfures de mercure qui ne diffèrent l'un de l'autre , selon MM. Fourcroy et Thenard , que par la proportion du soufre. M. Thenard a prouvé la même chose pour les sulfures jaunes et rouges d'arsenic, nommés *orpiment* et *réalgar :* on croyoit auparavant que le métal étoit oxidé , et que la proportion de l'oxigène influoit sur la couleur.

Le soufre se combine également avec les alcalis, et donne ce que l'on nomme vulgairement *foie de soufre ,* préparation très-anciennement connue et sur laquelle on n'a point d'expérience nouvelle à citer.

Quelques substances inflammables se dissolvent dans des gaz, ou les gaz inflammables s'unissent entre eux et avec plus ou moins d'oxigène : il en résulte des airs nouveaux dont les effets offrent des singularités piquantes, mais dont l'analyse est très-difficile, non-seulement parce

---

(1) M. Descotils vient de s'assurer que le carbone s'unit au platine, et produit avec lui un composé fusible qui peut avoir son utilité dans les arts.

(2) Annales de chimie, t. *XIII,* p. *101.*

que

que les fluides élastiques sont moins aisés à manier que les autres corps, mais encore parce que tous les caractères physiques qui résultent de la couleur, de la figure et de la consistance, nous abandonnent dans leur étude. On s'est beaucoup occupé, dans la période actuelle, de cette partie vraiment transcendante de la chimie.

L'hydrogène a la propriété singulière de dissoudre quelques parcelles de fer, d'arsenic et de zinc, et de les maintenir à l'état gazeux : on le savoit depuis assez longtemps pour les deux premiers ; M. Vauquelin l'a découvert pour le troisième.

Ce même hydrogène dissout du soufre, et prend une odeur détestable d'excrémens et d'œufs pourris : c'est en effet ce mélange que ces matières exhalent. Scheele en a connu le premier la composition ; mais M. Berthollet a fait une découverte importante, en montrant qu'il possède la plupart des propriétés des acides, quoiqu'il ne contienne point d'oxigène : il s'unit en effet aux alcalis, aux terres, aux oxides ; l'hydrosulfure de baryte cristallise comme un sel, &c. (1)

La combinaison du phosphore avec l'hydrogène est encore plus désagréable ; elle a l'odeur du poisson pourri : c'est M. Gengembre qui l'a formée le premier (2). Il a montré en même temps que, lorsqu'on obtient ces deux gaz des sulfures ou des phosphures alcalins, l'hydrogène est fourni par l'eau, dont l'oxigène aide à former, avec une autre partie du soufre et du phosphore, des acides sulfuriques ou phosphoriques. Les sulfures bien secs ne donnent point de gaz, selon les expériences de M. Fourcroy ;

(1) Annales de chimie, *t. XXV,* *p. 233.*

(2) Journal de physique, *1785,* *t. II, p. 276.*

mais lorsqu'ils se dissolvent dans l'eau, c'est toujours à l'aide de l'hydrogène qui se forme et s'y unit aussitôt. Si le soufre est très-abondant, il se produit un corps semblable à de l'huile, qui est un soufre hydrogéné. Lampadius l'avoit observé le premier, en traitant du soufre par le charbon. M. Berthollet fils a montré qu'il est dû à l'hydrogène que le charbon contient toujours (1).

L'hydrogène phosphoré n'ayant point les propriétés acides, ne reste point uni à l'eau et à l'alcali ; mais il s'élève à mesure qu'il naît.

M. Fourcroy a fait voir que l'hydrogène sulfuré est le meilleur de tous les moyens pour reconnoître le plomb dont on altère le vin.

En général, il doit être placé, ainsi que les hydro-sulfures alcalins, au nombre des réactifs les plus délicats de la chimie pour la précipitation de certains métaux.

L'azote dissout aussi le phosphore et le dispose à brûler ; c'est pourquoi il brûle plus facilement dans l'air commun que dans l'oxigène, circonstance que l'on avoit un moment voulu opposer à la nouvelle théorie.

L'hydrogène mêlé de carbone dans une certaine proportion offre la base de l'huile, et en donne en effet, quand on le mêle au gaz acide muriatique oxigéné. C'est le gaz oléfiant découvert par MM. Bondt, Deyman, Van-Troostwyk et Lauwerenburg, chimistes d'Amsterdam, qui ont long-temps travaillé en société (2). Ils l'obtinrent de la distillation de l'éther et de l'acide sulfurique par une foible température.

(1) Société d'Arcueil, *t. I.er*, *p. 304.*
(2) Annales de chimie *t. XXI, p. 48 ; t. XXIII, p. 205.*

Quand on réduit l'oxide de zinc par le charbon, on ne devroit, à ce qu'il semble, recueillir que de l'acide carbonique : Priestley remarqua qu'il se forme au contraire un gaz combustible, et voulut faire de cette expérience une objection contre la nouvelle théorie de la combustion. Nos chimistes ont examiné ce gaz avec soin : ils l'ont trouvé combustible en effet ; mais, à force de recherches, ils sont parvenus à montrer que c'est une combinaison d'oxigène avec un excès de carbone et une foible portion d'hydrogène. Le charbon de bois ordinaire contient toujours assez d'hydrogène pour en fournir à ce gaz, qui ne différeroit ainsi de l'oléfiant que par les proportions. MM. Cruikshank, Guyton et Berthollet, se sont principalement occupés de cette question difficile. MM. Austin, Higgins, Henry, et d'autres chimistes Anglois, y ont aussi travaillé. Il paroît que ce qui l'embrouille, c'est qu'il peut se former de ces gaz dans plusieurs proportions différentes de leurs trois élémens (1).

Un peu plus d'un cinquième d'oxigène mélangé avec de l'azote constitue la portion gazeuse de l'atmosphère. En augmentant l'oxigène par degrés, et en le combinant plus intimement, on produit successivement le gaz nitreux, l'acide nitreux, l'acide nitrique. Nous avons vu précédemment que ces faits sont au nombre des vérités fondamentales de la nouvelle chimie. Dans le gaz nitreux, l'oxigène fait déjà près de moitié. Si on le lui enlève par le moyen du fer ou autrement, au point de l'y réduire à-peu-près au tiers, on le change en un véritable oxide d'azote, qui montre des propriétés bien singulières : les

(1) Bulletin des sciences, *brumaire, ventôse et fructidor an 10.*

corps y brûlent , tandis qu'ils s'éteignent dans le gaz nitreux , quoique celui-ci ait plus d'oxigène ; et il asphyxie ceux qui le respirent, quoiqu'il ait plus d'oxigène que l'air commun.

Priestley l'avoit produit le premier. M. Berthollet en avoit indiqué la nature. Elle a été confirmée par l'analyse de M. Davy , dont le travail à cet égard est extrêmement remarquable, et par celle de MM. Fourcroy, Vauquelin et Thenard.

M. Davy a vu quelques-unes des asphyxies momentanées produites par ce gaz, accompagnées de sensations voluptueuses, mais qui n'arrivent pas constamment (1).

Nous parlerons ailleurs des moyens de mesurer particulièrement la quantité de l'oxigène dissous ou mélangé dans un gaz, et de l'application qu'on en a faite pour déterminer la composition de l'atmosphère.

Application de la dioptrique à l'analyse du gaz.

On voit, par tous ces détails, que cette estimation de la proportion des élémens gazeux est ce qu'il y a de plus difficile en chimie.

M. Biot a imaginé, pour y parvenir, une méthode entièrement nouvelle, qui s'applique également à tous les corps transparens dont on connoît les principes quant à leur nature. Chacun de ces principes ayant une force de réfraction propre et toujours la même , tant que la densité ne change point, quand on connoît la réfraction totale d'un mélange de principes connus , on peut calculer leur proportion. On emploie pour cela des prismes remplis ou formés des substances qu'on veut analyser ; on mesure l'angle de réfraction avec le cercle répétiteur ; la

(1) Bulletin des sciences , *frimaire an 11.*

pression et la température sont prises en considération ; et toutes ces circonstances étant susceptibles d'être appréciées avec une exactitude mathématique, cette analyse surpasseroit de beaucoup celles que la chimie peut donner par ses moyens ordinaires, si elle ne se compliquoit de la difficulté d'avoir les principes bien purs, et si, dans quelques cas, la condensation trop grande qu'éprouve leur combinaison, n'altéroit les résultats.

L'analyse du diamant tient de près à celle des substances gazeuses ; elle a été reprise plusieurs fois dans cette période. M. de Morveau n'a pu obtenir en le brûlant que de l'acide carbonique (1) ; et Clouet a en effet fabriqué de l'acier bien pur avec du diamant seul (2). Mais pourquoi diffère-t-il donc tant du charbon ordinaire ? M. de Morveau juge que celui-ci contient déjà un peu d'oxigène ; M. Berthollet, que c'est de l'hydrogène qu'il a de plus : M. Biot, au contraire, appliquant au diamant son analyse dioptrique, et lui trouvant une force réfringente supérieure à celle qu'indique pour le charbon l'analyse des substances où il entre, croit que c'est le diamant qui doit avoir au moins un quart d'hydrogène dans sa composition. Cependant des expériences toutes récentes, faites en Angleterre, n'ont encore donné, nous dit-on, que de l'acide carbonique.

Recherches sur le diamant.

Ces difficultés dans l'analyse des substances gazeuses, et de celles qui le deviennent aisément, peuvent déjà donner une idée des difficultés beaucoup plus grandes que

Étude des produits des corps organisés.

---

(1) Décade philosophique, *30 fructidor an 4.* Bulletin des sciences, *messidor an 7.*

(2) Bulletin des sciences, *brumaire an 8.*

la chimie rencontre, quand elle étudie les produits des corps organisés.

Les substances dont nous venons de parler, les composent presque en entier : du carbone, de l'hydrogène, de l'oxigène, plus ou moins d'azote, voilà leurs matériaux fondamentaux ; un peu de terre, quelques atomes de soufre, du phosphore, divers sels en très-petite quantité, s'ajoutent à ce fonds principal. Tous ces élémens semblent se jouer dans leurs diverses réactions ; ils s'unissent, se séparent, se retrouvent de mille manières ; et tous ces mouvemens nous échappent presque aussi souvent dans les laboratoires où nous croyons être maîtres de ces produits de la vie, que dans les fonctions de la vie elle-même.

On crut d'abord pouvoir séparer les principes des corps organisés par le moyen du feu ; mais ils ne faisoient que changer d'affinités, pour entrer dans des combinaisons nouvelles : de là ces phlegmes, ces huiles, ces sels, dont les anciens chimistes prétendoient composer tous les mixtes.

Bientôt on imagina d'employer des moyens plus tranquilles, et d'obtenir par le repos, par des lavages simples ou par certains menstrues, non pas les principes élémentaires des corps vivans, mais les composés divers qui s'y trouvent tout formés, ou ce que l'on nomme leurs principes immédiats.

Ils offrent une foule de caractères et de propriétés singulières ou utiles ; ils donnent une sorte d'analyse ébauchée ; chacun d'eux peut se décomposer à son tour, et fournit alors les principes généraux et élémentaires, cet hydrogène, ce carbone, ces autres substances simples dont nous avons parlé si souvent.

Ce sont probablement les diverses proportions de ces substances simples qui déterminent la nature et les propriétés des principes immédiats. Mais nous sommes loin encore de pouvoir démontrer ce que nous supposons ici : l'analyse de ces principes est trop imparfaite ; et nous avons beau réunir les élémens que nous en tirons, nous ne les reproduisons pas. Peut-être laissons-nous échapper une foule d'élémens impondérables et incoercibles, nécessaires à leur composition.

Il faut donc, en attendant une analyse plus parfaite, recueillir ces principes immédiats et les caractériser ; plusieurs d'entre eux sont d'ailleurs de première importance dans l'explication des fonctions vitales et dans les arts utiles.

Boerhaave a donné de beaux exemples de ce genre de recherches : sa méthode a été employée avec succès, et perfectionnée par Rouelle en France, et par Scheele en Suède ; et, dans ces derniers temps, la détermination des principes immédiats des végétaux et des animaux n'a guère moins contribué à la gloire des chimistes François que les découvertes plus générales dont nous avons parlé jusqu'ici.

Déjà, dans l'école de Stahl, et sur-tout dans celles de Boerhaave et de Rouelle, on avoit distingué dans les végétaux les gommes ou mucilages, les résines, les gommes résines, les extraits, les huiles fixes et volatiles ; on possédoit et on caractérisoit, comme nous l'avons vu plus haut, divers acides végétaux ; le sucre, l'amidon, le camphre, le baume, la sève, les diverses matières colorantes, étoient connus et employés, quoiqu'on n'eût pas des idées nettes sur leur nature intime. On étoit moins avancé sur les produits des animaux ; et quoique les anatomistes en eussent décrit les liquides et les solides, quoique l'on sût déjà en partie comment les premiers se décomposent en des fluides plus simples par le repos ; que le sang, par exemple, donne alors son *serum*, son caillot, sa matière colorante ; le lait, sa crème, son beurre, son fromage, son petit lait, &c., on n'avoit encore rien de précis sur la classification et les caractères de la plus grande partie de ces principes immédiats.

Produits nouvellement découverts.

C'est sur-tout M. Fourcroy que nous aurons à nommer ici (1) ; il a le premier nettement distingué les trois principaux principes des solides animaux, qui se retrouvent aussi diversement combinés dans la plupart des liquides du même règne : la gélatine, qui, dissoute dans l'eau bouillante, donne le bouillon et la colle forte, et qui fait la base des os, des membranes, et en général de toutes les parties blanches ; la fibrine, qui se dépose dans le caillot du sang et constitue le tissu essentiel de la chair ; c'est en elle que s'opère, dans l'état de vie, la contraction musculaire ; l'albumine, qui se coagule dans l'eau bouillante et forme le blanc d'œuf. Il a découvert dans l'urine un principe très-particulier, qu'il a nommé *l'urée* (2), matière excessivement animalisée, susceptible de se changer presque toute entière en carbonate d'ammoniaque, et dont l'excrétion est des plus indispensables au maintien de la composition animale.

(1) *Voyez* les *tomes VII, VIII, IX et X* du Système des connoissances chimiques de M. Fourcroy.

(2) Système des connoissances chimiques, t. X, p. 153.

M. Fourcroy

M. Fourcroy est aussi le premier qui ait reconnu que l'albumine se rencontre plus ou moins abondamment dans beaucoup de végétaux (1).

Ce n'est pas le seul lien des deux règnes. Le gluten, découvert par Bechari dans la farine du froment, ressemble beaucoup à l'albumine, et possède en général tous les caractères des principes particuliers aux animaux.

Il y a sans doute encore beaucoup de ces principes immédiats à découvrir dans les corps organisés, et chaque jour en découvre en effet.

M. Thenard a trouvé dans la bile une matière sucrée qu'il nomme *picromel* (2), et dans la chair un principe odorant qui donne au bouillon son goût agréable, et qu'il appelle *osmazome*. Cette même chair a donné à M. Welther une matière amère, dont l'analogue a été retrouvé et mieux déterminé, non-seulement dans la chair, mais encore dans l'indigo et dans d'autres substances végétales, par M. Fourcroy : elle a le caractère de brûler en fulminant (3).

L'adipocire, ou blanc de baleine, est encore un principe particulier bien déterminé par M. Fourcroy : on en retrouve dans les calculs biliaires ; le cerveau en dépose dans l'alcool ; certains cadavres s'y convertissent presque en entier (4).

Les végétaux n'ont pas été moins féconds en principes nouveaux.

(1) Annales de chimie, *t. III*, p. 252.

(2) Bulletin des sciences, *pluviôse an 13 ;* Mém. de la société d'Arcueil.

(3) Bulletin des sciences, *frimaire an 13.*

(4) Annales de chimie, *t. V, p. 164,* *et t. VIII, p. 17.*

MM. Vauquelin et Robiquet en ont trouvé un dans le suc d'asperge, qui, sans avoir rien de salin, se dissout dans l'eau et cristallise comme les sels (1). M. Derone en a découvert un autre dans l'opium, qui est peut-être sa partie narcotique ; il cristallise en lames blanches et brillantes. M. Thenard a montré les caractères qui séparent la manne du sucre, et ceux qui distinguent les diverses sortes de sucre entre elles.

Mais parmi les principes propres aux végétaux, il n'en est guère de plus important que celui que l'on connoissoit vaguement sous le nom de *matière astringente*, et que M. Seguin a déterminé plus précisément sous celui de *tannin* (2). On le tire d'un grand nombre de plantes, mais sur-tout de l'écorce du chêne, par l'infusion ; le cachou en est presque entièrement composé, selon M. Davy (3). Son principal caractère est de se combiner avec la gélatine animale en un composé indissoluble. C'est à cette propriété qu'est dû le tannage des cuirs ; car les peaux ne sont presque que de la gélatine. M. Hatchett est parvenu à produire artificiellement une sorte de tannin, en traitant le charbon par l'acide nitrique (4).

Transformation des produits les uns dans les autres. En général, la chimie en est venue à transformer à son gré une foule de ces principes immédiats les uns dans les autres, et il n'en est presque aucun qui ne puisse résulter d'une modification de quelque autre.

Nous avons déjà vu comment on forme à volonté une partie de ces mêmes acides animaux et végétaux, qui

(1) Ann. de chim. *t. LVII, p. 88.*
(2) Ibid. *t. XX, p. 53.*
(3) Bull. des sciences, *floréal an 11.*

(4) Transactions philosoph. *1805.* Annales de chimie, *tome LVIII, p. 211 et 225.*

résultent aussi du concours des forces vitales. La chimie offre beaucoup d'exemples plus ou moins semblables pour les autres principes. MM. Fourcroy et Vauquelin changent les muscles en graisse par l'acide nitrique ; l'indigo leur donne du benjoin et une résine par le même procédé. Le liége, qui ne contient point de résine, en fournit en abondance quand on le soumet à cet agent. Il se forme de l'huile à chaque instant, soit par la combustion, soit par les acides. La fonte du fer elle-même en donne, à cause de son charbon, quand on la traite par l'acide sulfurique, ainsi que l'a fait connoître M. Vauquelin. Le même chimiste vient de remarquer qu'il se forme une véritable manne dans la fermentation acétique du jus d'ognon (1). Enfin il n'est pas jusqu'au camphre que l'on ne puisse fabriquer, suivant la découverte de M. Kind, en appliquant l'acide muriatique à l'essence de térébenthine : on vend même déjà beaucoup de ce camphre artificiel (2).

Il est aisé de concevoir combien ces métamorphoses de matières communes en matières rares et précieuses peuvent favoriser les arts et changer la marche du commerce ; mais il ressort de tous ces faits des résultats plus importans encore, qui nous élèvent à une théorie générale des êtres organisés, et qui nous montrent l'essence même de la vie dans une variation perpétuelle de proportions entre des substances peu nombreuses par elles-mêmes. Un peu d'oxigène ou d'azote de plus ou de moins ; voilà, dans l'état actuel de la science, la

(1) Mémoires de l'Institut, *1807,* 2.ᵉ *semestre, p. 204.*

(2) Annales de chimie, t. *LI, p. 270.*

seule cause apparente de ces innombrables produits des corps organisés.

Analyse des mixtes des corps organisés.

Les mixtes qui résultent de ces variations, et que nous venons d'indiquer sous le titre de principes immédiats, constituent, par leurs diverses réunions, les liquides et les solides des corps organisés ; et c'est seulement dans la détermination du nombre et de la proportion de ces principes, que consistent, jusqu'à présent, les analyses de ces liquides et de ces solides. C'est de cette manière que MM. Parmentier et Deyeux ont examiné le sang (1) et le lait (2) ; MM. Fourcroy et Vauquelin, le lait, les larmes (3), la salive, le sperme (4), la laite des poissons (5), l'urine ; M. Thenard, le lait et la bile ; M. Vauquelin, la sève (6) ; MM. Buniva et Vauquelin, les eaux de l'amnios (7) : il n'est pas jusqu'aux matières fécales que M. Berzelius a eu le courage de soumettre à l'analyse la plus exacte.

Tous ces examens ont donné des faits neufs et intéressans. La substance colorante du sang a été reconnue par MM. Fourcroy et Vauquelin pour un phosphate de fer avec excès d'oxide. La laite des poissons leur a donné du phosphore à nu. La soude a été trouvée dans le sang par MM. Parmentier et Deyeux ; dans le sperme, par M. Vauquelin. Le pollen des végétaux a donné récemment

(1) Journal de physique, t. XLIV, p. 372 et 435.

(2) Ibid. t. XXXVII, p. 361 et 415 ; Annales de chimie, t. XXXII, p. 55.

(3) Annales de chimie, t. X, p. 113.

(4) Annales de chimie, t. IX, p. 64.

(5) Annales du Muséum d'histoire naturelle, t. X, p. 169.

(6) Annales de chimie, t. XXXI, p. 20.

(7) Ibid. t. XXXIII, p. 269.

à MM. Fourcroy et Vauquelin des principes singulièrement analogues à ceux du sperme (1).

On a fait même l'analyse comparée de ces liquides
dans divers ordres d'animaux et dans leurs altérations ma-
ladives. Ainsi l'urine des herbivores a offert à MM. Fourcroy et Vauquelin de l'acide benzoïque, qui n'est dans
celle de l'homme que pendant son enfance (2), &c. La
maladie nommée *diabètes sucré* offre l'une des altérations
les plus singulières qu'un liquide animal puisse éprouver
dans l'état de vie : l'urine, au lieu de ses principes ordinaires, ne contient plus qu'une sorte de sucre et un peu de
sel marin. Cauly en a fait la découverte; MM. Nicolas et
Queudeville, de Caen, l'ont constatée par les moyens
de la chimie moderne (3). MM. Thenard et Dupuytren
ont reconnu que ce sucre diffère, par plusieurs caractères,
de celui de la canne.

Quant aux solides, les os ont été soumis à une analyse
nouvelle par MM. Fourcroy et Vauquelin. Outre le phosphate de chaux dont Scheele avoit reconnu que leur partie
terreuse est formée, ils y ont découvert un phosphate
ammoniaco-magnésien (4). On y trouve aussi du fluate de
chaux. M. Morichini l'a découvert le premier dans certaines dents (5) : M. Berzelius a confirmé le fait, et l'a
étendu à tout le système osseux.

Les cheveux et les poils ont été examinés par M. Vau-

(1) Annales du Muséum d'histoire
naturelle, *t. I.ᵉʳ, p. 417.*

(2) Mémoires de l'Institut. Mathématiques et physique, *t. II, p. 431.*

(3) Annales de chimie, *t. XLIV,*
p. 45 ; Recherches et expériences

médicinales sur le diabètes sucré,
Paris, 1 vol. in-8.°

(4) Annales du Muséum d'histoire
naturelle, *t. VI, p. 397.*

(5) Annales de chimie, *t. LV,*
p. 258.

quelin , et lui ont fourni jusqu'à neuf substances différentes ; une matière animale semblable au mucilage , deux sortes d'huile, du fer, quelques atomes d'oxide de manganèse, du phosphate de chaux et très-peu de carbonate, assez de silice et beaucoup de soufre (1).

Les cheveux noirs ont une huile de cette couleur ; les roux en ont une rougeâtre, et les blancs une incolore. Les deux derniers ont toujours un excès de soufre ; et les blancs en particulier, du phosphate de magnésie.

Les bois, les écorces, sur-tout les écorces aromatiques ou médicinales, se prêtent au même genre de décomposition. La belle analyse du quinquina de Saint-Domingue, par M. Fourcroy, a servi de modèle pour ce genre de recherches (2).

Les diverses excrétions des corps organisés, et principalement les sucs végétaux ou animaux qui s'emploient en médecine ou dans les arts, ont aussi été examinés de cette manière. Si les principes immédiats que l'on y découvre, n'expliquent pas entièrement l'action quelquefois si énergique de ces matières sur l'économie animale, ils servent du moins à établir entre elles des analogies qui peuvent guider dans leur emploi.

Il se dépose quelquefois dans les liquides des corps organisés, des sédimens de diverses sortes, dont l'analyse étoit importante , parce qu'une partie d'entre eux occasionne dans les animaux des maladies affreuses, et que, leur composition une fois connue, on pouvoit espérer d'en trouver les dissolvans. Tel est sur-tout le calcul de la

(1) Annales de chimie, *t. LVIII,* *p. 41 ;* et Mémoires de l'Inst. *1806.*   (2) Annales de chimie, *t. VIII, p. 113 ; t. IX, p. 7.*

vessie : nous avons vu que Scheele y a découvert un acide, l'acide lithique, nommé depuis *urique* par M. Fourcroy. C'est l'ingrédient le plus ordinaire du calcul ; mais on y trouve aussi de l'urate d'ammoniaque, de l'oxalate de chaux, du phosphate ammoniaco-magnésien. Ces divers sels peuvent former chacun des calculs d'espèce particulière ; ceux d'oxalate de chaux, connus sous le nom de *pierres murales*, sont les plus affreux de tous, à cause de leur surface hérissée, qui déchire la vessie et donne des douleurs inexprimables.

Toutes ces découvertes sont le résultat d'un grand travail de MM. Fourcroy et Vauquelin (1). Ils ont trouvé dans certains animaux herbivores, d'autres calculs entièrement formés de carbonate de chaux ; mais il n'y en a point de tels dans l'homme. En revanche, les carnivores et les omnivores en offrent souvent de phosphates terreux et d'oxalate de chaux.

Il se forme aussi des pierres dans la vésicule du fiel et dans les canaux biliaires. MM. Poulletier de la Salle et Fourcroy y ont reconnu de l'adipocire et une matière résineuse.

Les bézoards sont des concrétions intestinales. On vantoit autrefois en médecine, sous le nom de *bézoards d'Orient*, ceux de quelques animaux étrangers, et spécialement de la chèvre sauvage de Perse. MM. Fourcroy et Vauquelin les ont trouvés formés d'une sorte de résine qui paroît avoir été prise au dehors par l'animal (2). Les bézoards communs sont tantôt des phosphates de chaux ou de magnésie, tantôt des concrétions de la matière

(1) Annales du Muséum d'histoire naturelle, *tomes I et II*.
(2) Ibid. *t. II.*

résineuse de la bile. Le dépôt qui se fait dans les articulations des goutteux, a été reconnu, par M. Tennant,
pour de l'urate de soude.

Les végétaux ont aussi leurs concrétions. L'une des plus
singulières est le *tabasheer* ou *tabachir* qui se forme dans
le bambou : ce n'est que de la silice pure. M. Macie l'a
dit le premier (1); MM. Fourcroy et Vauquelin l'ont confirmé : mais comment de la silice est-elle transportée dans
l'intérieur du roseau, elle qui est indissoluble, et que
d'ailleurs rien ne nous autorise à regarder comme un
composé?

Les végétaux en contiennent beaucoup ; et quand on
brûle des matières de ce règne traitées plusieurs fois par
l'eau, du papier, par exemple, la cendre est de la silice
presque pure.

Les chimistes que nous venons de citer, attribuent l'ascension de la silice à une ténuité extrême de ses molécules, et à une suspension qui équivaut presque à une
dissolution.

En général, la chimie n'a encore rien découvert qui
oblige absolument de croire, comme quelques savans le
soutenoient autrefois, que les terres, les alcalis, les métaux qui se trouvent dans les animaux et les végétaux,
s'y soient formés par l'action de la vie : au contraire,
les recherches récentes de M. de Saussure le fils ont
montré, au moins pour plusieurs de ces élémens, que
les végétaux n'en contiennent qu'autant qu'ils ont pu en
recevoir du dehors (2); et les motifs de l'opinion contraire,

(1) Annales de chimie, t. *XI*. | végétation, par Théod. de Saussure;
(2) Recherches chimiques sur la | *Paris, 1804 , 1 vol. in-8.°*

que

que l'on prétendoit tirer de la géologie, sont tombés, aujourd'hui que l'on a découvert toutes ces substances dans les montagnes les plus anciennes, qui ne recèlent pas la moindre trace d'organisation. Ainsi les granits contiennent non-seulement de la chaux, de la magnésie, de la baryte; ils ont jusqu'aux alcalis fixes dans quelques - unes des pierres dont l'agrégation forme leurs énormes masses : le feldspath, par exemple, contient toujours de la potasse.

Tels sont les principaux résultats de l'analyse chimique des produits de la vie, pris immédiatement à leur sortie du corps : mais une partie de ces produits est susceptible d'éprouver des mouvemens intestins qui en modifient les proportions intérieures, et qui donnent encore des produits nouveaux; c'est ce qu'on a nommé *fermentation*. Il en arrive inévitablement une dans tous les liquides extraits des corps vivans, et dans tous ceux de leurs solides qui ne sont pas entièrement desséchés, ou qui, l'étant, reprennent de l'humidité du dehors. Sitôt qu'ils sont soustraits au tourbillon de la vie, et livrés en quelque sorte sans défense à l'action de l'air et de la chaleur, leurs élémens changent de rapports, et, après des mouvemens intérieurs plus ou moins continués, se séparent et se dissipent, pour rentrer dans le domaine de la nature brute : mais l'homme a appris à les saisir dans les divers degrés de ces changemens successifs, et à les y arrêter, pour les employer à ses divers besoins.

De toutes les fermentations, celle qu'on a nommée *vineuse* est la plus féconde en produits utiles. Lavoisier a le premier bien démêlé ce qui s'y passe. Elle ne s'établit que dans la matière sucrée étendue d'eau. Le sucre,

Fermentation.

en qualité d'oxide végétal à deux bases , contient une certaine proportion d'oxigène, d'hydrogène et de carbone. L'essence de la fermentation vineuse consiste à le séparer en deux portions , dont l'une enlève une grande partie du carbone et presque tout l'oxigène, sous forme de gaz acide carbonique, et dont l'autre, composée principalement du reste du carbone et de tout l'hydrogène , est ce liquide combustible que l'on élève aisément par la distillation, et que l'on nomme *alcool* ou *esprit de vin.*

Mais ce partage ne se feroit point dans la matière sucrée pure, par le seul concours de l'air et d'une tempé-rature douce ; il faut encore un agent qui rompe l'équi-libre et fasse commencer le mouvement : on l'a nommé *le ferment* ou *la levure.* MM. Fabbroni (1), Thenard (2) et Seguin sont ceux qui ont fait le plus de recherches sur sa nature et sa manière d'agir. Le premier a reconnu que c'est un principe végéto-animal *,* semblable au gluten du froment, qui fait l'essence de la levure ; il est contenu dans la pellicule des grains de raisin , et se mêle à leur jus dans le pressoir. Le second est arrivé de son côté à un résultat peu différent, quoiqu'il trouve encore une nuance très-sensible entre la levure et le gluten, et qu'il ne regarde pas la première comme simplement mêlée, mais bien comme dissoute dans le moût ; il lui a sur-tout reconnu ce caractère particulier, qu'elle perd sa propriété par l'eau bouillante. Le troisième convient bien que c'est un principe analogue à ceux des animaux ; mais il le croit plutôt de l'albumine dans un certain état de dissolubilité.

(1) Arte di far il vino ; *Fiorenza ,* *1788.* | (2) Annales de chimie, *t. XLVIII,* *p. 294.*

Quant à l'action de la levure sur la liqueur sucrée pour y déterminer de si grands changemens, elle est produite, suivant M. Thenard, par la plus grande affinité de cette levure pour l'oxigène.

Il n'y a donc que les liquides sucrés qui puissent donner des vins quelconques ; les graines céréales y deviennent propres par la germination qui change leur amidon en sucre ; lorsqu'il n'y a point assez de sucre, comme dans les moûts des pays froids, on peut y en ajouter, ainsi que l'a proposé M. Chaptal ; ceux de ces liquides qui contiennent naturellement un principe végéto-animal, comme le jus de raisin, qui fait le vin ordinaire, celui des pommes, qui fait le cidre, apportent leur levure avec eux et fermentent d'eux-mêmes. Il faut en fournir à ceux qui n'en ont point. Quelquefois aussi les opérations préliminaires font perdre la propriété de la levure, et il faut en rendre de nouvelle ; c'est le cas de la décoction d'orge germée qui produit la bière ; c'est aussi celui des vins et des autres sucs végétaux qu'on a fait bouillir : on emploie même l'ébullition pour les conserver sans qu'ils fermentent. Au reste, comme les divers sucs fermentescibles contiennent, indépendamment du sucre, une foule d'autres ingrédiens, il n'est pas étonnant qu'il y ait tant de vins différens.

On conçoit aisément que ces idées ont dû jeter beaucoup de lumière sur la théorie de la vinification et en diriger infiniment mieux la pratique. On en retrouve la preuve à chaque page dans l'excellent ouvrage de M. Chaptal sur l'art de faire le vin (1).

(1) Traité théorique et pratique de la culture de la vigne, avec l'art de faire le vin ; *Paris, 2.ᵉ édition, 1801, 2 vol. in-8.°*

La fermentation acéteuse semble n'être qu'une continuation de la vineuse. Du vin exposé à l'air s'aigrit, non pas peut-être en reprenant de l'oxigène, mais en perdant, par le moyen de celui de l'atmosphère, à coup sûr du carbone, et très-probablement de l'hydrogène : ainsi se forment tous les vinaigres, selon M. Thenard ; il s'en forme dès la première fermentation, et peu de vins en sont exempts.

Éthers et éthérification. A ce jeu compliqué des élémens qui a déterminé la formation de l'alcool, ou du moins qui a préparé la liqueur fermentée à donner de l'alcool par la distillation, succède un jeu nouveau et plus compliqué encore quand on traite l'alcool par les acides.

Il en résulte les différens éthers, qui prennent chacun le nom de l'acide qui le produit. L'éther sulfurique est connu et employé depuis long-temps en pharmacie ; mais ce n'est que depuis peu d'années que MM. Fourcroy et Vauquelin ont expliqué ce qui se passe dans sa fabrication (1). La présence de l'acide et sa tendance à absorber de l'eau excitent les élémens de l'alcool à réagir les uns sur les autres. Son hydrogène et son oxigène forment d'abord de l'eau que l'acide prend sans se décomposer lui-même : l'éther ne différeroit donc, selon ces chimistes, de l'alcool, que par plus de carbone. Si l'on chauffe davantage, l'acide même donne son oxigène ; il s'élève alors de l'acide sulfureux ; et l'éther, se désoxigénant de plus en plus, donne un liquide jaune qu'on appelle *huile douce de vin.*

M. Théodore de Saussure, dans un travail sur l'analyse

(1) Annales de chimie, *tome XXIII, page 203.*

de l'alcool et de l'éther sulfurique (1), remarquable par une extrême exactitude et par les moyens nouveaux dont il enrichit la chimie, vient de donner une grande précision à la comparaison des parties constituantes de ces deux substances. L'éther a moitié moins d'oxigène que l'alcool : l'augmentation de proportion de l'hydrogène avoit déjà été annoncée par M. Berthollet.

La théorie de l'éther nitrique étoit beaucoup moins parfaite ; et ce qu'on prenoit pour tel dans les pharmacies, d'après les procédés de Navier , n'en étoit même pas. M. Thenard s'en est occupé récemment avec le plus grand succès (2). Les quatre substances élémentaires qui se trouvent dans l'alcool et dans l'acide, en forment par leur rapprochement jusqu'à dix, qu'on peut séparer : l'éther presque tout entier passe sous forme gazeuse, et ne s'obtient séparément qu'en refroidissant beaucoup. Comme il reforme de l'acide nitreux par le repos, même lorsqu'il en a été le mieux purgé, M. Thenard pense que les deux principes de cet acide y existent combinés avec l'alcool déshydrogéné et légèrement carbonisé.

Le même chimiste a préparé l'éther muriatique, qui devient encore plus aisément gazeux que le nitrique ; il a constaté que tous les élémens de l'alcool et tous ceux de l'acide y entrent : cependant, bien purifié, cet éther ne donne aucune trace d'acidité, et ne se laisse point décomposer par les alcalis dans les premières heures ; mais, si on le brûle, l'acide muriatique se reproduit à l'instant. Y étoit-il décomposé ou seulement masqué par la simple

(1) Journal de physique, t. LXIV , p. 316.

(2) Société d'Arcueil, t. I.ᵉʳ, plusieurs Mémoires.

combinaison avec l'alcool? Si c'étoit le premier cas, cette expérience nous mettroit sur la voie du radical de cet acide, l'une des choses les plus à desirer dans la chimie moderne, mais dont on approche de tant de côtés, qu'il est difficile qu'elle échappe encore long-temps. M. Gehlen, chimiste de Halle, avoit observé de son côté les mêmes propriétés dans l'éther muriatique.

M. Thenard, s'occupant ensuite de l'éther acétique, l'a aussi regardé comme formé de la réunion de tous les principes de l'alcool et de l'acide, sans réaction ni séparation. Il redonne néanmoins aussi cet acide par la combustion, comme Scheele l'avoit déjà observé.

Cependant M. Boulay soutient encore une opinion contraire à celle de M. Thenard sur les éthers formés par des acides volatils; il les regarde comme des combinaisons neutres, où l'alcool tient lieu de base : mais comment l'alcool surmonte-t-il l'affinité des alcalis?

Le même chimiste a réussi à faire de l'éther phosphorique, dont la théorie revient à celle de l'éther ordinaire.

Fermentation putride.

La fermentation des matières qui contiennent de l'azote, est bien plus compliquée, et donne des résultats bien plus variés que les fermentations vineuses et acéteuses. On lui donne le nom de *fermentation putride*, et son dernier terme est aussi principalement la répartition des élémens en deux substances volatiles; de l'acide carbonique, d'une part, et de l'ammoniaque, de l'autre, qui, comme nous l'avons dit, résulte de la combinaison de l'hydrogène et de l'azote. Il s'exhale en même temps une foule d'autres vapeurs plus ou moins désagréables, et qui sont toutes des combinaisons variées d'hydrogène, de carbone, d'azote, de phosphore, et des autres élémens de la substance qui pourrit. Mais, avant d'arriver à leur décomposition totale, les matières azotées parcourent une infinité de degrés différens, auxquels on cherche à les arrêter selon les emplois qu'on peut en faire.

L'attendrissement de la chair, qui la rend plus facile à digérer, n'est qu'un de ces degrés ; au-delà, elle seroit insupportable pour nous, quoiqu'elle paroisse alors plus agréable à certains animaux.

Le lait, qui contient à-la-fois des substances sucrées et des substances azotées, donne, par ses diverses parties, de l'acide, de l'eau-de-vie, ou du fromage ; et les diverses altérations de celui-ci ne sont aussi que divers degrés de fermentation putride que l'homme sait diriger et arrêter. Le *garum* des anciens, le *caviar* des Russes, et plusieurs autres comestibles, sont dans le même cas.

On découvre de temps en temps de ces stations singulières où la putréfaction s'arrête, ou des modifications qu'elle prend dans certaines circonstances. Ainsi la chair des muscles, qui, à l'air libre, se détruiroit toute entière avec une infection insupportable, lorsqu'elle est entassée et recouverte d'une terre humide, se change en une matière très-semblable au blanc de baleine. C'est une observation intéressante de M. Fourcroy, faite lorsque l'on nettoya le cimetière des Innocens, pour le changer en marché. On dit que l'on a tiré parti en Angleterre de cette découverte, en transformant en substance combustible les chairs des chevaux et des autres animaux qui ne se mangent point.

De tous les procédés capables d'arrêter la fermentation putride et d'en faire disparoître les effets désagréables,

le plus utile est l'emploi de la poussière de charbon, découvert par Lowitz (1) : elle rétablit le bon goût de la chair
gâtée ; les filtres qu'on en fait rendent à l'eau corrompue
sa fraîcheur et sa pureté ; le poisson, le gibier, se trans-
portent très-loin dans le charbon pilé, et des tonneaux
charbonnés à l'intérieur conservent l'eau douce en mer
plus long-temps qu'aucun autre moyen.

II.ᵉ PARTIE.

HISTOIRE
NATURELLE.

    Voilà, SIRE, une légère esquisse des vérités que les
sciences expérimentales nous ont révélées dans cette période, touchant les propriétés des corps qu'elles peuvent
isoler et maîtriser dans nos laboratoires. Mais elles n'ont
pas borné leurs efforts à ces recherches de cabinet ; elles
se sont répandues dans un champ plus vaste : armées de
ces nombreuses découvertes, elles en ont fait l'application aux divers phénomènes qui nous entourent, et ont
jeté sur l'histoire naturelle une lumière que l'on auroit à
peine soupçonnée possible, il y a un demi-siècle.

    En effet, l'histoire naturelle, qui va faire l'objet de la
seconde partie de notre Rapport, et dont le public, et
même quelques savans, se font encore des idées assez
vagues, commence à être reconnue pour ce qu'elle est réellement, c'est-à-dire, pour une science dont l'objet est
d'employer les lois générales de la mécanique, de la physique et de la chimie, à l'explication des phénomènes particuliers que manifestent les divers corps de la nature.

    Dans ce sens étendu, elle embrasseroit aussi l'astronomie ;
mais cette science, éclairée aujourd'hui d'une lumière

_____

(1) Annales de chimie, *t. XIV, p. 327 ; t. XVIII, p. 88.*

suffisante

suffisante par les seules lois de la mécanique, et soumise aux calculs les plus rigoureux, rentre complétement dans les mathématiques, dont elle est la plus belle comme la plus étonnante application.

Le champ de l'histoire naturelle n'est encore que trop vaste, en le restreignant aux objets qui n'admettent point de calcul ni de mesures précises dans toutes leurs parties.

L'atmosphère et sa composition, les météores; les eaux, leurs mouvemens, et ce qu'elles contiennent; les divers minéraux, leur position réciproque, leur origine; les formes extérieures et intérieures des végétaux et des animaux, leurs propriétés, les mouvemens qui constituent les fonctions de leur vie, leur action mutuelle pour maintenir l'ordre et l'harmonie à la surface du globe : voilà ce que le naturaliste doit raconter et expliquer. Quand il caractérise ou analyse les minéraux, on le nomme *minéralogiste ;* s'il expose leur position et leur formation, il devient *géologiste ;* s'il décrit et classe les végétaux ou les animaux, il prend le titre de *botaniste* ou de *zoologiste;* s'il les dissèque, celui d'*anatomiste;* il devient *physiologiste,* quand il cherche à déterminer les phénomènes de la vie et à en fixer les lois.

Mais tous ces travaux, partagés d'ordinaire entre diverses personnes, à cause de leur immensité et des bornes de l'esprit humain, tendent au même but et suivent la même marche, qui consiste à fournir à la physique et à la chimie des objets d'application bien déterminés, ou à circonscrire rigoureusement les phénomènes qui échappent encore à ces deux sciences, et à les rapporter à quelques faits généraux qu'on adopte comme principes, et dont on part pour des explications particulières.

Sciences physiques. P

D'ailleurs, aucune des branches de l'histoire naturelle ne peut plus se passer entièrement des autres, et moins encore des deux sciences plus générales que nous venons de nommer. En vain voudroit-on maintenant classer les minéraux sans les analyser chimiquement et mécaniquement, ou les animaux, sans connoître leur structure intime et les fonctions de leurs organes : le physiologiste qui n'embrasseroit pas dans ses méditations les phénomènes de la vie des plantes et de celle de tous les animaux, se perdroit bien vîte en conjectures illusoires, tout comme il fermeroit volontairement les yeux à la lumière, s'il refusoit d'admettre l'influence des lois physiques dans les fonctions vitales.

Il est donc visible que la différence essentielle entre les sciences générales et l'histoire naturelle, c'est que dans les premières on n'examine, ainsi que nous venons de le faire entendre, que des phénomènes dont on détermine en maître toutes les circonstances, et que dans l'autre les phénomènes se passent sous des conditions qui ne dépendent pas de l'observateur. Dans la chimie ordinaire, par exemple, nous fabriquons nos vaisseaux de matières inaltérables ; nous les formons, les courbons, les dirigeons comme il nous plaît ; nous n'y plaçons que ce qu'il faut pour avoir des idées claires du résultat. Dans la chimie vitale, les matières sont innombrables ; à peine le chimiste nous en a-t-il caractérisé quelques-unes : les vaisseaux sont d'une complication infinie ; à peine l'anatomiste nous a-t-il décrit une partie de leurs contours : leurs parois agissent sur ce qu'ils contiennent ; elles en subissent l'action : il vient sans cesse des élémens du dehors en dedans ; il s'en échappe du dedans au dehors :

toutes les parties sont dans un tourbillon continuel, qui est une condition essentielle du phénomène, et que nous ne pouvons suspendre long-temps sans l'arrêter pour jamais, et sans que les élémens et leurs mélanges forment aussitôt des combinaisons nouvelles. Nous ne sommes pas même les maîtres de retrancher à notre gré quelque partie pour juger de son emploi spécial : le corps vivant tout entier périt quelquefois par cette suppression.

Les branches les plus simples de l'histoire naturelle participent déjà à cette complication et à ce mouvement perpétuel, qui rendent si difficile l'application des sciences générales.

La météorologie, par exemple, n'a pour objet que les variations de l'atmosphère ; et il semble que les élémens qui composent celle-ci, ne sont pas bien nombreux. On sait même aujourd'hui, par les expériences de plusieurs physiciens, et sur-tout de MM. de Humboldt, Biot et Gay-Lussac (1), que ceux de ses élémens gazeux que nous pouvons saisir, sont à-peu-près en même proportion à toutes les hauteurs où l'on a pu s'élever ; et par celles de MM. Berthollet, Beddoes, &c., que les pays les plus éloignés ne diffèrent pas non plus à cet égard d'une manière sensible : mais sa masse est immense, sa mobilité infinie ; la moindre variation de chaleur y cause des mouvemens étendus ; ces mouvemens divers se croisent et se contrarient d'une manière que les mathématiques ne peuvent apprécier. L'eau qui s'évapore rend plus légère la portion d'air qui la contient : de là des mouvemens

Histoire naturelle de l'atmosphère.

(Météorologie.)

(1) Annales du Muséum d'histoire naturelle, *t. II, p. 170 et 322.*

nouveaux qui varient en raison composée des deux causes essentielles de la vaporisation, c'est-à-dire, de la chaleur et de la surface aqueuse sur laquelle elle frappe. Enfin l'électricité vient encore se joindre à toutes ces causes, pour multiplier les altérations du fluide qui nous environne.

Il est aisé de voir qu'il y a déjà assez de ces divers ressorts pour rendre presque infini le nombre des combinaisons possibles : que sera-ce si l'on découvre un jour des agens nouveaux, comme de grands physiciens le soupçonnent déjà, et si le soleil lui-même varie par l'intensité de sa chaleur et de sa lumière, comme M. Herschel se croit en droit de le soutenir (1)? On peut donc se faire des théories plus ou moins générales, plus ou moins vagues, sur les causes des divers météores ; mais la preuve de l'imperfection de toutes ces théories, c'est qu'elles ne conduisent point encore à prévoir ces météores avec la moindre précision.

L'air qui passe sur de l'eau se charge d'une vapeur d'autant plus abondante, qu'il est plus chaud ; il la laisse retomber, s'il se refroidit : de là le brouillard ou la pluie. Si le refroidissement est assez grand, l'eau tombera en neige ; si elle ne gèle qu'en tombant, elle deviendra de la grêle. Le baromètre baisse quand quelque partie de l'air devient humide ; il a donc des rapports assez constans avec le temps futur : le vent qui vient de la mer apporte plus d'humidité ; il est donc aussi pour chaque lieu un indice du temps. Le vent lui-même dépend en grande partie de la chaleur ; et il est d'autant plus régulier, que les

(1) Bibliothèque Britannique.

circonstances qui déterminent la chaleur sont plus constantes. L'air chaud qui s'élève des plaines échauffées, redis-
sout les nuages qui s'y rendent, et y maintient la sérénité :
la fraîcheur des montagnes produit un effet contraire, et
semble attirer les nuages. On sait tout cela en gros (1) ;
mais c'est à-peu-près tout ce qu'on sait sur les météores
simplement aqueux. Les autres sont bien plus irréguliers
encore, et nous n'apercevons pas même d'une manière
générale leurs causes originaires.

Ainsi l'on en est réduit à de simples descriptions historiques, ou tout au plus à des conjectures, sur les causes
immédiates des trombes, des tourbillons, des ouragans,
ainsi que de la plupart des météores lumineux : mais ce qui
les amène précisément en tel temps et en tels lieux, nous
échappe presque entièrement.

Nous devons cependant beaucoup de reconnoissance
aux hommes laborieux qui observent les variations de
l'atmosphère, et cherchent à saisir quelque rapport entre
elles et des phénomènes plus constans.

Les mouvemens des astres étoient ceux de ces phénomènes auxquels il étoit le plus naturel de penser ; et la
lune, comme plus voisine de nous, devoit s'attirer l'attention la première. Le peuple attribue dès long-temps à ses
phases quelque influence sur le temps : Toaldo (2) et M.
Cotte (3) ont réfuté cette opinion. M. Delamarck cherche

(1) *Voyez* le Mémoire de M. Monge, Annales de chimie, *t. V, p. 1.*

(2) Journal de phys. *t. XXXIX, p. 43 ;* Essai météorologique, tra-duit de l'italien de Toaldo, par Da-quin, *Chambéry, 1784, in-4.°*

(3) Journal de physique, depuis 1787 jusqu'à présent. *Voyez* aussi son Traité et ses Mémoires de mé-téorologie ; *Paris, 1774 - 1788, 3 vol. in-4.°*

depuis plusieurs années, si le lieu de la lune , sa distance et ses rapports de position avec le soleil, n'en auroient pas davantage. La méthode qu'il emploie de former d'avance des espèces de calendriers, ne peut manquer d'exciter les observateurs à noter avec soin tout ce qui arrive ; et c'est ainsi qu'on obtiendra tout ce qu'il sera possible d'obtenir de certain (1).

Nous devons une reconnoissance non moins grande à ceux qui imaginent et qui emploient avec constance les instrumens propres à mesurer avec quelque précision tous ces genres de variations , et à en donner au moins une histoire exacte (2).

Le baromètre et le thermomètre sont déjà anciens. On sait aujourd'hui, par des observations répétées presque à l'infini, tout ce que leurs mouvemens peuvent avoir de relatif à la saison, aux heures du jour, à la latitude, à l'élévation verticale, au voisinage des eaux ou des montagnes, à la position dans des lieux ouverts ou enfoncés, enfin aux météores des diverses sortes.

On n'a pas observé l'électromètre atmosphérique avec moins de patience , pour déterminer les rapports de l'électricité naturelle avec toutes ces circonstances ; mais ses accumulations subites dans les orages échappent à toutes les règles.

L'état du magnétisme lui-même a été observé sous ce rapport : il y a des variations diurnes de l'aiguille ; il y en a d'annuelles ; il y en a qui correspondent avec certains

(1) *Voyez* les Annuaires météorologiques de M. Delamark.
(2) *Voyez*, sur tous ces genres d'observations, l'Atmosphérologie de Lampadius, en allemand; *Freyberg, 1806, 1 vol. in-8.°*

météores. Les remarques de M. Cassini sur ce sujet sont très-précieuses ; mais on n'entrevoit encore rien de positif qui explique les liaisons de ces différens phénomènes.

On connoît aussi maintenant par des instrumens fort exacts la quantité d'eau qui tombe dans chaque pays et celle qui s'en évapore, ainsi que la direction ordinaire et la force des principaux vents.

L'hygromètre, qui doit nous faire connoître l'humidité de l'air, étoit le plus important de tous ces instrumens, parce qu'il a les rapports les plus étroits avec les météores aqueux, qui sont ceux qui nous intéressent le plus : chacun sait à quel point il a occupé MM. de Saussure et Deluc. On y emploie, en général, une fibre organique, cheveu, filet d'ivoire, de plume, tranche d'un fanon de baleine ou autre ; l'humidité alonge ces corps, la sécheresse les raccourcit : on peut aussi employer des sels déliquescens, et peser l'humidité qu'ils ont attirée dans un temps donné ; mais aucun de ces moyens ne donne la quantité absolue de l'eau, et, malgré tous les soins de ceux qui ont inventé ou perfectionné ces instrumens, ils n'ont pu encore les rendre comparables.

Le cyanomètre doit mesurer la transparence de l'air : c'est une bande colorée de diverses nuances de bleu, que l'on compare de l'œil avec le bleu du ciel. M. de Saussure l'a imaginé ; mais son emploi n'est pas très-fréquent.

L'eudiomètre, qui mesure la pureté de l'air ou la quantité de son oxigène, est au contraire d'un usage journalier, non-seulement en météorologie, mais encore dans toutes les opérations relatives à l'analyse des gaz. On peut y employer toutes les substances qui absorbent l'oxigène ;

mais il y a de grandes différences dans la perfection de cette absorption.

Le gaz nitreux fut d'abord proposé par Priestley ; il fait la base de l'eudiomètre de Fontana. M. Volta emploie dans le sien la combustion du gaz hydrogène ; M. Achard et M. Seguin se servent du phosphore, dont l'action est prompte, mais tumultueuse ; M. Berthollet préfère les sulfures alcalins, qui paroissent absorber le plus complétement, mais qui agissent avec lenteur : il semble cependant que les physiciens s'arrêtent à l'eudiomètre de Volta, qui a d'ailleurs par-dessus tous les autres l'avantage de faire reconnoître la présence et la quantité de l'hydrogène. C'est par ces divers moyens , et par les travaux successifs et pénibles de MM. Cavendish, Beddoes, Berthollet, Humboldt, Gay-Lussac, &c. que l'on est arrivé à ce résultat singulier , que la composition gazeuse de l'atmosphère est la même sur tout le globe et à toutes les hauteurs.

M. Cavendish a montré que les odeurs qui affectent si vivement nos sens , et les miasmes qui attaquent si cruellement notre économie, ne peuvent être saisis par aucun moyen chimique, quoiqu'il soit bien certain que ces moyens les détruisent. C'est encore une preuve entre mille de cette multitude de substances qui agissent à notre insu dans les opérations de la nature.

Il est bien à regretter que l'on n'ait pas des observations à-la-fois assez anciennes et assez sûres pour constater s'il n'y a point, dans toutes ces variations, des périodes plus longues que celles qu'on a soupçonnées jusqu'à ce jour. Le magnétisme est peut-être de tous les phénomènes celui pour lequel cette recherche auroit le plus d'intérêt.

Le

Le plus remarquable des faits relatifs à l'atmosphère, sur lesquels l'époque actuelle a donné des lumières nouvelles, n'appartient peut-être pas même véritablement à la classe des météores aériens. Il est bien certain aujourd'hui qu'il tombe quelquefois des pierres de l'atmosphère sur la terre ; que ces pierres, dans quelque lieu qu'elles tombent, sont semblables entre elles, et qu'elles ne ressemblent à aucune de celles que la terre produit naturellement.

L'antiquité et le moyen âge n'ont point ignoré ces chutes de pierres ; Plutarque et Albert-le-Grand cherchent même à les expliquer chacun à la manière de son temps. M. Chladny, physicien Allemand, est parmi les modernes le premier qui ait osé en soutenir la réalité : M. Howard, chimiste Anglois, a le premier montré l'identité de composition des pierres tombées en des lieux très-différens, et a dirigé ainsi l'attention générale sur un sujet si curieux. Cette attention a rendu les observations plus fréquentes. Il est tombé de ces pierres en divers lieux de France. Votre Majesté impériale a vu dans le temps le rapport très-circonstancié fait par M. Biot sur celles qui sont tombées à l'Aigle, département de l'Orne, rapport qui ne peut laisser de doute qu'aux personnes prévenues (1). On en a encore recueilli dans le département de Vaucluse et dans celui du Gard. Les analyses faites par MM. Fourcroy, Vauquelin, Thenard et Laugier, ont confirmé celles de M. Howard. M. Laugier en particulier a reconnu le premier dans ces pierres l'existence du chrome (2).

(1) Mémoires de l'Institut, *année 1806, page 224.*

(2) Annales du Muséum d'histoire naturelle, *tome VII, page 392.*

Mais d'où viennent-elles ? M. Chladny les croit des corps flottans dans l'espace, des espèces de petites planètes : M. Delaplace et M. Poisson ont montré qu'il est mathématiquement possible qu'elles soient lancées par les volcans de la lune. Des chimistes, et spécialement M. Vauquelin, ont bien fait voir aussi qu'une partie des élémens de ces pierres peut être suspendue dans l'atmosphère ; mais on ne conçoit guère comment il pourroit s'en réunir assez pour former, avant la chute, des masses aussi considérables (1).

Histoire naturelle des eaux.

L'HYDROLOGIE, ou l'histoire naturelle des eaux, a déjà quelque chose de plus facile à saisir que celle de l'atmosphère. On ne desire plus rien sur l'origine des fontaines et des rivières ; il est prouvé que la pluie et les autres météores aqueux en sont les seules causes. L'analyse des diverses matières qu'elles tiennent en dissolution, ou qui s'en précipitent, est faite avec toute la rigueur de la chimie moderne. Celle des eaux minérales, sur-tout, possède aujourd'hui des méthodes aussi exactes qu'ingénieuses. Leur importance en médecine y avoit fait songer dès long-temps. Bergman s'en étoit occupé avec beaucoup de fruit. M. Fourcroy leur a donné une perfection nouvelle dans son livre sur l'analyse de l'eau d'Enguyen (2).

La composition de l'eau de la mer, la force de sa salure, qui augmente vers le midi et diminue vers le nord, ont également été examinées. On s'est occupé même de la température de l'eau à différentes profondeurs, et de la

(1) On trouvera dans la Lithologie atmosphérique de M. Isarn, l'exposé de la plupart des observations, et l'in-dication des Mémoires ou elles sont consignées ; *Paris, 1803, 1 vol. in-8.*

(2) Un vol. in-8.°, *Paris, 1788.*

quantité ainsi que de la qualité de l'air qu'elle contient. Les expériences de M. Péron dans les mers des pays chauds, comparées avec celles de Forster vers le pôle sud , et d'Irwing vers le pôle nord, paroissent prouver que l'eau diminue de chaleur à mesure que l'on descend ; et M. Péron pense que cette diminution pourroit bien aller par-tout jusqu'à la congélation. Sa surface est échauffée par le soleil ; elle varie moins que l'atmosphère : elle s'échauffe davantage près des côtes dans les pays chauds ; elle doit s'y refroidir vers les pôles.

Ces expériences intéressent sur-tout par rapport à la grande question des sources de la chaleur du globe ; question importante elle-même pour toutes les branches de l'histoire naturelle. On en attribuoit autrefois une partie à quelque feu central , ou à telle autre cause intérieure ; mais la comparaison du degré de la chaleur des caves, aux diverses latitudes , semble se joindre à toutes les autres observations pour attester que le soleil seul échauffe la terre.

AUCUNE partie de l'histoire naturelle ne semble offrir plus de facilité que la minéralogie , puisque les corps qu'elle étudie , immobiles et à-peu-près inaltérables par le temps , se laissent aisément recueillir, conserver et soumettre à volonté à tous les genres d'expériences. *Histoire naturelle des minéraux.*

Elle a cependant aussi des difficultés particulières, dont la plus grande est peut-être l'absence d'un principe rationnel, pour y établir cette première sorte de division que l'on appelle *espece* dans les corps organisés. *Minéralogie proprement dite.*

Dans ceux-ci, c'est la génération qui est ce principe : mais elle n'a pas lieu pour les minéraux ; à son défaut, *Méthodes minéralogiques.*

on s'y contente d'une certaine ressemblance dans les propriétés. Jusque vers le milieu du XVIII.ᵉ siècle, on n'eut guère d'égard qu'aux propriétés physiques et extérieures, prises assez arbitrairement pour caractères distinctifs. Aussi tous les efforts de Wallerius, et même du grand Linnæus, qui joignoit encore la figure cristalline aux propriétés employées jusqu'à lui, ne parvinrent-ils à rien de précis dans cette détermination des espèces minérales. Cronsted ouvrit une route nouvelle, en employant le premier la composition chimique comme caractère dominant.

C'est d'après cette idée que Cronsted, Bergman, Kirwan, Klaproth, Vauquelin et d'autres chimistes, ont commencé à mettre dans la minéralogie une partie du bel ordre qui s'y introduit ; et en effet, si la composition étoit la seule cause efficiente de toutes les propriétés minérales, puisqu'elle les produiroit, il faudroit bien la mettre à leur tête : mais il est bon de se rappeler ici l'influence que des circonstances passagères peuvent avoir sur la formation et sur les qualités physiques des composés, d'après la théorie de M. Berthollet ; elle peut être telle, qu'à composition égale toutes les qualités sensibles soient changées.

Par conséquent, les caractères physiques, bien appréciés, ne peuvent ni ne doivent être bannis des déterminations minéralogiques ; mais il n'est pas permis de les employer indistinctement. Il y en a, comme la couleur et la transparence, qui sont trop variables pour obtenir un rang élevé dans la méthode ; mais ceux qui tiennent de près à la composition intime, comme la pesanteur spécifique, et sur-tout le clivage, ou cette disposition des lames qui détermine la forme du noyau et la molécule primitive, sont

d'un autre intérêt. Ils restent en général les mêmes, tant
que la composition ne change point : ainsi, considérés
uniquement sous ce rapport, ils seroient déjà d'excellens
indices propres à suppléer à cette composition quand elle
est inconnue.

La forme cristalline, sur-tout, a précédé plusieurs fois
l'analyse, et a fait prévoir une composition différente dans
plusieurs cas où l'on n'en soupçonnoit point. C'est par elle
seulement que M. Haüy a distingué les diverses pierres
que l'on confondoit sous le titre de *schorl* (1), et celles
qu'embrassoit le nom commun de *zéolithe* (2). Bien avant
que la strontiane fût reconnue pour une terre particulière,
M. Haüy avoit remarqué que les cristaux de sa combinaison avec l'acide sulfurique diffèrent de ceux de la baryte
unie au même acide (3).

Dans d'autres cas, l'identité de forme a fait prévoir
l'identité de composition entre des minéraux qu'on croyoit
différens. Il y en a un exemple notable ; celui du beril
et de l'émeraude. Ce n'est qu'après un examen réitéré que
M. Vauquelin s'est convaincu de la ressemblance chimique de ces deux pierres, que la cristallographie annonçoit d'avance. Les réunions opérées par la cristallographie
entre le jargon, l'hyacinthe et la prétendue vésuvienne
de Norvége, entre la chrysolithe, l'apatite et le moroxite,
entre le corindon et la télésie, ont également été confirmées par la chimie ; et il est à croire qu'elle confirmera
de même celles de la sibérite avec la tourmaline et d'autres
semblables, que la cristallographie prévoit dès aujourd'hui.

(1) Journ. de phys. *t. XXVIII,*
p. 63. Académie des sciences, *1787,*
p. 92.

(2) Observations sur les zéolithes,
Journ. des mines, *brum. an 4, p. 86.*
(3) Annales de chimie, *t. XII, p. 1.*

Il est arrivé aussi que l'analyse chimique a rapproché ou écarté des minéraux, contre ce qu'une étude superficielle de leur forme indiquoit ; mais un nouvel examen cristallographique a bientôt tout remis d'accord, en découvrant des différences ou des rapports de forme qui avoient échappé.

Il y a cependant certains minéraux où il n'est pas possible encore de mettre les deux méthodes en harmonie. Nous avons déjà dit qu'on en trouve dont la forme varie, quoique l'analyse en soit la même : l'arragonite et le spath calcaire en sont l'exemple le plus célèbre. Il y en a bien davantage où c'est l'inverse qui a lieu. Une seule et même forme passe par nuances insensibles d'une composition à une autre presque opposée : tel est le fer spathique. Mais il faut considérer que certains minéraux peuvent être plus ou moins pénétrés par des substances étrangères sans varier de forme. Quoique ces substances accessoires changent beaucoup le résultat de l'analyse chimique, elles ne doivent point faire établir d'espèces nouvelles, car il est naturel de supposer que la substance principale les a entraînées dans son tissu en se cristallisant ; et il arrive souvent que, dans un même morceau, la substance principale pure à une extrémité se change par degrés en se pénétrant de la substance accessoire. Celle-ci peut même, en quelques cas, remplacer entièrement la première, en prenant exactement son tissu le plus intime, comme on le voit dans les bois changés en agate, qui montrent encore leurs fibres, leurs rayons médullaires et leurs trachées. Il faut considérer encore que, dans plusieurs circonstances, l'état actuel de l'art des analyses est insuffisant pour reconnoître tous les principes;

nous avons des exemples récens de découvertes tout-à-fait imprévues sur la composition des minéraux qu'on croyoit les mieux analysés, et rien n'empêche que ces exemples ne puissent se reproduire. Telles sont les causes probables de cette opposition apparente entre les caractères extérieurs et les caractères chimiques.

Ces remarques prouvent qu'il est nécessaire d'étudier avec le plus grand soin les minéraux sous toutes leurs faces, et de comparer sans cesse les résultats de ces diverses sortes d'études. C'est ce qui se fait aujourd'hui de toute part avec d'autant plus de zèle, qu'il existe une sorte de rivalité entre les méthodes, chaque minéralogiste attachant plus d'importance à la face qu'il envisage le plus; mais on ne doit voir dans leurs discussions à cet égard que des motifs d'émulation qui rendront la minéralogie plus parfaite. La vraie philosophie des sciences demande qu'aucun genre d'observation ne soit négligé.

Ainsi M. Werner de Freyberg et toute son école examinent avec une attention extrême l'ensemble des caractères extérieurs; et leurs observations, saisissant des nuances délicates négligées par d'autres minéralogistes, leur ont souvent fait reconnoître des espèces nouvelles: mais quelquefois aussi des distinctions trop scrupuleuses de propriétés peu importantes leur ont fait regarder comme espèces de simples variétés. Nous avons en françois un bon ouvrage, rédigé d'après les principes de M. Werner, par M. Brochant, ingénieur des mines (1).

---

(1) *Paris, ans 9 et 11, 2 vol. in-8.°* — L'Allemagne a produit un très-grand nombre d'ouvrages sur le même sujet, tels que ceux de MM. Karsten, Emmerling, Reuss, &c.

M. Haüy, M. Tonnellier, M. Gillet, M. Lelièvre, M. de Bournon, et en général ceux qui appliquent la méthode cristallographique du minéralogiste François, s'attachant plus exclusivement à la propriété qui tient de plus près à la nature intime, ramènent d'ordinaire ces variétés à leurs espèces, et leurs résultats sont le plus souvent confirmés par l'analyse.

C'est celle-ci qui couronne l'œuvre quand elle le peut; et elle y a très-souvent réussi dans les combinaisons métalliques et dans les substances acidifères, à quelques nuances près, qui se trouvent dans les proportions de certaines espèces. Aussi a-t-on pu disposer ces sortes de minéraux en ordres, en genres et en espèces rigoureusement définies, et leur appliquer une nomenclature analogue à celle des chimistes et indicative de leur composition.

Mais les pierres dures, communément dites *siliceuses*, les magnésiennes, la plupart aussi de celles qui sont réunies dans les roches, sont encore loin d'être si bien connues. Leurs analyses faites par différens auteurs ne se ressemblent pas; et c'est sur-tout dans cette classe que le même chimiste trouve quelquefois, comme nous l'avons dit dans une seconde analyse, un principe important qui lui avoit échappé dans la première. C'est ainsi que M. Klaproth vient de découvrir l'acide fluorique dans la topaze, où il ne l'avoit pas trouvé d'abord, et que M. Vauquelin, répétant cette expérience, l'y a trouvé encore en beaucoup plus grande quantité (1).

(1) Annales de chimie de 1807.

En

En attendant donc qu'on en soit venu pour ces sortes d'analyses à des méthodes plus sûres, on laisse ces pierres ensemble sans en former des genres proprement dits, les isolant d'après leurs propriétés physiques les plus essentielles, et leur donnant des noms arbitraires tirés de quelques-unes de ces propriétés.

Telle est la marche actuelle de la minéralogie, marche qui n'a été entièrement adoptée que dans la période dont nous rendons compte, et d'après laquelle le catalogue des minéraux a été non-seulement mieux ordonné, mais encore singulièrement enrichi (1).

Il a fallu y insérer d'abord tous les nouveaux élémens métalliques et terreux reconnus par la chimie, ainsi que leurs diverses combinaisons. Comme nous en avons parlé précédemment, il est inutile que nous revenions sur ce sujet.

Perfectionnemens du catalogue des minéraux.

On y a ajouté un grand nombre de combinaisons dont les élémens étoient connus, mais dont on ne savoit pas auparavant qu'ils existassent réunis dans la nature. Ainsi le phosphate de chaux, que l'on savoit depuis long-temps être la matière terreuse des os, s'est trouvé formant des montagnes entières en Espagne et en Hongrie, et des cristaux isolés dans beaucoup d'endroits. MM. Proust, Klaproth et Vauquelin l'y ont reconnu successivement. Cette même chaux a été découverte par M. Selb, unie à l'acide de l'arsenic et formant une pierre empoisonnée.

Nouvelles combinaisons minérales.

Parmi les gypses ou sulfates de chaux, on en a reconnu

(1) *Voyez* l'énumération de toutes les découvertes, avec l'indication de leurs auteurs et des Mémoires où ils les ont consignées, dans le Traité de minéralogie de M. Haüy, *Paris, 1800,* 4 *vol. in-8.° et un atlas,* et dans les supplémens joints par M. Lucas fils à l'abrégé qu'il a donné de cet ouvrage; consultez aussi les différens volumes du Journal des mines.

un qui manque d'eau de cristallisation et dont les qualités physiques diffèrent du gypse commun. L'abbé Poda l'avoit indiqué; M. Klaproth en a commencé l'analyse, et M. Vauquelin l'a terminée.

La baryte unie à l'acide carbonique est une autre pierre qui empoisonne; le docteur Withering l'a découverte dans le Lancashire en Angleterre.

Certains cristaux presque cubiques, assez durs, des environs de Lunébourg, ont été reconnus, par MM. Westrumb et Vauquelin, pour un composé de magnésie et d'acide boracique. La combinaison de la chaux et de la silice avec le même acide a été découverte en Norvége par M. Esmark, et analysée par M. Klaproth. On a trouvé au Groenland l'alumine combinée à l'acide fluorique; M. Abildgaard l'a fait connoître.

Parmi les combinaisons métalliques, le cuivre, uni à l'acide arsenique, forme des mines très-riches en Angleterre. Il y en a, dans le pays de Nassau, d'uni à l'acide phosphorique.

M. Lelièvre a fait connoître un manganèse carbonaté, et a découvert à l'île d'Elbe un oxide de fer combiné à celui du manganèse, à la silice et à la chaux, et formant un minéral, que ce savant a nommé *yénite*.

Le fer et l'acide du chrome constituent un autre minéral récemment découvert en France par M. Pontier, et qui fournit en abondance le chrome devenu nécessaire à nos manufactures d'émaux et de couleurs. On a encore trouvé des combinaisons du fer avec le titane et avec les acides de l'arsenic et du phosphore. M. Fourcroy a fait l'analyse de cette dernière.

On a mis ensuite à leur véritable place dans le catalogue plusieurs minéraux que l'on possédoit à la vérité depuis long-temps, mais sur la composition desquels on n'avoit point d'idées justes. La chimie a même offert à cet égard les résultats les plus inattendus. Ainsi le corindon et la télésie, qui comprend les rubis, les saphirs et les topazes d'Orient, ne se sont trouvés que des cristallisations d'alumine presque pure ; à peine l'émeril en diffère-t-il, selon M. Tennant. La diaspore, dont on doit la connoissance à M. Lelièvre et l'analyse à M. Vauquelin, et la wavellite, découverte par le docteur Wavel en Devonshire, et analysée par M. Davy, sont des pierres très-différentes des précédentes, et ne contiennent cependant que de l'alumine et de l'eau ; et, en général, l'eau a été reconnue dans cette période pour un principe souvent très-influent de la composition minérale. Le spinelle, ou rubis octaèdre, est seulement de l'alumine unie à un peu de magnésie et colorée par l'acide chromique. L'émeraude, le beril, se distinguent par la présence de la glucine ; les topazes de Saxe et du Brésil, par celle de l'acide fluorique. L'antimoine a été reconnu pour un des principes de l'argent rouge. Le nickel s'est trouvé être le principe colorant de la prase ; le chrome, celui de l'émeraude, de la diallage et de la plupart des serpentines.

MM. Klaproth et Vauquelin sont les auteurs de la plupart de ces découvertes importantes (1).

(1) Les différens Mémoires analytiques de M. Vauquelin remplissent le Journal des mines et les Annales de chimie. Ceux de M. Klaproth ont été recueillis en allemand, *Berlin, 1807, 4 vol. in-8.*° ; et M. Tassaert vient d'en commencer une traduction Françoise, *Paris, 1807, in-8.*°

Enfin l'on a déterminé les caractères de plusieurs minéraux, dont les propriétés physiques ou la présence de
quelque élément particulier exigent la séparation, quoiqu'ils soient de la classe de ceux dont l'analyse chimique
n'est point encore entièrement satisfaisante. Nous n'en citerons qu'un petit nombre : l'euclase, rapportée du Pérou
par Dombey, est une gemme analogue à l'émeraude en
couleur et en composition, mais qui se brise trop facilement pour pouvoir être taillée. La gadolinite se trouve
dans certaines roches de Suède ; c'est elle qui a fourni la
terre nouvelle appelée *ittria*, &c.

C'est par ces additions successives que le nombre des
espèces minérales dont Cronsted et Bergman ne comptoient
guère qu'une centaine, a été porté à près de cent soixante,
sans parler des innombrables variétés, des mélanges, et
des espèces encore incertaines : et ici les variétés sont très-
souvent d'une grande importance, et l'on est obligé de les
énumérer toutes dans le catalogue ; car c'est par elles que
se détermine l'usage des substances pierreuses. La craie,
la pierre à bâtir, les marbres de toute sorte, l'albâtre,
les spaths calcaires, par exemple, ne sont que des variétés du carbonate calcaire : et à combien d'emplois
différens chacune de ces variétés n'est-elle pas exclusivement propre !

Il n'est pas moins nécessaire de connoitre, de classer
et de caractériser les divers mélanges. C'est d'après eux
que telle argile n'est bonne qu'à marner ; telle autre qu'à
faire des briques ou des poteries communes, tandis qu'une
sorte plus pure donne la plus belle porcelaine. Qui vou-
droit employer indifféremment les variétés de schistes,

s'exposeroit à de terribles mécomptes. Il faut donc qu'elles soient toutes bien déterminées dans les livres.

Les variétés de forme , de leur côté , ont un grand intérêt scientifique : il y a quelque chose d'admirable dans cette prodigieuse multitude de combinaisons d'où résultent toutes ces facettes disposées avec tant de symétrie. M. Haüy a donc rendu un vrai service à la philosophie naturelle , en tenant compte de toutes ces différences , et en les analysant d'après les lois de sa théorie. Il a donné ainsi à la minéralogie un caractère tout nouveau, qui la rapproche beaucoup de l'exactitude des sciences mathématiques.

C'est ce que l'on admire sur-tout dans son grand traité sur cette science , magnifique monument des progrès faits dans ces dernières années , et auxquels l'auteur a contribué plus que tout autre (1).

L'ouvrage que M. Brongniart a rédigé par ordre de votre Majesté , pour l'usage des lycées , a donné de son côté une attention plus suivie aux variétés non cristallines qui fixent les usages , et , sous ce rapport , il est aussi utile aux arts qu'à l'instruction publique (2).

Mais la formation et l'ordonnance de ce grand catalogue des minéraux , et même l'exposé le plus complet des propriétés de chacun d'eux , n'est encore qu'une partie de leur histoire : il faut y ajouter la connoissance de leur position respective, et de leur distribution dans celles des couches du globe que nous pouvons percer.

C'est-là l'objet de la géologie positive et de la géographie

Géologie.

Géologie particulière.

(1) *Paris , 1800 , 4 vol. in-8.ᵉ et un atlas.*   (2) Traité élémentaire de minéralogie; *Paris ; 1807, 2 vol. in-8.ᵉ*

physique. Celle-ci est une sorte de géologie particulière, base de la géologie générale. On y examine à fond la structure minérale d'un pays déterminé, et la nature des pierres ou des autres minéraux qui composent ses montagnes, ses collines et ses plaines, ainsi que leur position relative : c'est une science, pour ainsi dire, toute moderne. Pallas en a donné de beaux exemples pour la Russie (1), Saussure pour les Alpes (2), M. Deluc pour certaines régions de la Hollande et de la Westphalie (3). L'école de Werner a fait à cet égard les plus belles recherches en Saxe et dans plusieurs autres contrées de l'Allemagne et des pays voisins (4). Les cantons des mines ont été, comme on devoit s'y attendre, examinés avec encore plus de soin que les autres : l'intérêt immédiat le demandoit ; et ceux de Saxe et de Hongrie, où l'art des mines est exercé depuis un temps immémorial, ont eu les plus excellens historiens.

Géologie de la France.

La géographie physique de la France n'a pas été cultivée dans ces derniers temps avec moins d'ardeur que celle des pays étrangers ; les cours de Rouelle, ceux de Valmont de Bomare, de Daubenton et de M. Sage,

---

(1) Dans ses observations sur la formation des montagnes, *Académie de Pétersbourg, 1777*, et dans ses Voyages.

(2) Voyages dans les Alpes; *Neufchâtel, 1779-96, 4 vol. in-4.°*

(3) Lettres à la reine d'Angleterre sur l'histoire de la terre et de l'homme; *la Haye, 1778, 6 vol. in-8.ᵗ*

(4) Les ouvrages géologiques particuliers sortis de l'école de M. Werner sont aussi nombreux qu'importans : leur énumération, et l'exposé le plus complet qu'il y ait encore de leurs résultats, se trouvent dans la Géognosie de Reuss; *Leipsig, 1805, 2 vol. in-8.°*, en allemand. On distingue dans le nombre ceux de MM. de Buch, Sturl, Leonhard, Lazius, Noze, Voigt, Freisleben, Wrede, &c. Nous n'avons pas besoin de citer le plus célèbre des élèves de Werner, l'illustre et courageux M. de Humboldt. Il est bon de consulter aussi les ouvrages plus anciens de Charpentier, de Born, &c.

ainsi que leurs ouvrages élémentaires, ont commencé à répandre dans notre nation le goût de la minéralogie, long-temps concentré en Allemagne et en Suède.

Des cabinets ont été formés dans nos principales villes, et des voyages minéralogiques entrepris dans presque toutes nos provinces. Dès avant l'époque dont nous rendons compte, Gensanne et Soulavie avoient décrit le Languedoc, Besson les Vosges : nos mines de fer, principale richesse de la France en ce genre, avoient été examinées par Dietrich (1), et Picot-la-Peyrouse avoit décrit celles du comté de Foix (2); Palassou, et plus récemment M. Ramond, ont fait connoître en détail les Pyrénées (3).

Le conseil des mines, établi en 1793, lorsque l'interruption de tout rapport avec l'étranger fit sentir le besoin de tirer parti de notre territoire, a donné à ces sortes de recherches une impulsion toute nouvelle. Des ingénieurs envoyés par ses ordres dans les divers départemens en ont étudié la minéralogie; et les descriptions exactes d'un assez grand nombre, faites sur-tout par MM. Dolomieu, de Gensanne, Lefebvre, Duhamel fils, Baillet du Belloy, Héron de Villefosse, Cordier, Rosière, Hericard de Thury, ont déjà été recueillies dans le Journal des mines (4). Nos mines de houille ont excité une vive attention, et

(1) Description des gîtes de minérai des forges et des salines des Pyrénées, par le B. de Dietrich; *Paris, 1786, 4 vol. in-8.º*

(2) Traité sur les mines de fer et les forges du comté de Foix, par de la Peyrouse; *Toulouse, 1786, 1 v. in-8.º*

(3) Essai sur la minéralogie des Pyrénées; *Paris, 1781.* Observations faites dans les Pyrénées, par Ramond; *Paris, 1789, 1 vol. in-8.º*

(4) Cette collection a commencé en vendémiaire an 3, et elle continue avec succès. L'Allemagne en a plusieurs d'analogues, telles que celles de M. de Moll, de M. de Hof, &c.

MM. Duhamel père, Lefebvre, Gillet-Laumont, de Gensanne, se sont occupés avec succès de leur gisement, de leurs inflexions, des failles ou filons pierreux qui les interrompent, et de tous les détails de leur exploitation et de leur emploi. Les riches mines que le sort des armes a fait tomber au pouvoir de la France dans les départemens conquis, ont été examinées et décrites avec soin, et ont enrichi la science en même temps que l'Empire. Dans les anciennes provinces, on a découvert ou décrit diverses mines de métaux utiles aux arts, depuis le mercure et le cuivre jusqu'au chrome et au manganèse, et de nombreuses carrières de pierres propres à tous les genres de constructions, depuis les marbres et les porphyres qui enrichissent nos palais, jusqu'aux briques insubmersibles dont on fabrique les fours des vaisseaux; et parmi toutes ces recherches, il s'est rencontré une foule de minéraux qui, sans avoir encore d'utilité immédiate, appartiennent cependant au grand système de notre géographie physique, et fournissent des matériaux précieux aux recherches de la chimie.

Ainsi l'émeraude a été trouvée près de Limoges par M. Lelièvre; la pinite, au Puy-de-Dôme, par M. Cocq; l'antimoine natif et oxidé, à Allemond, par M. Schreiber; l'urane oxidé, à Sémur, par M. Champeaux, et à Chanteloup près Limoges. L'une des plus intéressantes de ces découvertes est celle d'une mine de fer chromaté faite dans le département du Var par M. Pontier, et dont nous avons parlé il n'y a qu'un moment (1).

(1) On trouvera ces Mémoires et plusieurs autres dans le Journal des mines.

Ces

Ces descriptions minéralogiques des diverses contrées,
rapprochées et comparées, offrent plusieurs points de conformité, qui doivent, par leur conformité même, tenir essentiellement à la structure de la croûte du globe. La série de ces
résultats communs, qui se retrouvent à-peu-près les mêmes
par toute la terre, est ce qui constitue proprement la science
de la géologie positive ou générale, laquelle, assignant les
lois de la position respective des divers minéraux, est de la
plus haute importance pour guider dans leur recherche.

Comme à l'ordinaire, c'est l'intérêt qui a fourni les premiers traits du tableau ; on a d'abord étudié les montagnes
riches en filons métalliques, et on les a distinguées de
celles dont les couches horizontales sont le plus souvent
pauvres en métaux ; c'est là qu'on en étoit venu vers le milieu
du XVIII.ᵉ siècle : bientôt on s'aperçut que les roches à
filons tiennent toujours de près aux roches plus compactes
encore qui composent les chaînes de montagnes les plus
élevées ; que les unes et les autres sont dépourvues de ces
débris de corps organisés qui remplissent les couches ordinaires ; enfin, que celles-ci, posées sur les flancs des premières, doivent avoir été formées après elles.

De là cette distinction fondamentale, en géologie, des terrains primitifs que l'on suppose antérieurs à l'organisation,
et des terrains secondaires déposés sur les autres par les eaux,
et fourmillant des débris de leurs productions organiques.

Il paroît que Lehman et Rouelle sont les premiers qui
aient classé nettement les terrains d'après ces idées (1).

---

(1) On peut consulter sur l'histoire de la géologie, principalement dans le XVIII.ᵉ siècle, différens articles du Dictionnaire de géographie physique de l'Encyclopédie méthodique, de M. Desmarets.

Mais il restoit encore beaucoup de développemens à leur donner : les terrains primitifs sont eux-mêmes de plusieurs sortes, et probablement de plusieurs âges ; et l'on peut encore moins méconnoître une longue succession parmi les secondaires.

Le granit et les roches analogues forment le massif qui porte tous les autres terrains, et qui les perce pour s'élever en aiguilles, en crêtes ou en plateaux, dans la ligne moyenne des chaînes les plus hautes : sur leurs flancs sont couchés les gneiss, les schistes, et autres roches feuilletées, réceptacles ordinaires des filons métalliques, que recouvrent à leur tour ou parmi lesquels se mêlent les divers marbres salins. Les couches de toutes ces substances sont brisées, relevées, désordonnées de mille manières.

Voilà ce que M. Pallas a annoncé pour les montagnes de Russie ; ce que MM. de Saussure et Dolomieu ont confirmé pour celles d'Europe ; ce que M. Deluc a développé.

Les Pyrénées paroissoient faire une exception à la règle ; mais M. Ramond a montré que cette exception n'est qu'apparente, et tient seulement à ce que les schistes et les calcaires, du côté de l'Espagne, sont plus élevés que la crête granitique mitoyenne (1).

M. Werner et ses élèves ont donné de bien plus grands détails touchant la superposition de ces terrains primitifs ; mais peut-être ont-ils trop multiplié les classes, pour que leurs observations soient applicables dans leur entier à d'autres pays qu'à ceux qu'ils ont observés. M. Werner a donné aussi, dans sa Théorie des filons, un recueil intéressant

(1) Voyage au Mont-Perdu ; *Paris, 1801, 1 vol. in-8.*

d'observations sur la marche de ces fissures singulières, et a cherché à déterminer d'une manière précise l'âge des métaux, par la manière dont les filons se coupent; car si, comme il le paroît, les filons ne sont que des fentes remplies après coup, ceux qui traversent les autres doivent leur être postérieurs (1).

Les terrains secondaires sont moins faciles à observer que les primitifs : plus généralement horizontaux, il est plus rare d'en trouver des coupes verticales un peu considérables ; et leurs divers arrangemens n'ont pas, à beaucoup près, autant d'uniformité. On remarque cependant aussi, dans ce qu'on en connoît, un certain ordre de superposition. Les calcaires durs, remplis de cornes d'ammon, les schistes et les charbons de terre marqués d'empreintes de fougères ou de palmiers, les craies pleines de silex moulés en oursins ou de bélemnites spathiques, les calcaires grossiers, composés de coquilles plus semblables à celles de nos mers, se succèdent suivant de certaines lois. Des marnes, des sables, des gypses, les recouvrent çà et là, et recèlent pêle-mêle des coquilles roulées et des os de quadrupèdes, ou des empreintes de poissons.

Ces immenses dépôts, sillonnés par les fleuves et par les rivières, interrompus par des traînées de laves ou d'autres produits volcaniques, complétés ou bordés par des terrains d'alluvion, couverts en beaucoup d'endroits d'une abondance de cailloux roulés, portant çà et là des débris évidens des terrains plus anciens, marques

(1) Nouvelle théorie de la formation des filons, &c. traduite de l'allemand, par M. Daubuisson ; *Paris, 1802.*

infaillibles de grandes révolutions, constituent la partie la plus considérable de nos continens.

Une foule de détails attirent, dans ce grand ensemble, les regards et les réflexions de l'observateur.

D'énormes blocs de pierres primitives, telles que des granits, sont épars sur les terrains secondaires, comme s'ils y eussent été lancés, et semblent indiquer de grandes éruptions. M. Deluc a beaucoup appuyé sur ce fait : M. de Buch a observé récemment que les blocs du nord de l'Allemagne ressemblent aux roches de la Suède et de la Laponie, et paroissent venir de cette région.

Des amas de cailloux roulés occupent l'issue des grandes vallées, et paroissent annoncer de grandes débâcles. M. de Saussure a pris soin d'en citer plusieurs exemples.

Quelquefois des couches de ces cailloux liés en poudingues sont relevées ; preuve de bouleversemens postérieurs à quelques-unes de ces débâcles. On en voit des exemples jusqu'en Sibérie : M. Patrin en a décrit ; M. de Humboldt en a trouvé en abondance dans la vaste plaine qu'arrose le fleuve des Amazones.

En général, les terrains secondaires que l'on est obligé de supposer formés tranquillement et par voie de dépôt ou de précipitation, n'ont pas tous conservé leur position originaire : on en voit d'inclinés, de redressés, de déchirés, de bouleversés. M. Deluc a aussi le mérite d'avoir bien montré tous ces désordres (1).

(1) Les lettres de M. Deluc à M de la Métherie, recueillies dans le Journal de physique, *années 1789, 1790, 1791,* et les Lettres géologiques du même auteur à M. Blumenbach, *Paris, 1798, 1 vol. in-8.°,* contiennent l'exposé de ses idées particulières sur la théorie de la terre.

Les volcans sont une cause encore active de change- mens en certains points de la surface du globe; il étoit intéressant d'étudier leur manière d'agir, la nature et les caractères de leurs produits, le degré de chaleur avec lequel ces produits sortent du cratère, de chercher même à con- jecturer la profondeur du foyer d'où ils émanent, les causes qui peuvent y occasionner et y nourrir l'inflammation, et celles qui entretiennent la fusion des laves.

Dolomieu (1) et Spallanzani sont ceux qui ont mis, dans ces derniers temps, le plus de suite à ce genre de recherches; ils ont recueilli l'un et l'autre et décrit avec beaucoup de soin les produits du Vésuve et de l'Etna. M. de Humboldt, en revenant de gravir les pics plus élevés et les volcans plus terribles encore qui hé- rissent la Cordillière des Andes, a eu l'avantage de voir de près la dernière éruption du Vésuve. Le volcan de l'île de la Réunion a fourni des observations précieuses à MM. Huber et Bory-Saint-Vincent.

L'un des faits les plus remarquables qui paroissent avoir été constatés, c'est que le feu des volcans n'a pas, à beau- coup près, le haut degré de chaleur qu'on lui attribuoit. Dolomieu s'en est assuré, en examinant l'action de la lave sur les divers objets qu'elle enveloppa en 1798, dans un village au pied du Vésuve; il a expliqué par-là comment elle a pu entraîner, sans les fondre, divers cristaux très- fusibles dont elle est souvent remplie. Cependant la lave

(1) Voyage aux îles de Lipari, *1783;* Voyage aux îles Ponces, et Catalogue raisonné des produits de l'Etna, *1788,* et sur-tout ses derniers Mémoires dans les Journaux de phy- sique et des mines. Ajoutez à ces ou- vrages les Mémoires de M. Fleuriáu de Bellevue, ceux de M. Daubuisson, et l'Essai de M. de Montlosier sur les volcans de l'Auvergne.

est très-fluide ; elle s'insinue jusque dans les plus petits
interstices des corps : on a, de l'île de Bourbon, des troncs
de palmiers dont toutes les fentes en sont remplies (c'est
une des remarques de M. Huber). Lorsqu'elle coule, elle
bouillonne et répand au loin des vapeurs épaisses : ne
s'enflammeroit-elle qu'au contact de l'atmosphère, et y
laisseroit-elle échapper quelque substance qui entretenoit
la fusion à ce degré modéré de chaleur , comme l'ont
soupçonné Kirwan et Dolomieu ?

La quantité de ces laves est énorme. MM. Deluc ont
cherché à faire voir que toute la masse des montagnes
volcaniques est formée des produits mêmes de leurs éruptions ; et le nombre des volcans a été autrefois bien plus
considérable qu'aujourd'hui. C'est ce qu'on a reconnu, dès
qu'on a eu sur les laves modernes des notions suffisantes
pour pouvoir les comparer avec les anciennes.

M. Desmarets est un des premiers qui se soient
occupés de ce genre de recherches ; il a fait connoître
sur-tout les volcans éteints de l'Auvergne ; il est remonté
à leurs cratères ; il a suivi les traînées de leurs laves ; il
les a vues se fendre en piliers basaltiques ; et c'est d'après
ses observations que l'on a attribué long-temps à tous les
basaltes , pierres assez semblables à certaines laves, une
origine volcanique.

M. Faujas a fait des travaux semblables sur les volcans
éteints du Vivarais (1) ; Fortis, sur ceux du Vicentin (2), &c.

---

(1) Recherches sur les volcans
éteints du Vivarais et du Velay ;
Paris ; 1778, 1 vol. in-fol. Minéralogie des volcans ; *Paris, 1 vol. in-8.°*

(2) Mémoires pour servir à l'histoire naturelle, et principalement à
l'oryctographie de l'Italie ; *Paris ,
1802, 2 vol. in-8.°*

Il paroît cependant que les terrains qui ont de la ressemblance avec les laves, n'ont pas tous la même origine. Telles sont les roches nommées *vakes ;* elles occupent de grandes étendues, dans certaines contrées de l'Allemagne ; elles y sont bien horizontales, n'y tiennent à aucune élévation que l'on puisse regarder comme un cratère, reposent souvent sur des houilles très - combustibles , qu'elles n'ont point altérées : elles ne sont donc point volcaniques. M. Werner a bien démontré ces faits ; et une multitude de terrains ont été dépouillés, par suite de ses observations, de l'origine qu'on leur attribuoit. Tout au plus resteroit-il l'opinion de Hutton et de M. James Hall, qu'ils ont été fondus en place, lors d'un échauffement général et violent éprouvé par le globe.

La ressemblance de la pierre ne suffit donc plus pour faire croire à un volcan éteint ; il faut encore des traces d'éruption : mais, lorsque ces traces sont évidentes, on ne peut refuser de s'y rendre. Aussi des élèves distingués de M. Werner, MM. de Buch et Daubuisson, ont-ils reconnu la nature volcanique des pics de l'Auvergne.

C'est en examinant ainsi les diverses contrées du globe, que l'on trouve que les volcans ont été autrefois infiniment plus nombreux qu'aujourd'hui : il y en a sur toute la longueur de l'Italie ; et les sept montagnes de Rome sont les débris d'un cratère, selon M. Breislak (1). Les bords du Rhin en sont hérissés ; on en voit en Hongrie, en Transilvanie, et jusque dans le fond de l'Écosse.

L'observation des volcans éteints a même donné des lumières sur la nature des volcans en général. Ainsi

(1) Voyages dans la Campanie ; *Paris, 1801, 2 vol. in-8.º*

Dolomieu, en étudiant ceux de l'Auvergne, a cru s'apercevoir que leur foyer devoit être sous un immense plateau de granit, que les produits de leurs éruptions couvrent maintenant. C'est ainsi qu'on expliqueroit ces pierres inconnues ailleurs, que tant de laves contiennent. Il n'est cependant pas entièrement prouvé qu'il n'ait pas pu en cristalliser quelques-unes pendant que la lave étoit encore liquide.

Au reste, quel qu'ait pu être le nombre des anciens volcans, ce ne sont pas eux qui ont bouleversé les autres couches. Il paroît bien prouvé, d'après les remarques de MM. Deluc, qu'ils n'ont pu exercer qu'une influence locale, en perçant ces couches, et en les recouvrant de leurs produits.

La haute antiquité de quelques-uns est démontrée par les couches marines qui se sont formées dessus ou qui alternent avec leurs laves.

Mais comment le feu des volcans peut-il être entretenu à ces profondeurs inaccessibles ? Pourquoi presque tous les volcans brûlans sont-ils à peu de distance de la mer ! L'eau salée est-elle nécessaire à ces fermentations intérieures ? Est-ce d'elle que viennent les produits salins qui s'accumulent sur les bords des cratères, et dont on trouve encore quelques-uns dans les volcans éteints , comme M. Vauquelin l'a remarqué en Auvergne ?

Voilà des questions qui pourront long-temps encore occuper les physiciens.

Alluvions.   Les eaux courantes sont une autre cause de changement moins violente, mais aujourd'hui plus générale que les volcans. Elles entraînent les pierres, les sables et les terres des lieux élevés, et vont les déposer dans les lieux

bas,

bas, quand elles perdent leur rapidité. De là les alluvions des bords des rivières, et sur-tout de leur embouchure ; c'est ainsi que le Delta de l'Égypte s'est formé et s'accroît encore. La basse Lombardie, une partie de la Hollande, de la Zélande, n'ont point d'autre origine. Les terres ainsi formées sont les plus fertiles du monde : mais les inondations qui les créent, les dévastent aussi de temps en temps ; et si on les enceint trop tôt par des digues, on les expose à rester trop au-dessous du niveau du fleuve : c'est le cas de la Hollande, qui, en beaucoup d'endroits, ne se dessèche qu'à force de machines. L'intérêt le plus pressant exigeoit donc qu'on étudiât cette branche de la géologie, pour trouver à-la-fois les moyens de profiter de ces terres nouvelles et ceux d'en éviter les inconvéniens.

Les philosophes l'ont étudiée par une autre raison : ils ont cru y trouver le plus sûr indice de l'époque où nos continens ont subi leur dernière révolution. En effet, ces alluvions augmentent assez rapidement ; et comme, dans l'origine, ils devoient aller plus vîte encore, leur étendue actuelle semble s'accorder avec tous les monumens de l'histoire, pour faire regarder cette révolution comme assez récente. MM. Deluc et Dolomieu sont encore ceux qui nous paroissent avoir le mieux développé cet ordre de faits.

Mais ce que les études géologiques ont offert de plus piquant, c'est, sans contredit, ce qui concerne ces innombrables restes de corps organisés dont fourmillent les terrains secondaires, et dont ils semblent même entièrement composés en quelques endroits.

Fossiles.

Sciences physiques. T

Depuis long-temps on avoit remarqué que les productions de la mer couvrent ainsi la terre ferme de leurs amas jusqu'à des hauteurs infiniment supérieures à celles qu'atteindroient aujourd'hui les plus terribles inondations.

Un examen plus attentif avoit fait connoître que les productions qui couvrent chaque contrée ne sont presque jamais celles des mers voisines, et même qu'un grand nombre d'entre elles n'ont pu encore être retrouvées dans aucune mer. La même observation s'appliquoit aux débris de végétaux et aux ossemens d'animaux terrestres.

Un si grand aiguillon pour la curiosité a produit son effet. Les fossiles, les pétrifications, ont été recueillis de toute part; et leurs descriptions commencent à former une grande série toute particulière, qui ajoute beaucoup d'espèces à celles des êtres connus pour vivans. M. Delamarck est, dans l'époque actuelle, celui qui s'est occupé des coquilles fossiles avec le plus de suite et de fruit: il en a fait connoître plusieurs centaines d'espèces nouvelles, seulement dans les environs de Paris (1).

Les poissons fossiles des environs de Vérone ont été décrits et gravés avec magnificence par les soins de M. de Gazola (2).

Les végétaux fossiles ont été moins étudiés. Il y en a dans des couches récentes d'assez semblables à ceux d'aujourd'hui. M. Faujas en a décrit plusieurs; mais les houilles et les schistes en recèlent d'inconnus. M. le

(1) Dans les différens volumes des Annales du Muséum d'hist. naturelle.
(2) Ittiologia Veronese, in-fol. Il n'en a encore paru qu'une foible partie, quoique toutes les planches soient prêtes.

comte de Sternberg a donné récemment un Essai à leur sujet (1) ; on commence aussi à les recueillir et à les graver en Angleterre et en Allemagne. On peut citer, dans ce dernier pays, l'ouvrage de M. de Schlotheim.

Parmi ces étonnans monumens des révolutions du globe, il n'y en avoit point qui dussent faire espérer des renseignemens plus lumineux, que les débris des quadrupèdes, parce qu'il étoit plus aisé de s'assurer de leurs espèces, et des ressemblances ou des différences qu'elles peuvent avoir avec celles qui subsistent aujourd'hui ; mais comme on trouve leurs os presque toujours épars, et le plus souvent mutilés, il falloit imaginer une méthode de reconnoître chaque os, chaque portion d'os, et de les rapporter à leurs espèces. Nous verrons ailleurs comment M. Cuvier y est parvenu. Il a examiné les os en question d'après cette méthode, et il a recréé ainsi plusieurs grandes espèces de quadrupèdes dont il ne reste plus aucun individu vivant à la surface du globe. Les plâtrières des environs de Paris lui en ont seules fourni plus de dix qui forment même des genres nouveaux. Des terrains plus récens ont des os de genres connus, mais d'espèces qui ne le sont point. Ce n'est que dans les alluvions et autres terrains qui se forment encore journellement, que l'on trouve les os de nos espèces actuelles (2).

Presque toujours les os inconnus sont recouverts par des couches pleines de coquilles de mer. C'est donc

(1) C'est aussi dans les Annales du Muséum que MM. Faujas et de Sternberg ont publié leurs Mémoires.
(2) Les Mémoires de M. Cuvier sur la réintégration des espèces perdues de quadrupèdes, ne sont encore que dans les Annales du Muséum d'histoire naturelle.

quelque inondation marine qui en a anéanti les espèces ;
mais l'influence de cette révolution, à cause de sa nature
même, ne s'est peut-être pas exercée sur tous les animaux
marins.

Il est cependant indubitable que les couches les plus
profondes, et par conséquent les plus anciennes parmi
les secondaires, fourmillent de coquilles et d'autres productions qu'il a été jusqu'à présent impossible de retrouver
dans aucun des parages de l'Océan ; et comme les espèces
semblables à celles qu'on pêche aujourd'hui, n'existent
que dans les couches superficielles, on est autorisé à
croire qu'il y a eu une certaine succession dans les formes
des êtres vivans.

Les houilles ou charbons de terre paroissent aussi être
d'anciens produits de la vie : ce sont probablement des
restes de forêts de ces temps reculés, que la nature semble
avoir mis en réserve pour les âges présens. Plus utiles
qu'aucun autre fossile, elles devoient naturellement attirer
de bonne heure l'attention. Leur profondeur et la nature
des couches pierreuses qui les renferment, annoncent
leur antiquité ; et les espèces toutes étrangères de plantes
qu'elles recèlent, s'accordent avec les fossiles animaux,
pour prouver les variations que l'organisation a subies sur
la terre.

Il n'est pas jusqu'à l'ambre jaune qui ne recèle des
insectes inconnus, et qui ne se trouve quelquefois dans des
fentes de bois fossiles qui ne le sont pas moins.

A la vue d'un spectacle si imposant, si terrible même,
que celui de ces débris de la vie formant presque tout
le sol sur lequel portent nos pas, il est bien difficile

de retenir son imagination et de ne point hasarder quelques conjectures sur les causes qui ont pu amener de si grands effets.

Aussi, depuis plus d'un siècle, la géologie a-t-elle été si fertile en systèmes de ce genre, que bien des gens croient qu'ils la constituent essentiellement, et la regardent comme une science purement hypothétique. Ce que nous en avons dit jusqu'à présent, montre qu'elle a une partie tout aussi positive qu'aucune autre science d'observation; mais nous croyons avoir montré en même temps que cette partie positive n'est point encore assez complète, qu'elle n'a point encore assez recueilli de faits pour fournir une base suffisante aux explications. La géologie explicative, dans l'état actuel des sciences, est encore un problème indéterminé dont aucune solution ne l'emportera sur les autres, tant qu'il n'y aura pas un plus grand nombre de conditions fixées. Les systèmes ont eu cependant le mérite d'exciter à la recherche des faits, et nous devons, à cet égard, de la reconnoissance à leurs auteurs.

On connoît depuis long-temps ceux de Woodwards, de Whiston, de Burnet, de Leibnitz, de Scheuchzer : conçus avant qu'on eût aucune notion détaillée de la structure du globe, ils ne pouvoient soutenir un examen sérieux. Le premier système de Buffon les éclipsa tous par la manière éloquente dont il fut présenté : il excita un enthousiasme général, et produisit en quelque sorte des observateurs dans chaque coin de la terre. On lui fut donc réellement redevable des observations mêmes qui le détruisirent. Le deuxième du même auteur, présenté avec plus d'art encore dans ses Époques de la nature,

vint trop tard pour avoir même un succès momentané.
Le véritable esprit d'observation, la recherche des faits
positifs, animoient tous les naturalistes; et l'on peut dire
que dès lors ceux qui ont proposé leurs idées sur ces
grands sujets, sont plutôt des génies spéculatifs, de hardis
contemplateurs, que des observateurs philosophes.

Les conséquences les plus incontestables des faits auroient déjà de quoi effrayer les esprits habitués à la marche
rigoureuse, ou, si l'on veut, timide, que les sciences suivent
aujourd'hui. La diminution primitive des eaux, leurs retours
répétés, les variations des produits qu'elles ont déposés,
et qui forment maintenant nos couches; celles des êtres
organisés, dont les dépouilles remplissent une partie de
ces couches; la premiere origine de ces mêmes êtres:
comment résoudre de pareils problèmes, avec les forces
que nous connoissons maintenant à la nature? Nos éruptions volcaniques, nos atterrissemens, nos courans, sont
des agens bien foibles pour de si grands effets : aussi
n'est-il rien de si violent qu'on n'ait imaginé. Selon les
uns, des comètes ont choqué la terre, ou l'ont consumée,
ou l'ont couverte des vapeurs de leur queue; d'autres ont
supposé que la terre est sortie du soleil, ou en verre liquide,
ou en vapeur; on a placé dans son intérieur, des abîmes
qui se seroient affaissés successivement, ou l'on en a fait
sortir des émanations qui s'en échappoient avec violence:
on est allé jusqu'à croire que sa masse a pu se former de
la réunion des fragmens d'autres planètes. Quelque talent,
quelque force d'esprit qu'il ait fallu pour imaginer ces
systèmes, et pour les faire cadrer avec les faits, nous ne
pouvons les placer dans ce tableau des progrès des sciences :

ils tendent plutôt à en contrarier la véritable marche, en laissant croire que l'on peut se dispenser de continuer les observations dans une matière si importante, et cependant à peine effleurée (1).

L'HISTOIRE naturelle des corps vivans offre encore des problèmes bien autrement compliqués que celle des minéraux, quoique les objets en soient continuellement sous nos yeux, et que l'esprit n'ait aucune conjecture à former sur leur état précédent.

Dans les minéraux, il n'existe qu'une donnée de forme; celle de la molécule primitive, d'où tout le reste se laisse déduire. Dans les corps vivans, il faut recevoir comme des données indispensables, la forme générale de l'ensemble et les moindres détails des formes des parties : rien n'en explique l'origine, et la génération est encore un mystère sur lequel tous les efforts humains n'ont rien obtenu de plausible.

Les minéraux n'offrent qu'une composition constante et homogène dans chaque espèce, et des masses qui restent en repos tant qu'elles ne sont point altérées dans l'ordre de leurs élémens. Dans les corps vivans, chaque partie a sa composition propre et distincte ; aucune de leurs molécules ne reste en place ; toutes entrent et sortent

Histoire naturelle des corps vivans.

---

(1) L'exposé historique le plus complet qui ait paru en françois, des systèmes divers imaginés par les géologistes, se trouve dans la *Théorie de la terre*, de M. de la Métherie; *Paris, 1797, 5 vol. in-8.º ;* ouvrage qui contient aussi le recueil le plus méthodique des faits dont la géologie se composoit à l'époque où il a été publié. Il faut y joindre ceux de MM. de Marschall, Bertrand, Lamarck, André de Gy, Faujas de Saint-Fonds, et autres qui ont paru depuis cette époque.

successivement : la vie est un tourbillon continuel, dont la direction, toute compliquée qu'elle est, demeure constante, ainsi que l'espèce des molécules qui y sont entraînées, mais non les molécules individuelles elles-mêmes ; au contraire, la matière actuelle du corps vivant n'y sera bientôt plus, et cependant elle est dépositaire de la force qui contraindra la matière future à marcher dans le même sens qu'elle. Ainsi la forme de ces corps leur est plus essentielle que leur matière, puisque celle-ci change sans cesse, tandis que l'autre se conserve, et que d'ailleurs ce sont les formes qui constituent les différences des espèces, et non les combinaisons de matières, qui sont presque les mêmes dans toutes.

En un mot, la forme, dont l'influence étoit nulle dans l'histoire de l'atmosphère et des eaux, qui n'avoit qu'une importance accessoire en minéralogie, devient, dans l'étude des corps vivans, la considération dominante, et y donne à l'anatomie un rôle tout aussi important que celui de la chimie ; et ces deux sciences deviennent les instrumens nécessaires et simultanés de toutes les recherches dont il nous reste à parler.

Histoire générale des fonctions et de la structure des corps vivans. (Physiologie.)

Le premier point qui nous frappe dans l'étude de la vie, c'est cette force des corps organisés pour attirer dans leur tourbillon des substances étrangères, pour les y retenir pendant quelque temps après se les être assimilées, pour distribuer enfin ces substances devenues les leurs dans toutes leurs parties, selon les fonctions qui doivent s'y exercer.

Ce pouvoir présente trois objets d'étude. Il faut voir quelles

quelles matières ces êtres attirent, et ce qu'ils en rejettent. Le résidu formera leur matière propre : c'est la partie chimique du problème.

Il faut décrire ensuite les voies que ces matières traversent depuis leur entrée jusqu'à leur sortie : c'est la partie anatomique.

Il faut examiner, enfin, par quelles forces ces matières sont attirées, retenues, dirigées et expulsées : on peut nommer cette recherche *la partie dynamique*, ou proprement *physiologique*.

La partie chimique n'a été résolue que dans cette période ; mais elle l'a été à-peu-près complétement.

Partie chimique.

Les végétaux, essentiellement composés de carbone, d'hydrogène et d'oxigène, ainsi que nous avons vu que l'a découvert Lavoisier, n'ont besoin que d'eau et d'acide carbonique pour se nourrir : les terreaux et fumiers leur sont plus ou moins utiles, mais non pas nécessaires. Les expériences de MM. Sennebier (1), Théodore de Saussure (2) et Crell (3), le mettent hors de doute. Ils ont élevé des plantes dans du sable, avec de l'eau pure et de l'air atmosphérique ; et M. Crell a fait porter graine aux siennes.

Chimie générale du corps vivant considéré dans son ensemble.

Végétaux.

Les plantes décomposent donc l'eau et l'acide carbonique, pour mettre le carbone et l'hydrogène plus ou moins à nu, et former par leurs diverses proportions tous leurs principes immédiats. C'est ce qui arrive en effet par l'intermède de la lumière, qui leur enlève leur

---

(1) Physiologie végétale , par M. Sennebier; *Genève, an 8 , 5 vol. in-8.°*

(2) Ouvrage déjà cité sur la végétation.

(3) Mémoire manuscrit.

oxigène surabondant, d'après les expériences de Priestley et d'Ingenhous (1). Sans la lumière, elles restent aqueuses et blanches. Voilà pourquoi elles exhalent de l'oxigène pendant le jour; mais, pendant la nuit, elles en absorbent, ainsi que M. Théodore de Saussure l'a fait voir : il paroît que c'est pour réduire en acide carbonique le carbone qu'elles ont pompé en nature, et qui ne peut contribuer à leur nutrition qu'après avoir subi cette métamorphose.

M. de Crell (2), et en France M. Braconnot (3), vont plus loin encore dans le pouvoir qu'ils attribuent aux plantes; ils assurent qu'ils en ont fait croître sans leur fournir la moindre parcelle d'acide carbonique. Elles composeroient donc le carbone de toutes pièces; ce qui seroit une des découvertes les plus importantes que l'on pût ajouter à la théorie chimique : mais on est loin de trouver encore les expériences de ces chimistes concluantes.

Le reste des matériaux des plantes, les terres, les alcalis, &c. leur est apporté avec la sève. M. Théodore de Saussure l'a montré en détail pour chacun d'eux. Il a fait voir aussi, par beaucoup de belles expériences, qu'elles absorbent les substances qui ne leur conviennent pas, lorsque celles-ci sont dissoutes dans l'eau qui les nourrit, mais qu'elles les rejettent avec les parties qui tombent.

La marche générale de la végétation consiste donc à reproduire des substances combustibles; et elle en accumule, en effet, par-tout où ni les animaux ni le feu ne viennent les consommer. De là ces couches immenses de

(1) Expériences sur les végétaux;   (2) Mémoire manuscrit.
Paris, 1787 - 1789, 2 vol in-8.   (3) Annales de chimie.

terreau qui se forment dans les îles désértes et dans les forêts non exploitées.

L'animalisation suit une marche opposée; elle brûle Animaux. les substances susceptibles d'être brûlées. Le caractère commun des principes immédiats des animaux est une surabondance d'azote. Ils se nourrissent tous de végétaux, ou d'animaux qui s'en ,étoient nourris. Le composé végétal est donc la base du leur; mais l'hydrogène et le carbone leur sont en partie enlevés par la respiration au moyen de l'oxigène qui agit sur leur sang : leur azote, de quelque part qu'ils l'aient reçu, leur reste ; il doit donc prédominer à la longue. Cette marche a été bien développée par M. Hallé (1).

Ainsi la végétation et l'animalisation sont des opérations inverses : dans l'une, il se défait de l'eau et de l'acide carbonique ; dans l'autre, il s'en refait. C'est ainsi que la proportion de ces deux composés est maintenue dans l'atmosphère et à la surface du globe.

La respiration animale est donc une combustion : aussi produit-elle de la chaleur, quand elle est assez abondante et assez vive.

Sa théorie, prise ainsi en général, est le résultat des vues successives de Mayow, de Willis, de Crawford et de Lavoisier (2).

Sa nécessité, même dans les dernières classes des animaux, se démontre par les expériences multipliées de

(1) Annales de chimie, *tome XI*, *p. 158.*

(2) *Voyez* les ouvrages cités à l'article des *Gaz*, le Traité de la respiration de Mayow, le Traité *de anima brutorum* de Willis, celui de la chaleur de Crawford ; et le Mémoire de Lavoisier sur la respiration, Académie des sciences, *année 1777, p. 185,* réimpr. dans sa collection posthume.

Spallanzani (1), de M. Vauquelin (2) et de plusieurs autres physiciens.

Elle ne s'exerce pas dans le poumon seulement : dans tous les points du corps où des vaisseaux sanguins sont en contact avec l'air, le sang respire plus ou moins, c'est-à-dire qu'il produit de l'eau et de l'acide carbonique. Les dernières expériences de Spallanzani et de M. Sennebier le prouvent, et nous verrons ailleurs qu'elles donnent ainsi la clef d'une foule de phénomènes. Il n'est pas jusqu'au canal intestinal où M. Erman (3) vient de montrer que certains poissons exercent aussi une sorte de respiration.

Le reste des matériaux élémentaires des animaux vient de leurs alimens.

Quant à cette répartition des matériaux élémentaires des corps vivans dans leurs diverses parties, selon certaines proportions, pour former leurs principes immédiats tels qu'ils doivent se trouver dans chaque organe pour que ceux-ci puissent remplir leurs fonctions, c'est ce que l'on nomme *sécrétions*.

Chimie particulière des sécrétions.

On ne s'est fait encore de leur mécanisme que des idées très-obscures : les uns supposent pour chaque sécrétion une sorte de crible ; les autres, quelque tissu qui attire par voie d'affinité : il en est qui, avec plus de raison, y font coopérer tout l'appareil des forces vitales. Ce que l'on peut dire de général, c'est que la sécrétion tient à

(1) Mémoires sur la respiration, et rapports de l'air avec les êtres organisés, par Spallanzani, trad. par Sennebier; *Genève, 1803-1807, 4 v. in-8.°*

(2) Annales de chimie, *tome XII*, p. *273*.

(3) Mémoire manuscrit adressé à l'Institut.

la forme primitive de chaque organe , et par conséquent à celle du corps. Chaque organe a pour sa part, comme le corps entier, le pouvoir d'attirer et de rejeter les substances qui sont à sa portée, comme il convient à sa nature: On peut donc faire, pour chaque organe, ce que l'on fait pour le corps entier. On peut examiner, par exemple, ce qui entre dans le foie, ce qui en sort, et ce qui y reste : mais il est sensible qu'il faudroit ici connoître avec rigueur, non-seulement la composition générale des principes animaux, mais la proportion particulière de chaque principe séparé; et nous avons vu plus haut que, dans ces différences minutieuses, la chimie nous abandonne.

Voilà pourquoi la théorie des sécrétions partielles se réduit encore à des généralités un peu vagues, même dans sa partie purement chimique. Au reste, il s'en fait dans les deux règnes : les sucs propres qui occupent des cellules particulieres le long des branches et des tiges des végétaux , ceux qui abreuvent le tissu des fruits , peuvent être comparés aux diverses humeurs locales des animaux ; mais on n'en connoît pas si bien l'usage.

La partie anatomique du problème général de la vie est résolue depuis long-temps pour les animaux, au moins pour ceux d'entre eux qui nous intéressent le plus. Les voies que les substances y parcourent, sont connues; les premières, ou celles de la digestion , depuis bien des siècles; les secondes, ou celles de l'absorption , depuis Pecquet, Rudbeck et Ruysch ; les troisièmes, ou celles de la circulation , depuis Harvey. Les travaux des anatomistes Anglois et Italiens sur le système lymphatique, portés à la plus

Partie anatomique.

Anatomie générale.

Animaux.

grande perfection dans le bel ouvrage de M. Mascagni (1), qui appartient encore à notre période actuelle, ont achevé tout ce qui restoit à dire à cet égard. Les routes du chyle et du sang sont maintenant évidentes ; l'œil en suit tous les détours, et rencontre par-tout des valvules ou d'autres indices qui lui en marquent la direction ; il aperçoit aussi comment ces routes, si compliquées dans l'homme, se simplifient par degrés dans les animaux inférieurs, et finissent par se réduire à une spongiosité uniforme. Les recherches de M. Cuvier (2) ont achevé d'assigner à chaque animal sa place dans la grande échelle des complications de structure.

Végétaux.

Il n'en est pas entièrement ainsi des végétaux ; leur structure anatomique laisse quelque incertitude sur les routes de la nutrition, précisément à cause de sa simplicité.

On sait aujourd'hui par les recherches d'Ingenhous, de MM. Sennebier, Decandolle, que la fonction essentielle des plantes, le dégagement de l'oxigène, se fait dans toutes leurs parties vertes, et principalement dans leur cime.

Des recherches plus anciennes, et sur-tout celles de Bonnet, avoient montré qu'indépendamment de l'absorption des racines, il s'en fait aussi une par la cime, et particulièrement dans les arbres par la face inférieure des feuilles, dont la quantité dépend de l'humidité de l'air (3).

(1) *Vasorum lymphaticorum corporis humani historia et ichnographia ;* Sienne, 1789, 1 vol. in-fol.

(2) Dans ses Leçons d'anat. comp.

(3) Dans son Traité des usages des feuilles.

Il se fait déjà une préparation lors de cette première entrée ; car les sèves des diverses plantes sont des liquides assez compliqués et assez différens entre eux , comme M. Vauquelin (1) s'en est assuré. M. Théodore de Saussure a vu, de son côté, que la plante n'admet point les parties les plus grossières que contient l'eau dans laquelle on la plonge (2).

On sait , par des expériences assez anciennes aussi , multipliées et constatées par Duhamel, que l'accroissement du tronc et de la racine dans les arbres et les plantes vivaces ordinaires se fait par des couches de fibres ligneuses, qui se développent et s'interposent à l'extérieur entre le vieux bois et l'écorce. Il paroît , d'après les observations de M Link (3), qu'il s'en développe également autour de la moelle, du moins jusqu'à ce que celle-ci ait entièrement disparu par la compression des couches extérieures.

M. Desfontaines (4) a fait cette découverte , l'une des plus belles et des plus fécondes dont notre période ait enrichi la physiologie végétale, que, dans les arbres et plantes monocotylédones, le développement des nouvelles fibres ligneuses se fait par une interposition générale qui a lieu sur-tout vers le centre. Nous verrons ailleurs comment ce fait , ainsi généralisé, est devenu l'une des bases les plus solides de la division méthodique des plantes.

On sait que si on lie un tronc ou qu'on enlève un anneau de son écorce, il grossit au-dessus de la ligature,

---

(1) *Voyez* son Mémoire cité plus haut, sur l'analyse de la sève.

(2) Dans ses Recherches chimiques sur la végétation; *Paris , 1804, 1 vol. in-8.º*

(3) Élémens de l'anatomie et de la physiologie végétale, en allemand; *Gott. 1807 , in-8.º*

(4) Mémoires de l'Institut, Sciences math. et phys. t. *I, p. 478.*

et non au-dessous ; ce qui montre que l'accroissement en grosseur se fait par des sucs qui descendent par l'écorce et entre l'écorce et le bois. Une branche ainsi préparée fleurit plutôt et porte de plus beaux fruits, parce que les sucs y sont retenus : c'est une observation de Lancrit, devenue fort utile en agriculture.

Il n'en est pas moins certain que la sève monte avec une grande force, sur-tout au printemps ; et des expériences récentes de feu Coulomb (1), confirmées par d'autres de M. Cotta (2) et de M. Link, ont montré que c'est principalement vers l'axe de l'arbre qu'elle monte ; entraînant beaucoup d'air avec elle.

Il semble donc qu'elle doit produire, en montant ainsi vers l'axe, l'accroissement en longueur, étendre les feuilles, et, après y avoir subi l'action de l'air et de la lumière, redescendre sous l'écorce pour grossir le tronc en y développant les nouvelles fibres.

Mais, quand on enlève un morceau d'écorce, le bois mis à nu paroît faire suinter un liquide qu'on a nommé *cambium*, et que l'on croit donner le nouveau bois. Il y auroit donc aussi une marche des sucs dans le sens horizontal en rayonnant ; et en effet, les rayons médullaires, ou ces suites de cellules qui vont entre les fibres, du centre vers la circonférence, semblent indiquer cette route.

D'un autre côté, on ne voit point qu'aucune partie de l'arbre soit nécessaire au maintien du reste : il y a des

---

(1) Jour. de phys. *t. XLIX, p.392.*
(2) Observations sur les mouve-mens et les fonctions de la sève dans les végétaux, et sur-tout dans les végétaux ligneux, en allemand ; *Weimar, 1806, in-4.°*

troncs

troncs dont les trois quarts du pourtour et tout l'intérieur sont enlevés, et qui n'en produisent pas moins chaque année des fleurs et des fruits. On peut couper transversalement des portions de la largeur d'un tronc à différentes hauteurs, de manière qu'aucun vaisseau ne reste entier, et l'on n'arrête pas pour cela la végétation : c'est une expérience très-concluante de Duhamel, répétée encore récemment par M. Cotta.

Les recherches intéressantes de M. Mirbel (1) sur l'anatomie des végétaux éclaircissent une partie de ces faits ; il a trouvé tout ce que l'on nomme *vaisseaux* dans les plantes percé de trous latéraux : toutes les parties du végétal peuvent donc se communiquer librement leurs sucs. Ainsi, quoique la direction des vaisseaux de chaque partie ouvre à ces sucs une marche plus facile dans un certain sens, quoique les vaisseaux soient plus abondans vers l'axe où se fait la plus forte ascension, quoiqu'ils soient plus nombreux et plus ouverts dans les parties qui se développent plus vîte, comme les fleurs, il est clair aussi que les sucs peuvent se détourner plus ou moins quand ils sont arrêtés par quelque obstacle ; ou plutôt, à parler rigoureusement, il n'y a pas de vaisseaux dans le sens ordinaire de ce mot, c'est-à-dire, parfaitement clos, et qui ne communiqueroient

(1) Traité d'anatomie et de physiologie végétales, *Paris, 2 vol. in-8.°*, *an 10*, et plusieurs Mémoires dont les extraits sont imprimés dans les Annales du Muséum d'histoire naturelle. Comparez à ces ouvrages de M. Mirbel, ceux de MM. Link et Cotta, que nous venons de citer, celui de M. Treviranus, intitulé, *de la Structure des végétaux, Gott. 1806, in-8.°*, et celui de M. Rudolphi sur l'anatomie des plantes, *Berlin, 1807, in-8.°*, tous deux en allemand. *Voyez* enfin l'Exposition et Défense de la théorie de l'organisation végétale, de M. Mirbel, en françois et en allemand ; *la Haye, 1808, 1 vol. in-8.°*

Sciences physiques. **X**

que par des anastomoses : aussi ne sont-ils point divisés en branches et en rameaux , mais rassemblés en faisceaux parallèles.

Les végétaux, même les plus parfaits, ressembleroient donc , jusqu'à un certain point , aux animaux zoophytes.

Il y en a qui leur ressemblent plus exactement encore, en ce qu'ils n'ont pas même ces apparences de vaisseaux tracées dans leur cellulosité ; ce sont les algues et certains champignons. MM. Mirbel et Decandolle ont bien fait connoître cette extrême simplicité de leur structure.

Anatomie particulière des organes.

Animaux.

Comme il y a une recherche chimique particulière à faire sur les sécrétions de chaque organe , on peut faire aussi des recherches anatomiques sur les inflexions particulières qu'y prennent les vaisseaux, ou les autres élémens généraux du tissu organique ; en un mot, sur la structure propre de ces organes.

Cette anatomie spéciale des organes laissoit plus à faire dans les deux règnes que l'anatomie générale , et a fourni, dans la période actuelle, des découvertes plus nombreuses.

Le plus grand nombre appartient aux animaux. L'homme lui - même en a offert quoique l'on dût peu s'y attendre après trois siècles de recherches continues sur son anatomie.

M. Sœmmering (1) a eu le bonheur de trouver dans le centre de la rétine de l'œil une tache jaune, un pli saillant et un point transparent qui avoient échappé à ses prédécesseurs. On en ignore l'usage ; mais on sait déjà que les seuls quadrumanes parmi les animaux partagent avec l'homme cette singularité.

(1) *Voyez* ses excellentes figures de l'organe de la vue ; *Francfort, in-fol*

M. Prochaska (1) et M. Reil (2) ont réussi, par des dissections délicates et des macérations appropriées, à bien démontrer la structure des nerfs et l'homogénéité du système médullaire dans le corps entier, et à rendre très-vraisemblable la nature sécrétoire de toutes ses parties.

Le cerveau, qui avoit été examiné tant de fois, a montré encore, peu d'années avant la période actuelle, des particularités nouvelles à M. Malacarne (3) et à Vicq-d'Azir (4). Celui-ci en a donné une description plus-complète qu'aucun de ses prédécesseurs, ornée de planches magnifiques; mais la méthode des coupes, à laquelle il s'en est tenu, ne pouvoit lui donner autant de lumières que celle des développemens.

M. Gall (5) a porté très-loin cette dernière. En rappelant plusieurs observations éparses dans des auteurs anciens, et en y ajoutant les siennes, il a vu les fibres de la moelle alongée se croiser avant de former les éminences pyramidales; il les a suivies au travers du pont, des couches et des corps cannelés, jusque dans la voûte des hémisphères; il a montré que leurs faisceaux grossissent à chacun de ces passages, et que la partie médullaire dans laquelle ils se terminent, double l'enveloppe corticale du cerveau, se repliant comme elle et semblant suivre tous ses contours. Il a distingué les fibres qui sortent de cette substance médullaire pour donner naissance aux commissures, que cet

(1) *Opera minora;* Vienne, 1800, 2 vol. in-8.º

(2) *Exercitatio anatomica de structura nervorum;* Halle, 1796, 1 cah. in-fol.

(3) *Encephalotomia nuova universale;* Torino, 1780, in-8.º

(4) *Voyez* le grand Traité d'anatomie que la mort l'a empêché d'achever, et dont la partie terminée ne concerne que le cerveau et le cervelet de l'homme.

(5) Mémoire manuscrit présenté à l'Institut.

anatomiste appelle *nerfs convergens*. Plusieurs des nerfs que l'on regarde comme sortant immédiatement du cerveau, ont été suivis par lui jusque dans la moelle alongée, et il lui paroît vraisemblable qu'ils en sortent tous. Le cerveau proprement dit, ainsi que le cervelet, ne communiqueroient donc avec le reste du système que par leurs jambes; mais leurs deux moitiés communiquent entre elles par divers faisceaux transverses, tels que le pont de Varole pour le cervelet, le corps calleux, la voûte et la commissure antérieure pour le cerveau. M. Gall pense que chaque paire de nerfs a aussi une communication transversale entre ses deux portions, et il en montre dans plusieurs.

On a aujourd'hui, sur les diverses dégradations du système nerveux dans le règne animal, et sur leur correspondance avec les divers degrés d'intelligence, des notions aussi complètes que pour le système sanguin. MM. Monro (1), Camper (2), Vicq-d'Azir (3), Sœmmering (4) et Cuvier (5), y ont successivement travaillé : ce dernier en a fait un tableau général.

M. Cuvier, en disséquant deux éléphans, est parvenu à rendre plus sensible la nature veineuse du corps caverneux de la verge ; ce qui ajoute quelque lumière à la théorie de l'érection.

Ces grands animaux lui ont bien fait connoître aussi

(1) Dans son Traité du système nerveux, en anglois ; *Édimb. 1783, 1 vol. in-fol.*

(2) Dans plusieurs observations éparses dans ses ouvrages.

(3) Dans les Mémoires de l'Académie des sciences, *1786.*

(4) Dans son Traité *de Basi encephali ;* Gott. 1778, in-4.º *Voy.* aussi une dissertation de M. Ebel, intitulée, *Observat. nevrolog. ex anat. compar. ;* Francfort-sur-l'Oder, in-8.º

(5) Dans ses Leçons d'anatomie comparée, *tome II.*

les organes qui versent l'humeur synoviale dans les articulations, sur la nature desque s on n'étoit point d'accord.

M. Home (1) a découvert un petit lobe de la glande prostate, qui avoit échappé avant lui à tous les anatomistes.

On s'étoit beaucoup occupé du labyrinthe osseux de l'oreille ; mais on avoit négligé le labyrinthe membraneux qui le remplit. M. Scarpa (2) et Comparetti (3) ont rappelé l'attention sur cette partie essentielle ; c'est également l'anatomie comparée qui les y a conduits.

Les nerfs des viscères avoient été admirablement décrits en 1783 par M. Walther, de Berlin (4). M. Scarpa, de Pavie, a fait, en 1794, un travail de la même patience sur ceux de la poitrine, et en particulier sur ceux du cœur, qu'il a suivis jusque dans la substance de toutes les parties de cet organe (5).

Bichat a donné à l'anatomie un grand intérêt, par l'opposition de structure et de forme qu'il a développée, entre les organes de la vie animale, c'est-à-dire, du sentiment et du mouvement, et ceux de la vie purement végétative (6).

(1) Transactions philosophiques.

(2) *Anatomicæ disquisitiones de auditu et olfactu ;* Paris, 1789, 1 vol. in-fol.

(3) *Observationes anatomicæ de aure interna ;* Pad. 1789, 1 vol. in-4.º

(4) *Tabulæ nervorum thoracis et abdominis ;* Berlin, 1783, 1 vol. in-fol.

(5) *Tabulæ nevrologicæ ;* Pavie, 1794, format d'atlas.

N. B. Les planches de ces ouvrages névrologiques et de plusieurs autres, tels que ceux des élèves de Haller, de MM. Neubauer, Bœhmer, Schmidt, Fischer, Andersch, &c. sont rassemblées avec beaucoup de soin dans la grande collection de planches anatomiques de M. Loder, *Weimar, 1794, 2 vol. in-fol.*, le meilleur recueil de ce genre qui existe. La plupart des bonnes dissertations névrologiques ont aussi été recueillies dans les *Scriptores nevrologici minores* de Ludwig, Leipz. 1793 et 1794, 4 vol. in-4.º

(6) Mémoires de la Société médicale d'émulation, *tome I.*ᵉʳ

Les premiers seuls sont symétriques. Cette différence s'étend même jusqu'aux nerfs, dont il semble qu'il y ait deux systèmes. M. Reil (1) a aussi présenté, d'une manière ingénieuse, les différences de forme de ces deux systèmes, et la nature de leur union, qui, dans l'état ordinaire, les fait paroître entièrement séparés, et, dans les passions ou les maladies, établit une influence plus ou moins funeste de l'un sur l'autre.

L'attention particulière donnée par Bichat au tissu et aux fonctions des diverses membranes, et l'analogie qu'il a établie entre celles de parties très-éloignées, ont jeté aussi des lumières nouvelles sur l'anatomie, principalement dans ses rapports avec la médecine (2).

M. Chaussier a rendu un service important à l'enseignement de toute cette science, en cherchant à lui donner une nomenclature méthodique, prise de la position et des attaches des parties (3). L'application qu'il vient d'en faire au cerveau, est appuyée d'une bonne description de ce viscère (4).

(1) Archives physiologiques.

(2) Traité des membranes; *Paris, an 8, 1 vol. in-8.º*

(3) Exposition sommaire des muscles; *Dijon, 1789, 1 vol. in-8.º*

MM. Duméril et Dumas ont aussi publié des essais de nomenclature anatomique. Celle de M. Duméril est sur-tout remarquable par les terminaisons caractéristiques qu'il donne aux noms de chaque genre d'organes.

(4) Exposition sommaire de la structure et des différentes parties de l'encéphale; *Paris, 1808, 1 vol. in-8.ª*

Les ouvrages les plus récens où l'anatomie humaine soit exposée dans tout son ensemble, sont, celui de M. Sœmmering, en allemand et en latin, remarquable par son élégance, son érudition, et l'étendue de ses vues physiologiques; celui de M. Boyer, en françois, où toutes les parties sont décrites avec beaucoup de détails et d'exactitude; et l'*Anatomie générale et descriptive* de Bichat, ouvrage écrit un peu à la hâte, mais plein d'idées originales.

Il y a aussi plusieurs observations intéressantes sur les détails de l'anatomie végétale (1).

Les petites ouvertures de l'écorce, découvertes par Saussure le père, ont été examinées dans toutes les familles par M. Decandolle : on les observe aux parties vertes dans les plantes qui ne vivent point sous l'eau ; celles des cryptogames qui n'ont point de vaisseaux, manquent aussi de pores corticaux ; les plantes grasses en ont moins que les autres ; les feuilles des arbres les ont sur-tout en dessous. Ces pores s'ouvrent et se ferment dans des circonstances déterminées, et paroissent jouer un grand rôle dans l'économie végétale ; il est probable qu'ils servent alternativement à exhaler et à absorber.

Les tubes qu'on observe dans presque toutes les plantes, formés d'un fil spiral et ressemblant en cela aux trachées qui servent à la respiration des insectes, avoient aussi reçu ce nom de *trachées*, et on leur a long-temps attribué l'emploi de porter l'air dans l'intérieur du végétal. Il est prouvé aujourd'hui, par les expériences de Reichel et par les observations de Link, de Rudolphi et de plusieurs autres botanistes, qu'ils conduisent la sève, en la prenant et la rendant au tissu cellulaire qui les entoure, et qui la transmet comme eux, mais plus lentement.

M. Mirbel a distingué des trachées parfaitement en spirale, les fausses trachées qui n'ont que des fentes transversales non continues et les tubes simplement poreux :

(1) *Voyez*, sur toutes ces questions, les ouvrages cités plus haut de MM. Mirbel, Link, Treviranus, Rudolphi ; *voyez* aussi les Principes de botanique placés en tête de la nouvelle édition de la Flore Françoise par M. Decandolle.

mais en même temps il a fait voir que ces différens vaisseaux ont les mêmes fonctions, et que souvent un seul
et même tube a ces diverses structures en différentes parties de sa longueur; il paroît même qu'ils se changent les
uns dans les autres.

Vaisseaux propres. Beaucoup de plantes produisent des sucs colorés ou
autrement caractérisés, appelés *sucs propres*, que quelques
botanistes ont regardés comme des analogues du sang, et
par conséquent comme les véritables fluides nourriciers,
considérant seulement la sève comme l'analogue du chyle
non encore préparé : on supposoit que les vaisseaux qui
les contiennent s'étendent régulièrement d'une extrémité
du végétal à l'autre, et on leur attribuoit dans ces vaisseaux
une marche descendante.

MM. Treviranus et Link ont trouvé que ces sucs ré-
sident dans de simples cellules ; et ils ont confirmé par-là
l'opinion contraire à la précédente, qui en fait des liqueurs
particulières produites par sécrétion, et par conséquent
extraites du suc nourricier, mais ne le constituant pas.
Ces cellules ne sont même pas toujours remplies ni visibles
à tous les âges de certaines plantes.

Moelle. La moelle, ou cette cellulosité lâche qu'on observe dans
l'axe de beaucoup de plantes, avoit été comparée à la
moelle des os ou à celle de l'épine. Linneus lui faisoit
jouer un grand rôle dans le développement du végétal.
On sait aujourd'hui, par les recherches de Medicus, et
plus récemment par celles de M. Mirbel, que c'est un simple
tissu cellulaire dilaté, et formant ce que ce dernier botaniste nomme des *lacunes*, ordinairement remplies d'air.
M. du Petit-Thouars l'a considérée comme le réservoir

de

de la nourriture des bourgeons (1); mais il pense aussi qu'après l'éruption des feuilles elle n'a plus de fonction à remplir.

La structure de la fleur a encore été l'objet des recherches de M. Mirbel: il a montré comment les vaisseaux passent du pédicule dans les différentes enveloppes et jusqu'au placenta, c'est-à-dire, aux petites attaches des graines.

M. Turpin (2) a cru reconnoître la voie par laquelle la fécondation des graines s'exécute. C'est un petit canal qui descend du pistil et pénètre jusqu'à la graine; il le nomme *micropyle*. Nissole avoit anciennement avancé cette opinion; mais on l'avoit entièrement oubliée.

L'anatomie particulière de la graine a été faite avec beaucoup de soin, et presque en même temps, par feu Gærtner (3) et par M. de Jussieu (4); ils ont sur-tout appelé l'attention sur un corps que le premier nomme *albumen*, et le second, *périsperme*, et qui se trouve dans beaucoup de graines indépendamment des enveloppes ordinaires et des parties connues du germe. Sa nature varie beaucoup; c'est lui, par exemple, qui est farineux

---

(1) Dans une suite de Mémoires qui vont bientôt paroître, et où l'auteur établit un nouveau système sur la végétation. Son idée principale consiste à regarder les fibres ligneuses de chaque couche comme les racines des bourgeons : selon lui, à mesure que le bourgeon se développe, ses racines descendent et enveloppent le tronc d'une nouvelle couche de bois.

(2) Annales du Muséum d'histoire naturelle.

(3) *Voyez* la Carpologie de Gærtner, ouvrage éminemment classique, *2 vol. in-4.°*, que le fils de ce grand observateur continue avec zèle.

(4) Dans son *Genera plantarum;* Paris, 1789, 1 vol. in-8.°

Depuis la présentation de ce Rapport, M. Richard a publié, sur la structure du fruit, un petit ouvrage où il y a des vues intéressantes; Analyse du fruit, *Paris, 1802, 1 vol. in-12.*

dans les céréales, corné dans les rubiacées, et sur-tout dans le café, charnu dans les ombellifères, &c. : mais on n'a sur son usage que des idées incertaines.

Gærtner distinguoit encore une petite partie qu'il nommoit *vitellus*, mais qui n'est, selon M. Correa, qu'un appendice dilaté de la radicule.

Partie phy-siologique.

Physiologie générale.

Il nous reste à traiter de la partie dynamique du grand problème de la vie, ou des forces qui produisent les mouvemens nombreux dont nous avons dit qu'elle se compose. C'est, en effet, s'en faire une idée fausse, que de la considérer comme un simple lien qui retiendroit ensemble les élémens du corps vivant, tandis qu'elle est, au contraire, un ressort qui les meut et les transporte sans cesse : ces élémens ne conservent pas un instant les mêmes rapports et les mêmes connexions, ou, en d'autres termes, le corps vivant ne garde pas un instant le même état ni la même composition ; plus sa vie est active, plus ses échanges et ses métamorphoses sont continuels ; et le moment indivisible de repos absolu, que l'on appelle *la mort complète*, n'est que le précurseur des mouvemens nouveaux de la putréfaction.

C'est ici que commence l'emploi raisonnable du terme de *forces vitales* : pour peu que l'on étudie en effet les corps vivans, on ne tarde point à s'apercevoir que leurs mouvemens ne sont pas tous produits par des chocs ou des tiraillemens mécaniques, et qu'il faut qu'il y ait en eux une source constante productrice de force et de mouvement.

Animaux.

L'exemple le plus évident est celui des mouvemens volontaires des animaux : chaque ordre, chaque caprice de leur volonté, produit à l'instant dans leurs muscles une contraction que le calcul prouve être infiniment supérieure à tous les agens mécaniques imaginables.

La chimie moderne nous montre, à la vérité, beaucoup d'exemples de mouvemens spontanés très-violens dans les dégagemens de chaleur ou de fluides élastiques qui résultent du jeu des affinités ; mais tous les efforts des physiologistes n'ont point encore réussi à faire de cet ordre de phénomènes une application positive aux contractions de la fibre. Si, comme on est presque obligé de le penser, l'entrée ou le départ de quelque agent l'occasionne, il faut que cet agent soit non-seulement impondérable, mais encore entièrement insaisissable pour nos instrumens et imperceptible pour nos sens. L'espoir que pouvoient donner à cet égard les expériences galvaniques, s'est évanoui, depuis qu'on n'a vu dans l'électricité qu'un agent d'irritation extérieur.

On peut donc légitimement considérer l'irritabilité musculaire comme un fait jusqu'à présent inexplicable, ou qui ne se laisse réduire encore ni à l'impulsion ordinaire ni même à l'attraction moléculaire, si ce n'est d'une manière vague et générale.

On peut donc aussi adopter ce fait comme principe, et l'employer en cette qualité pour l'explication des effets de détail qui en dérivent.

C'est ce que l'on a fait ; et l'on n'a point tardé à reconnoître que cette irritabilité de la fibre produit non-seulement les mouvemens extérieurs et volontaires, mais qu'elle est encore le principe de tous les mouvemens intérieurs qui appartiennent à la vie végétative et sur lesquels la volonté n'a point d'empire., des contractions des intestins, de celles du cœur et des artères, véritables agens de tout le tourbillon vital ; elle s'étend même visiblement à une foule de vaisseaux et d'organes, où l'on ne peut apercevoir de fibres charnues proprement dites : la matrice en est un exemple très-frappant ; et les artères, les vaisseaux lymphatiques, les vaisseaux sécrétoires, des exemples tres-probables.

Il est cependant resté long-temps des doutes et des dissensions sur la nature de ces contractions intérieures. Une école célèbre vouloit y faire intervenir cette autre faculté animale que l'on appelle *la sensibilité,* et persistoit à défendre ce que Stahl nommoit *le pouvoir de l'ame* sur les mouvemens communément pris pour involontaires.

On ose croire que ces oppositions peuvent être conciliées par l'union intime de la substance nerveuse avec la fibre et les autres élémens organiques contractiles, et par leur action réciproque, présentées avec tant de vraisemblance par les physiologistes de l'école Écossoise , mais qui ne sont guère sorties de la classe des hypothèses que par les observations de la période actuelle.

Ce n'est point par elle seule que la fibre se contracte, mais par l'influence des filets nerveux qui s'y unissent toujours. Le changement qui produit la contraction, ne peut avoir lieu sans le concours des deux substances ; et il faut encore qu'il soit occasionné chaque fois par une cause extérieure, par un stimulant.

La volonté est un de ces stimulans qui a ce caractère particulier, que son conducteur est le nerf, et que c'est du cerveau qu'elle vient, du moins dans les animaux d'ordre supérieur : mais elle excite l'irritabilité à la manière des agens extérieurs, et sans la constituer ; car, dans les paralytiques par apoplexie, l'irritabilité se conserve, quoique la volonté n'ait plus d'empire (1).

Ainsi l'irritabilité dépend bien en partie du nerf, sans dépendre pour cela de la sensibilité : cette dernière propriété, plus admirable et plus occulte encore, s'il est possible, que l'irritabilité, ne fait qu'une petite partie des fonctions du système nerveux ; et c'est par un abus de mots, qu'on en étend la dénomination aux fonctions de ce système, qui ne sont point accompagnées de perception.

L'uniformité de structure et la nature sécrétoire de toutes les parties médullaires ou nerveuses, présumées en quelque sorte par M. Platner (2), qui en faisoit un emploi ingénieux pour défendre le système de Stahl, et maintenant, à ce qu'il semble, directement prouvées par les observations anatomiques de MM. Prochaska et Reil (3), achèvent de faire concevoir le jeu des forces du corps vivant, sans obliger d'attribuer, comme Stahl, à l'ame raisonnable les mouvemens involontaires. Il n'y a qu'à se représenter que toutes ces parties produisent l'agent nerveux, qu'elles en sont les seuls conducteurs ; c'est-à-dire, qu'il ne peut être transmis que par elles seules, et qu'il est altéré ou consommé dans ses divers emplois. Alors tout paroît simple :

(1) M. Nysten l'a montré encore récemment par des expériences.

(2) Nouvelle Anthropologie à l'usage des médecins et des philo-sophes, en allemand ; *Leipzig, 1790, in-8.°*

(3) *Voyez* les ouvrages anatomiques cités plus haut.

une portion de muscle conserve quelque temps son irritabilité, à cause de la portion de nerf qu'on arrache toujours
avec elle. La sensibilité et l'irritabilité s'épuisent réciproquement par trop d'exercice, parce qu'elles consomment
ou altèrent le même agent. Tous les mouvemens intérieurs
de digestion, de sécrétion, d'excrétion, participent à cet
épuisement, ou peuvent l'amener. Toute excitation locale
sur les nerfs amène plus de sang, en augmentant l'irritabilité des artères; et l'afflux du sang augmente la sensibilité locale, en augmentant la production de l'agent nerveux. De là les plaisirs des titillations, les douleurs des
inflammations. Les sécrétions particulières augmentent
de même et par les mêmes causes ; et l'imagination exerce
(toujours par le moyen des nerfs) sur les fibres intérieures
artérielles ou autres, et par elles sur les sécrétions, une
action analogue à celle de la volonté sur les muscles du
mouvement volontaire. L'excitation locale, portée quelquefois à son comble dans les blessures ou dans certaines
maladies, et semblant attirer violemment à son foyer
toutes les forces de la vie, épuise le corps entier : de là
ces prétendus efforts de l'ame pour repousser une attaque
funeste. Comme chaque sens extérieur est exclusivement
disposé pour se laisser pénétrer seulement par les substances qu'il doit percevoir, de même chaque organe intérieur, sécrétoire ou autre, est aussi plus excitable par tel
agent que par tel autre : de là ce qu'on a voulu appeler
sensibilité ou *vie propre des organes*, et l'influence des
spécifiques qui, introduits dans la circulation générale,
n'affectent cependant que certaines parties. Enfin, si l'agent
nerveux ne peut devenir sensible pour nous, c'est que toute

sensation exige qu'il soit altéré d'une manière ou d'une autre, et qu'il ne peut pas s'altérer lui-même.

Telle est l'idée sommaire que l'on peut, à ce qu'il nous semble, se faire aujourd'hui du jeu mutuel et général des forces vitales dans les animaux ; mais il seroit difficile d'assigner avec précision ce que l'on doit à chaque physiologiste en particulier dans ces éclaircissemens de la plus difficile de toutes les sciences.

Reconnoissant le vide des hypothèses tirées d'une mécanique et d'une chimie imparfaites, qui avoient régné pendant le XVII.ᵉ siècle, Stahl se jeta dans une extrémité opposée, en exagérant les idées de Van-Helmont, et en attribuant, non plus à un principe spécial nommé *archée* ou *ame végétative*, mais à l'ame raisonnable, toutes les actions vitales, même celles dont elle s'aperçoit le moins.

Son ingénieux rival, Frédéric Hofman, commença, à-peu-près vers le même temps, à donner la première indication de la route intermédiaire que l'on suit aujourd'hui, en cherchant à distinguer les facultés propres de chaque élément organique.

L'immortel Haller procéda plus rigoureusement à l'analyse de ces facultés; mais, trop occupé de cette irritabilité de la fibre, dont il détermina le premier les vrais caractères, il n'accorda point assez à l'influence nerveuse, sur laquelle ses sentimens approchèrent peut-être moins du vrai que ceux d'Hofman.

Il eut beaucoup d'antagonistes, dont les uns se bornèrent à combattre ses expériences, et les autres prétendirent établir des systèmes nouveaux. En France sur-tout, les idées de Stahl, adoptées par Sauvages, modifiées par

Bordeu, par la Case, furent reproduites par Barthez (1) sous une forme et avec des termes nouveaux qui les rapprochoient davantage de celles de Van-Helmont : mais, outre l'espèce de contradiction et l'obscurité métaphysique où devoit nécessairement entraîner une prétendue sensibilité locale sans perception, admise dans les organes particuliers par tous ces médecins, et défendue jusqu'à nos jours par quelques-uns, on peut reprocher à plusieurs d'entre eux d'avoir abusé de ce qu'ils appeloient *principe vital*, en employant cet être occulte d'une manière vague, pour lui attribuer, sans autre développement, tous les phénomènes difficiles à expliquer.

Cullen, Macbride, Gregory, en Écosse, Grimaud en France, prirent une route plus heureuse, et rendirent aux nerfs leur véritable rôle, en le limitant avec précision.

La théorie de l'excitation, si renommée dans ces derniers temps par son influence sur la pathologie et sur la thérapeutique, n'est au fond qu'une modification du système Écossois, dans laquelle, comprenant sous un nom commun la sensibilité et l'irritabilité, on se retranche dans une abstraction telle, que, si l'on simplifie la médecine, on semble anéantir toute physiologie positive.

Il a fallu que les découvertes de la chimie sur les agens impondérables et sur leur action physique, souvent si prodigieuse, vinssent se joindre à celles de l'anatomie sur la structure uniforme du système nerveux, et sur ses dégradations dans l'échelle des animaux, pour faire concevoir la possibilité de revenir à un classement plus

(1) Nouveaux Élémens de la science de l'homme, *2.ᵉ édit. de 1806, 2 vol. in-8.°*

particulier

particulier des phénomènes vitaux, et pour rendre à l'analyse des forces propres à chaque élément organique, si bien commencée par Haller, le crédit et l'activité d'où dépend, selon nous, le sort de la physiologie.

Il nous paroît donc que les véritables progrès que cette science a faits dans ces derniers temps, sont dus à ceux qui ont combiné, avec la théorie de l'action nerveuse, les découvertes modernes de l'anatomie et de la chimie. C'est ainsi que Prochaska, Sœmmering, Reil, Kielmeyer, Autenrieth, en Allemagne; Bichat, en France (pour ne point parler des physiologistes vivans de ce pays, et n'être point obligé d'assigner les rangs entre nos maîtres, nos confrères et nos amis); Fontana, Moscati, Spallanzani, en Italie; Hunter, Home, Carlisle, Cruikshank, en Angleterre, ont, de notre temps, développé des idées ou publié des expériences qui resteront toujours comme élémens essentiels de la physiologie générale des animaux, et qu'une foule d'autres hommes de mérite ont enrichi la physiologie particulière des organes ou des diverses espèces.

Plusieurs ouvrages élémentaires et généraux exposent, avec plus ou moins d'étendue, l'état actuel de la science; nous distinguerons, parmi ceux qu'a vus naître la période dont nous traçons l'histoire, en France, ceux de MM. Dumas (1) et Richerand (2), et en Allemagne, celui de M. Autenrieth (3), et celui de M. Walther, de Landshuth, qui se distingue par un emploi fréquent de l'anatomie comparée,

(1) Principes de physiologie, 1.re édition; Paris, 4 vol. in-8.º; 2.e édition, ibid. 1806.

(2) Nouv. Élém. de physiol. 2 vol. in-8.º; la 4.e édition est de 1807.

(3) Manuel de physiologie humaine expérimentale, en allemand; 3 vol. in-8.º, tab. 1801-1802.

mais qui se livre un peu trop à la marche vague et conjecturale, aujourd'hui si en vogue dans son pays.

C'est, en effet, ici, que l'on nous demandera compte des nouveaux systèmes de physiologie qu'a produits en Allemagne cette métaphysique appelée *philosophie de la nature,* dont nous avons déjà dit quelques mots en général ; mais nous avouerons que, malgré l'étude que nous avons faite de cette manière de philosopher, nous avons encore peine à croire que nous l'ayons bien saisie, et que nous soyons en état d'en donner une idée juste, tant elle nous paroît contradictoire avec le mérite et l'esprit de plusieurs de ceux qui l'emploient.

Partant de ces anciennes spéculations métaphysiques, où tantôt les phénomènes sont considérés comme de simples modifications du moi, tantôt les êtres existans sont regardés comme des émanations de la substance suprême, tantôt enfin l'univers entier est censé l'être unique dont tous les autres êtres ne sont que des manifestations ; portant ces spéculations à un degré d'abstraction tel, que la grande et simple unité, seule existante par elle-même, ne produit (comme ils disent) les autres existences qu'en se différenciant en qualités opposées, qui s'anéantissent réciproquement, d'où il résulte que l'existence suprême ne seroit rien au fond ; les partisans de cette méthode ont cherché à redescendre de leurs conceptions abstraites aux faits positifs, pour les en déduire rationnellement ; et, comme on le devine aisément, c'est sur les parties les plus obscures des sciences naturelles qu'ils ont dû le plus s'exercer.

Aussi est-ce principalement en physiologie et en médecine que cette sorte de philosophie s'est introduite,

cherchant sur-tout à faire considérer les organisations partielles comme des membres du grand tout, de la grande
organisation, et à les soumettre aux lois imaginées pour
celle-ci : mais ce projet imposant ne s'est exécuté jusqu'à
présent qu'en passant continuellement et brusquement,
sans règle fixe, de la métaphysique à la physique ; qu'en
appliquant sans cesse un terme moral à un phénomène
physique, et réciproquement ; qu'en employant des méta-
phores au lieu d'argumens : en un mot, cette méthode,
qui d'ailleurs n'a fait découvrir jusqu'à présent aucun fait
nouveau auquel on n'ait pu arriver aussi par la marche
ordinaire, est telle, que l'on a peine à concevoir la fortune qu'elle a faite dans un pays renommé par sa raison
et par sa logique, et comment elle y a trouvé des partisans parmi des hommes d'un talent réel, et dont les
expériences ont d'ailleurs enrichi les sciences de faits précieux, que nous avons cherché à recueillir dans ce Rapport, aux endroits où il convenoit de les placer (1).

(1) Les Archives physiologiques de
MM. Reil et Autenrieth (*Halle en
Saxe*, en allemand), dont il a paru
sept volumes *in-8.º* depuis 1796,
sont le recueil le plus intéressant des
mémoires, dissertations et autres
ouvrages relatifs à la physiologie,
sans acception de système. Mais pour
connoître la marche ou plutôt les
marches divergentes et souvent très-
opposées de la physiologie, dans
l'école appelée *de la philosophie de
la nature*, il faut lire d'abord l'écrit
sur *l'Ame du monde*, 1798 ; le premier *Essai d'un système de philosophie
de la nature*, par M. Schelling, *Iéna*
et *Leipzig*, *1799*, *in-8.º* ; et suivre
ensuite les applications de cette doctrine, faites, soit par l'auteur lui-
même dans divers autres écrits, dans
son Journal pour la physique spécu-
lative, et dans celui qu'il donne avec
M. Marcus, sous le titre d'*Annales
de la médecine*, soit par ceux qui ont
plus ou moins adopté ses principes,
quoiqu'il soit loin de les avouer tous
comme ses élèves. Les Physiologies
de MM. Dömling et Treviranus, les
Idées sur la pathogénie et sur la théorie de l'excitation, par M. Röschlaub, appartiennent plus ou moins à
ce système. On peut compter parmi les

ɔ Pour la physiologie comme pour l'anatomie, les végé-taux sont enveloppés de plus d'obscurité que les animaux. Les nerfs et la sensibilité leur manquent ; mais n'ont-ils point quelque force contractile plus ou moins analogue à l'irritabilité ?

Long-temps on a cru le mouvement de leurs fluides suffi-samment expliqué par la succion capillaire de leurs racines et de leur tissu, par l'humidité du sol où s'enfonce leur partie inférieure, et par l'évaporation plus ou moins forte qui se fait à la grande surface de leur cime, au moins pen-dant le jour ; et il est certain que leurs vaisseaux peuvent transmettre dans tous les sens les liquides qu'ils con-tiennent, qu'on peut retourner un arbre et faire donner des bourgeons à ses racines et du chevelu à ses branches, &c. Cependant on a objecté que la sève monte avec plus de force au printemps, lorsque les feuilles n'ont pas encore épanoui leur surface ; qu'elle monte et jaillit encore en abondance d'une tige dont on a coupé la cime, ainsi que l'a fait remarquer M. Brugmans (1) ; que les pleurs de la vigne sont un phénomène du même genre où ni la succion ni l'évaporation ne peuvent avoir part. M. Van-Marum a même fait voir que l'électricité arrête les ascensions de sève, comme elle détruit l'irritabilité animale.

plus récens de ses sectateurs, et parmi ceux qui ont mis la hardiesse la plus extraordinaire dans leurs concep-tions, M. Steffens, dans son Histoire naturelle intérieure de la terre, et dans son Esquisse d'une physique philosophique ; M. Oken, dans sa Biologie, dans ses Matériaux pour la zoologie, l'anatomie et la physio-logie comparées, et dans quelques autres petits écrits, tels que celui qui porte pour titre, *l'Univers con-tinuation du système sensitif ;* Iéna, 1808.

(1) Brugmans et Vitringa-Coulomb, *De mutata humorum indole in regno organico, à vi vitali vasorum deri-vanda ;* Leyde, 1789, in-8.°

Tout rend donc vraisemblable qu'il existe aussi dans le tissu végétal une force particulière employée à en faire mouvoir les sucs, et que l'on peut croire produite par le développement de quelque agent impondérable : mais elle doit être foible ; les exemples évidens en paroissent rares, et sa nature et son siége sont également inconnus ; peut-être même n'a-t-elle point de tendance fixe vers un point plutôt que vers un autre, et la position du végétal rompt-elle seule l'équilibre.

Cette détermination des forces générales propres aux corps vivans, de leurs rapports mutuels, de ce qui les entretient ou les affoiblit, constitue la physiologie générale : leur application à chaque fonction, au moyen de la structure découverte par l'anatomie dans chaque organe, est l'objet de la physiologie particulière.

Ici encore l'époque actuelle a été assez féconde.

La respiration se présente à nous la première comme la plus importante des fonctions : le changement chimique qui en fait l'essence, a été exposé ci-dessus ; le sang s'y décarbonise, et y prend de la chaleur et une couleur vermeille.

La quantité de l'air inspiré, celle de l'oxigène consommé, celle de l'acide carbonique et de l'eau produits, ont été l'objet des recherches longues et pénibles de MM. Menziez (1), Seguin (2) et autres médecins et chimistes : l'action de l'oxigène sur du sang, même au travers du tissu membraneux d'une vessie, a été vérifiée par M. Hassenfratz (3).

On doutoit du lieu précis où ce changement s'opère. Des expériences très-ingénieuses de Bichat ont prouvé

Physiologie particulière des diverses fonctions.

Animaux.

Respiration.

(1) Annales de chimie, *t. VIII,* p. 211.

(2) Ibid. *t. XX, p. 225.*
(3) Ibid. *t. IX, p. 261.*

que c'est au passage même des artères dans les veines pulmonaires et d'une manière subite que le sang devient rouge (1).

On disputoit sur les effets immédiats de ce changement et sur la cause de la mort par asphyxie : les expériences de Godwin (2) ont eu pour objet de montrer que le sang a besoin d'avoir respiré pour exciter les contractions du cœur. Des expériences analogues de M. Nysten ont fait voir que des différens gaz que l'on peut injecter dans le cœur, l'oxigène est celui qui en stimule le plus puissamment les contractions : l'hydrogène sulfuré, après les avoir excitées d'abord mécaniquement, les anéantit bientôt. Mais cet effet de la respiration sur le cœur n'est qu'un cas particulier d'une loi générale. Des expériences nombreuses, dont la plupart sont encore de Bichat, ont appris que c'est la respiration qui donne essentiellement au sang le pouvoir d'entretenir par-tout la force musculaire, et par conséquent l'énergie des mouvemens volontaires, et de tout le jeu intérieur de la circulation et des sécrétions : mais Bichat pense que c'est par l'intermède du cerveau et du système nerveux que le sang exerce ce pouvoir sur la fibre.

La qualité délétère des gaz différens de l'oxigène ou de l'air commun a été en quelque sorte mesurée et comparée par des expériences faites à l'école de médecine de Paris, et auxquelles MM. Chaussier, Thenard et Dupuytren

(1) *Voyez* l'Anatomie générale de Bichat, *Paris, an 10-1801, 4 vol. in-8.°;* et son ingénieux Traité de la vie et de la mort, *Paris, an 8, 1 vol. in-8.°*

(2) La Connexion de la vie avec la respiration, en anglois, traduit par M. Hallé; *Londres, 1789.*

ont principalement contribué. Le gaz hydrogène sulfuré est le plus pernicieux de tous, soit quant à l'étendue du mal, soit quant à sa promptitude, soit quant à la difficulté d'y remédier ; l'hydrogène carboné vient après, ensuite l'acide carbonique : ils agissent tous les trois comme vrais poisons, et non pas seulement parce qu'ils ne contiennent point d'oxigène libre. L'azote et l'hydrogène pur, au contraire, n'ont qu'un effet négatif; ils se bornent à ne point fournir au sang le principe que l'oxigène seul peut lui donner.

Ces premiers gaz ont aussi un effet funeste, quand on les introduit dans le corps par l'absorption cutanée, les plaies ou les premières voies; M. Chaussier s'en est assuré par des expériences très-bien faites. Les expériences de M. Nysten sur le cœur, dont nous venons de parler, rentrent dans la règle générale établie par celles-ci.

Le concours des nerfs qui se distribuent dans le poumon et qui animent son tissu, et particulièrement ses artères, est nécessaire pour que l'air exerce toute son action sur le sang au travers des tuniques de ces vaisseaux. M. Dupuytren l'a prouvé en coupant les nerfs de la huitième paire dans des chevaux et dans des chiens : le diaphragme et les côtes avoient beau continuer leur jeu, le sang restoit noir.

La chaleur animale, l'un des plus importans résultats de la respiration, est à-peu-près constante pour chaque espèce et même pour chaque classe, et se maintient malgré le froid extérieur, comme il étoit naturel de l'attendre, puisque sa source est constamment active ; mais un phénomène plus singulier, c'est qu'elle se maintient pendant quelque temps même dans un milieu beaucoup plus chaud, comme si la respiration devenoit alors subitement capable de produire du froid. Cette conclusion, qui sembloit résulter des expériences de Fordice, de Crawford, &c. a été soumise à un nouvel examen par deux jeunes médecins, MM. Delaroche et Berger (1). Ils ont rendu très-vraisemblable que l'augmentation de transpiration et d'évaporation, jointe à la qualité peu conductrice du corps vivant pour la chaleur, est ce qui le met en état de résister ainsi pendant quelque temps aux causes extérieures d'échauffement.

Au reste, il ne faut pas voir seulement dans la transpiration une évaporation d'humidité ; elle est aussi, à d'autres égards, une fonction analogue à la respiration, et qui enlève le carbone du corps, en le combinant à l'oxigène de l'atmosphère. Ainsi la peau toute entière respire jusqu'à un certain point, et rentre par conséquent sous la loi générale de toutes les parties vivantes où l'air peut parvenir ; loi que nous avons exposée ci-dessus, d'après Spallanzani.

M. Cruikshank (2) l'avoit annoncé dès 1779. MM. Lavoisier et Seguin l'ont montré plus rigoureusement par des expériences pénibles et ingénieuses : chacun sait comment un crime à jamais déplorable les a interrompues.

Digestion. La digestion, ou cette première préparation des alimens pour les rendre propres à fournir du chyle, n'avoit guère commencé à être bien étudiée que par Réaumur.

---

(1) Expériences sur les effets qu'une forte chaleur produit dans l'économie animale ; *Paris, 1806, in-4.°*

(2) Expériences sur la transpiration insensible, pour montrer son affinité avec la respiration, en anglois ; *Londres, 1779-1795.*

Spallanzani

Spallanzani a développé les expériences de cet ingénieux physicien, et a donné au suc gastrique beaucoup de célébrité (1). Toutes les substances alimentaires se dissolvent dans ce singulier liquide; et les divers appareils de trituration que l'on remarque dans les estomacs de plusieurs animaux, ne lui servent que d'auxiliaire, en suppléant à une mastication-imparfaite. Les alimens, ainsi réduits en une bouillie homogène, passent dans l'intestin où la bile paroît opérer une précipitation de la matière excrémentielle, et en séparer le chyle propre à être absorbé. Outre cet emploi de la bile, M. Fourcroy a montré qu'étant formée d'une grande partie des principes combustibles du sang, elle donne lieu de considérer, sous ce rapport, le foie comme un véritable auxiliaire du poumon.

La rate est de tous les viscères abdominaux celui dont les fonctions paroissent les plus obscures, et donnent encore lieu à plus de recherches et de suppositions. On ne lui a vu long-temps d'autre emploi que de fournir au foie le sang qu'elle reçoit, et qu'elle prépare pour augmenter la matière d'où doit sortir la bile. M. Moreschi, de Pavie (2), dans un ouvrage plein d'observations exactes d'anatomie comparée, a cherché à montrer que la rate a des rapports plus immédiats avec les fonctions de l'estomac; que son volume est proportionné à la force digestive de divers animaux; et que c'est probablement parce que la compression de la rate, quand l'estomac est plein, fait refluer vers ce dernier viscère une partie du

(1) Expériences sur la digestion, trad. par Sennebier; *Genève, 1783.*

(2) *Del vero e primario uso della milza;* Milan, 1803.

Sciences physiques. A a

sang destiné au premier, et augmente ainsi la sécrétion du fluide gastrique.

Circulation. L'estimation mathématique des forces qui produisent la circulation, a beaucoup occupé autrefois les physiologistes. On a reconnu que c'est un problème insoluble dans l'état actuel des sciences : cependant on peut rechercher quels agens y ont part. Les fibres musculaires du cœur sont sans contredit le principal ; mais sont-elles aidées par celles des artères ? On l'a contesté : mais une foule de phéno-mènes le rendent vraisemblable, dans les animaux voisins de l'homme ; et cependant on en voit aussi où des artères entièrement inflexibles exigent que l'action du cœur s'étende immédiatement jusqu'aux plus petits rameaux du système circulatoire.

La nutrition proprement dite, ou le dépôt que le sang fait des molécules nouvelles pour accroître les solides ou pour les entretenir , a aussi été l'objet de grandes re-cherches.

M. Scarpa (1) s'est occupé de celle des os, sur laquelle on avoit diverses opinions depuis Malpighi, Gagliardi et Duhamel. Il a montré qu'on se faisoit des idées fausses de leur tissu, en se le représentant comme composé de lames et de fibres régulières ; mais qu'il est toujours cellulaire, et que ses parties les plus évidemment fibreuses sont tou-jours formées de fibres ramifiées et réticulaires : c'est en se déposant dans les cellules des cartilages, que le phos-phate de chaux donne ces apparences au tissu osseux.

L'accroissement des dents ne se fait pas de la même

_____

(1) *De penitiori ossium structura commentarius ;* Leips. 1799, in-4.º

manière que celui des os. John Hunter (1) a fait voir que leur substance intérieure est excrétée par couches de la surface de leur noyau pulpeux, sans conserver de connexion organique avec lui, et qu'en même temps leur émail est déposé sur elles en fibres perpendiculaires par la capsule membraneuse qui les revêt. Une troisième substance qui enveloppe l'émail dans certains animaux, est également déposée après l'émail et par la même membrane. Ce dernier point a été bien développé par M. Blake (2).

M. Cuvier (3) paroît avoir mis hors de doute tous ces phénomènes, en les vérifiant sur les énormes dents de l'éléphant, où il est très-aisé de les suivre. Aussi les dents peuvent-elles être entamées, usées, sans éprouver les mêmes accidens que les os; il faut même que celles des animaux herbivores le soient. M. Tenon (4), dans un grand et beau travail sur ce sujet, a montré jusqu'à quel point va cette détrition, et comment, à mesure qu'elle emporte la couronne de la dent, celle-ci s'alonge de nouveau du côté de sa racine, jusqu'à ce que, ce supplément venant à finir, elle s'use et tombe définitivement. Il a fixé avec une précision toute nouvelle les époques de l'éruption, de la chute et du remplacement de chaque dent dans plusieurs animaux, et fait connoître une multitude de changemens singuliers, que l'état variable des dents amène successivement dans l'organisation des mâchoires.

(1) Histoire naturelle des dents, en anglois; *1 vol. in-4.°*

(2) Essai sur la structure et la formation des dents dans l'homme et divers animaux, en anglois; par Robert Blake; *Dublin, 1801, 1 v. in-8.°*

(3) Annales du Muséum d'histoire naturelle, *t. VIII, p. 93.*

(4) Mémoires de l'Institut, Sciences mathématiques et physiques, *t. I.*

Les dents se trouvent reportées par-là dans la grande classe des substances qui recouvrent les parties extérieures, et qui croissent toutes par addition de couches nouvelles sous les précédentes ; les poils, les cheveux, les ongles, les cornes, les becs, les écailles, les têts, les coquilles, les corps durs qui arment l'intérieur de certains estomacs, sont dans ce cas, et sont tous insensibles, et susceptibles d'être mutilés sans douleur et sans danger : c'est le noyau intérieur qui s'enflamme et devient douloureux dans la dent, et non la dent elle-même. Les substances pierreuses des coraux croissent aussi par couches, mais dont les dernières enveloppent les précédentes, comme dans les arbres.

Sensations.　Les organes extérieurs des sensations sont, de tout le corps vivant, ceux qui se prêtent à un plus grand nombre d'applications des sciences physiques.

Vision.　Tout ce qui se passe dans l'œil, par exemple, jusqu'au moment où l'image visuelle se peint sur la rétine, se réduit à des opérations d'optique, que l'on a comparées avec raison à celles de la chambre obscure : mais l'œil a deux propriétés essentielles qui manquent à cet instrument ; celle de rétrécir ou d'élargir son entrée, qui est la pupille, selon l'abondance ou la rareté de la lumière, et celle de rapprocher ou d'éloigner son foyer suivant la distance de l'objet qu'il faut voir. Cette dernière faculté sur-tout est très-étendue dans certaines espèces, et particulièrement dans les oiseaux, obligés de voir également bien leur proie du haut des nues, pour diriger leur vol sur elle, et tout près de terre, pour la saisir.

Les moyens que la nature emploie pour arriver à ce

double but dans les diverses classes, ont fait l'objet de longues recherches pour MM. Olbers, Porterfield, Hunter, Home et Young (1).

On peut imaginer pour cela, ou que la cornée change de convexité, ou que c'est le cristallin, ou que l'axe de l'œil change sa longueur, et par conséquent la distance de sa rétine, ou enfin que le cristallin change sa position. Lequel de ces moyens est le vrai ? Le premier et le troisième seuls peuvent être les objets d'une mesure immédiate. M. Young a montré d'une manière ingénieuse qu'ils ne contribuent point sensiblement à l'effet qu'on desire expliquer ; il a donc recours au deuxième, c'est-à-dire, à la variation du cristallin : mais l'anatomie nous paroît y répugner ; le cristallin est souvent dur comme de la pierre. Peut-être le quatrième moyen est-il le principal ; et il n'est pas nécessaire de supposer de vrais muscles qui agissent sur le cristallin : on peut penser aussi qu'il est mu par un changement analogue à l'érection qui auroit lieu, soit dans les procès ciliaires, soit dans une membrane particulière aux oiseaux, qui se nomme *le peigne*, elle part du fond de l'œil, et s'attache dans le tissu vitré, non loin du cristallin. Les oiseaux auroient donc le moyen le plus puissant de changer leur foyer, ainsi que leur genre de vie l'exige.

Comme plusieurs paires de nerfs se distribuent à la langue, on n'étoit pas entièrement certain de celle qui reçoit la sensation du goût, quoique la facilité de suivre les filets de la cinquième jusqu'aux papilles de cet organe

(1) *Voyez* sur-tout le Mémoire sur l'œil par M. Young, dans les Transactions philosophiques de 1801.

semblat prouver beaucoup en sa faveur. Le galvanisme a démontré à M. Dupuytren ce que l'anatomie annonçoit. La langue n'est entrée en convulsion que par l'excitation de la neuvième paire ; la cinquième, ne la mouvant point, doit donc être l'organe de la sensibilité. En effet, quand cette paire se paralyse, la langue ne savoure plus rien.

Audition.

Nous avons déjà annoncé que les recherches de Scarpa et de Comparetti ont placé dans la pulpe du labyrinthe membraneux le véritable siége de l'ouïe. On explique par-là l'effet de l'ébranlement du crâne par les corps sonores, qui fait entendre les personnes dont la surdité ne vient que de l'obstruction du canal extérieur de l'oreille. C'est seulement de cette manière qu'entendent les poissons, attendu qu'ils n'ont point de canal externe.

Fonctions du cerveau.

Tout le monde sait que la production d'une perception, ou cette action des corps extérieurs sur le moi, d'où résulte une sensation, une image, est un problème à jamais incompréhensible, et qu'il existe en ce point, entre les sciences physiques et les sciences morales, un intervalle que tous les efforts de notre esprit ne pourront jamais combler.

Les sciences morales commencent au-delà de cette limite : elles montrent comment de ces sensations répétées naissent les idées particulières ; de la comparaison de celles-ci, les idées générales ; des combinaisons d'idées, les jugemens ; et de ceux-ci, les raisonnemens et la volonté.

Mais les sciences physiques, de leur côté, ne s'arrêtent pas à beaucoup près à l'impression reçue par le sens extérieur ; ce n'est pas celle-là que perçoit le moi : il faut qu'elle se transmette plus loin, qu'elle arrive jusqu'au cerveau ; et comme les jugemens ne s'opèrent que sur les idées reproduites par la mémoire, il faut que cette action, une fois reçue dans le cerveau, y laisse des traces plus ou moins durables. Le cerveau est donc à-la-fois le dernier terme de l'impression sensible et le réceptacle des images que la mémoire et l'imagination soumettent à l'esprit. Il est, sous ce rapport, l'instrument matériel de l'ame ; et le plus ou moins de facilité qu'il a de recevoir les impressions, de les reproduire promptement, vivement, régulièrement et abondamment, et d'obéir en cela aux ordres de la volonté, influe de la manière la plus puissante sur l'état moral de chaque être.

On conçoit donc d'abord que l'état du cerveau, en sa qualité d'organe lié à toute l'économie, dépend jusqu'à un certain point de l'état de tous les autres organes : c'est-là l'origine de l'influence du physique sur le moral, dont M. Cabanis a tracé un tableau brillant et animé (1).

On conçoit encore qu'un dérangement partiel ou total de l'organisation du cerveau peut altérer ou suspendre en tout ou en partie l'ordre des images, et, par conséquent, celui des idées et des opérations intellectuelles ; ce qui explique tous les genres d'aliénation mentale.

Il n'est pas moins clair que des cerveaux sains d'ailleurs peuvent différer entre eux par une organisation plus ou moins heureuse, et, présentant à l'esprit des images plus ou moins vives, plus ou moins abondantes, et plus ou moins bien ordonnées, occasionner des différences infinies

(1) Rapport du physique et du mo- | *Paris*, 2 vol. in-8.º La 2.ᵉ édition est
ral de l'homme, par M. Cabanis ; | de 1805.

dans la portée de l'intelligence et dans les ressorts de la volonté, et les faire descendre jusqu'à un degré voisin de l'imbécillité absolue. L'expérience et la comparaison des différens individus et des différentes espèces d'animaux montrent qu'à cet égard le volume, et spécialement celui de la partie supérieure nommée *hémispheres,* est la circonstance favorable la plus apparente.

Enfin, comme l'expérience fait voir aussi qu'en beaucoup d'occasions l'on peut avoir une perception par un mouvement immédiat du cerveau, et sans que le sens extérieur ait été frappé, on peut se représenter qu'il existe constamment dans certains êtres de ces perceptions internes qui les déterminent à cet ordre d'actions que l'on appelle *instincts,* telles que sont les diverses industries, souvent très-compliquées, qu'exercent dès leur naissance, sans les avoir apprises de leurs parens ni de l'expérience, et d'une manière toujours constante, des espèces d'animaux d'ailleurs très-stupides et placées fort bas dans l'échelle.

Quant à ce que l'on a voulu appeler *instincts automatiques,* ce sont certains mouvemens volontaires qui dérivent de jugemens devenus tellement prompts par l'habitude et par l'association plus constante des idées qui en résulte, que nous ne nous apercevons pas de les avoir faits. Qui peut nier que l'homme qui lit, celui qui touche de l'orgue, celui qui fait des armes, ne se souviennent, ne voient, ne jugent et ne raisonnent à chaque contraction de muscle? Sans doute, c'est-là sur-tout que se montre la rapidité de la pensée. Il n'y a donc point de comparaison à faire de ces actes prétendus automatiques avec les mouvemens intérieurs involontaires, et ceux-ci restent expliqués par les

forces

forces vitales ordinaires et irrationnelles, comme nous l'avons dit à l'article de la *Physiologie générale.*

Les pertes et les suspensions partielles ou totales de mémoire, les folies fixes qui ne portent que sur un seul objet, et les visions ou folies fixes momentanées, les songes et le somnambulisme, n'offrent aucune difficulté importante d'après ces idées sur l'influence du cerveau, idées que les découvertes de ces derniers temps ont seules pu rendre claires, quoique leurs principaux germes se soient déjà présentés à plusieurs bons esprits, et se trouvent sur-tout assez nettement indiqués dans les ouvrages de Bonnet et de Hartley.

M. Gall (1) a soutenu récemment que les traces des diverses impressions se répartissent en différens lieux du cerveau, selon leurs espèces, et que le volume particulier de chacun de ces lieux annonce le degré des dispositions particulières, de la même façon que le volume général des hémisphères annonce la portée générale de l'intelligence; on sait même qu'il croit ces différences assez sensibles pour être aperçues dans l'homme vivant par le moyen des formes du crâne. Mais quoique cette doctrine, réduite aux termes dans lesquels nous venons de l'exprimer, n'ait rien de contraire aux notions générales de la physiologie, on sent aisément qu'il faudroit encore bien des milliers d'observations, avant que l'on pût la ranger dans la série des vérités généralement reconnues.

La théorie générale de la formation des êtres organisés reste toujours, comme nous l'avons dit, le plus profond

Génération.

(1) Physiologie intellectuelle, par J. B. Demangeon; *Paris, 1806, 1 vol. in-8.º*

mystère des sciences naturelles : jusqu'à présent pour nous
la vie ne naît que de la vie ; nous la voyons se transmettre,
et jamais se produire ; et quoique l'impossibilité d'une
génération spontanée ne puisse pas se démontrer absolument, tous les efforts des physiologistes qui croient cette
sorte de génération possible, ne sont point encore parvenus à en faire voir une seule. L'esprit, réduit à choisir
entre les diverses hypothèses du développement des germes,
ou les qualités occultes mises en avant sous les titres de
moule intérieur, *d'instinct formatif*, de *vertu plastique*, de
polarité ou de *différenciation*, ne trouve donc par-tout que
nuages et qu'obscurité.

Le seul point qui soit certain, c'est que nous ne voyons
autre chose qu'un développement, et que ce n'est pas à l'instant où elles deviennent visibles pour nous que les parties
se forment ; mais qu'on nous fait remonter à leur germe
toutes les fois qu'on peut aider nos sens par quelque instrument plus parfait : aussi, dans presque tous les systèmes
de physiologie, commence-t-on par supposer l'être vivant
tout formé au moins en germe ; et bien peu de physiologistes ont-ils été assez hardis pour vouloir déduire d'un
même principe et sa formation primitive, et les phénomènes qu'il manifeste une fois qu'il jouit de l'existence :
l'admission tacit de cette existence est même si nécessaire,
que c'est sur la liaison réciproque des diverses parties que
repose jusqu'à présent pour nous l'unité de l'être vivant,
du moins dans le règne végétal, où l'on ne peut admettre
de principe sensitif.

Mais si la génération en elle-même est inaccessible à
toutes nos recherches, les circonstances qui l'accompagnent,

la favorisent ou l'arrêtent, et les divers organes qui entretiennent dans les premiers temps la vie de l'embryon et du
fœtus, sont susceptibles d'être observés avec plus ou moins
d'exactitude, et ont donné lieu à des découvertes intéressantes dans la période dont nous faisons l'histoire.

Il y a, parmi ces organes propres au fœtus, une vésicule
qui communique avec le bas-ventre au travers de l'om-
bilic par un petit canal, et qui ne se voit dans l'homme
que pendant les premières semaines de la gestation : elle
porte, dans les animaux, le nom de *tunique érythroïde ;*
dans l'homme, on l'a appelée *vésicule ombilicale.*

M. Blumenbach (1) avoit reconnu son analogie avec
la membrane qui contient le jaune dans les oiseaux.
M. Oken d'Iéna (2) vient d'annoncer qu'elle n'est qu'un
appendice du canal intestinal, placé de manière que,
quand elle s'en sépare, il reste une portion de son tube
qui forme l'intestin cœcum : la liqueur qu'elle contient,
passeroit donc immédiatement dans les intestins pour
nourrir l'embryon. Divers anatomistes ont fait une observation assez semblable sur la manière dont le jaune de
l'œuf entre dans l'intestin par le pédicule qui l'y unit;
cependant M. Léveillé (3) nie que ce pédicule soit creux :
la nutrition se feroit donc seulement par les vaisseaux qui
vont du mésentère à la membrane du jaune, et dont les
analogues se trouvent également sur la vésicule ombilicale. M. Chaussier les a bien injectés dans l'homme (4).

(1) Dans ses Institutions physiol.
et son Manuel d'anatomie comparée.

(2) Dans ses Matériaux pour la
zoologie, la zootomie et la physiologie comparée.

(3) Dissertation sur la nutrition du
fœtus; *Paris, an 7, in-8.°*

(4) Bulletin des sciences, *vendém,
an 11.*

La respiration de l'oiseau dans l'œuf se fait par une membrane très-riche en vaisseaux, qui prennent leur origine comme ceux du placenta dans les mammifères.

Aussi regarde-t-on aujourd'hui l'oxigénation du sang du fœtus comme une des fonctions principales du placenta, laquelle s'exerce par la communication que cet organe établit entre le fœtus et la mère : des observations de conceptions extra-utérines ont montré que cette communication peut s'établir ailleurs que dans la matrice; et des fœtus dont le placenta n'avoit pu s'attacher qu'aux intestins ou au mésentère, n'ont pas laissé de grossir.

Végétaux. Les végétaux n'offroient pas tant d'objets de recherches. Leurs fonctions particulières se réduisent aux sécrétions et à la génération, qui sont soumises aux mêmes difficultés générales que dans les animaux.

Fécondation. La fécondation de leurs graines et leur germination pouvoient principalement prêter à des découvertes. Dans les végétaux ordinaires, le mode de la fécondation est depuis long-temps démontré. Tout le monde reconnoît que le pollen des étamines en est l'organe, ainsi que l'a prouvé autrefois le François Vaillant, et comme l'a confirmé Kœlreuter, en produisant des mulets végétaux. Mais les plantes appelées *cryptogames* ont leurs fleurs et leurs graines si petites et si cachées, que l'on n'est point encore du même avis sur leur compte. L'opinion dominante aujourd'hui pour les mousses est celle de Hedwig (1), qui prend pour les organes mâles certains filets

(1) *Fundamentum historiæ naturalis muscorum frondosorum*, Lipsiæ, 1782, in-4.°; et *Theoria generationis* et *fructificationis plantarum cryptogamicarum*, Pétersbourg, 1784, in-4.°, et Leipsic, 1798.

creux presque imperceptibles, placés tantôt autour du
pédicule de l'urne, tantôt dans des rosettes de feuilles
séparées, et qui regarde l'urne elle-même comme la capsule des graines. M. de Beauvois (1), au contraire, croit
que la poussière verte qui remplit l'urne est le pollen
mâle, et que la graine est dans une capsule plus intérieure, que les botanistes nomment *columelle*. Il y a des
discussions analogues sur la fécondation des algues et des
champignons : cependant on croit assez généralement
que la poussière qui tombe de ces derniers est leur graine.
M. Decandolle (2) a remarqué que ce qu'on appeloit
graine dans les fucus n'est que leur capsule, et contient
la véritable graine, beaucoup plus petite. M. Stackhouse
l'a fait germer.

Les conditions et les phénomènes généraux de la
germination ont été étudiés par MM. de Humboldt,
Huber (3) et Sennebier. Il faut aux graines, à peu d'exceptions près, de l'oxigène, pour qu'elles germent ; et sa
fonction paroît être, d'après M. Théodore de Saussure,
de leur enlever leur carbone surabondant. M. de Humboldt, en particulier, a remarqué que le gaz acide muriatique oxigéné accélère singulièrement la germination,
et que tous les oxides où l'oxigène adhère peu, lui sont
plus ou moins favorables.

Germination.

Un des points particuliers les plus embarrassans de
l'économie des végétaux consiste dans certains mouvemens

Mouvement.

---

(1) Prodrome d'Aéthéogamie ;
Paris, 1805, trois cahiers in-12.
(2) Mémoire présenté à l'Institut
(3) Mémoires sur l'influence de l'air
et de diverses substances gazeuses
dans la germination des différentes
graines ; *Genève, 1801, 1 vol. in-8.°*

en apparence spontanés, qu'ils manifestent dans diverses circonstances, et qui ressemblent quelquefois si fort à ceux des animaux, qu'ils pourroient faire attribuer aux plantes une sorte de sentiment et de volonté, sur-tout par ceux qui veulent encore voir quelque chose de semblable dans les mouvemens intérieurs des viscères animaux.

Ainsi les cimes des arbres cherchent toujours la direction verticale, à moins qu'elles ne se courbent vers la lumière; leurs racines tendent vers la bonne terre et l'humidité, et se détournent pour les trouver, sans qu'aucune influence des causes extérieures puisse expliquer ces directions, si l'on n'admet pas une disposition interne propre à en être affectée, et différente de la simple inertie des corps bruts.

On sait depuis long-temps comment les feuilles de la sensitive se replient sur elles-mêmes, quand on les touche. On sait aussi qu'une infinité de plantes fléchissent diversement leurs feuilles ou leurs pétales, selon l'intensité de la lumière : c'est ce que Linnæus, dans son langage figuré, a nommé *le sommeil des plantes*. M. Decandolle a fait, sur ce sujet, des expériences fort curieuses, qui lui ont montré dans les plantes une sorte d'habitude que la lumière artificielle ne parvient à surmonter qu'au bout d'un certain temps. Ainsi, pendant les premiers jours, des plantes enfermées dans une cave, et éclairées continuellement par des lampes, ne laissoient pas de se fermer quand la nuit venoit, et de s'ouvrir le matin (1).

Il y a d'autres sortes d'habitudes que les plantes

_____

(1) Mémoires des savans étrangers présentés à l'Institut, *t. I, p. 329.*

peuvent prendre ou perdre. Les fleurs qui se ferment à l'humidité, finissent par rester ouvertes quand l'humidité dure trop long-temps. M. Desfontaines ayant mené une sensitive dans une voiture, les cahots la firent d'abord se replier; elle finit par s'étendre comme en plein repos : c'est qu'encore ici la lumière, l'humidité, &c. n'agissent qu'en vertu d'une disposition intérieure particulière, qui peut se perdre, s'altérer par l'exercice même de cette action, et que la force vitale des plantes est sujette à des fatigues, à des épuisemens, comme celle des animaux.

L'*hedysarum gyrans* est une plante bien singulière, par les mouvemens qu'elle donne jour et nuit à ses feuilles, sans avoir besoin d'aucune provocation. S'il y a dans le règne végétal quelque phénomène propre à faire illusion et à rappeler l'idée des mouvemens volontaires des animaux, c'est bien celui-là. MM. Broussonet, Silvestre, Cels et Hallé, l'ont décrit en détail, et ont montré que son activité ne dépend que du bon état de la plante.

C'est, en général, dans les organes de la fructification que les plantes montrent le plus de ces mouvemens extérieurs. MM. Desfontaines et Descemets y ont donné beaucoup d'attention. Les étamines de plusieurs fleurs, entre autres celles des épines-vinettes, paroissent avoir des inflexions spontanées, ou en prendre quand on les touche, même légèrement; mais il faut bien distinguer ces mouvemens de ceux qui ne dépendent que d'un ressort mis en liberté, comme sont ceux des capsules de la balsamine et des étamines des orties et des pariétaires. Nous ne parlerons pas ici des oscillatoires, parce que leur nature est encore douteuse. Adanson en fait bien des

plantes ; mais M. Vaucher les considère comme des animaux.

Cependant ce seroit aller trop loin , que de regarder
même les mouvemens de la sensitive comme tout-à-fait
comparables à ceux que l'irritabilité produit dans les animaux ; non - seulement il n'est point démontré qu'ils
tiennent à une cause parfaitement identique , mais il l'est
même qu'ils ne s'exercent pas dans des organes semblables.
En effet, tout mouvement musculaire est une contraction ; et M. Link a fait voir que les flexions diverses
que prennent les parties des plantes , dépendent autant des
fibres qui s'alongent, que de celles qui se raccourcissent
lors de la flexion, et qu'en coupant celles-ci, le mouvement ne laisse pas d'avoir lieu.

Ces contractions végétales n'en sont pas moins encore
un de ces faits généraux et non expliqués, que l'on peut
admettre parmi ce qu'on appelle *les forces vitales ;* et
comme la contraction musculaire entre pour beaucoup dans
les mouvemens intérieurs qui entretiennent la vie des animaux, il est très-probable , ainsi que nous l'avons dit, que
cette autre sorte de contraction observée dans quelques
parties extérieures des plantes s'exerce aussi à l'intérieur,
et contribue au mouvement de la sève et à l'entretien de la
vie végétale. Comme, enfin, dans les animaux, le bon état
des fonctions influe à son tour sur la force qui les entretient,
de même, dans les végétaux, la chaleur , la nourriture,
augmentent ou diminuent ces contractions apparentes aussi
bien que celles qui le sont moins. En un mot, la vie végétale, comme la vie animale , est un cercle continuel
d'action et de réaction ; tout y est à-la-fois actif et passif,

et

et la moindre partie jouit d'une portion d'influence sur la marche générale de l'ensemble.

UNE fois que l'on s'est fait ainsi des idées nettes sur les forces attachées à chaque ordre d'élémens organiques, et sur les fonctions propres à chaque organe, on peut en quelque façon calculer la nature de chaque espèce d'être organisé, d'après le nombre des organes qui entrent dans sa composition, d'après l'étendue, la figure, la connexion et la direction de chacun d'eux et de ses diverses parties.

Histoire naturelle particulière des corps vivans.

Cette étude de l'organisation d'un être vivant, et des conséquences particulières qui en résultent dans son genre de vie, dans les phénomènes qu'il manifeste, et dans ses rapports avec le reste de la nature, est ce que l'on nomme l'histoire naturelle de cet être.

Toute recherche de ce genre suppose que l'on a les moyens de distinguer nettement de tout autre, l'être dont on s'occupe. Cette distinction est la première base de toute l'histoire naturelle : les vues les plus nouvelles, les phénomènes les plus curieux, perdent tout intérêt, quand ils sont destitués de cet appui ; et c'est pour avoir négligé ce genre de précaution, que les ouvrages des anciens naturalistes conservent aujourd'hui si peu d'utilité. Ainsi les savans qui s'occupent de cette partie de l'histoire naturelle à laquelle on a donné le nom de *nomenclature*, méritent toute sorte de reconnoissance. Leur travail exige non-seulement une patience et une sagacité peu communes, quand il s'agit de décrire les objets et d'en saisir les caractères distinctifs ; il leur faut encore une érudition vaste et une critique profonde, pour démêler dans les écrits qui

Nomenclature et catalogue des êtres.

les ont précédés ce qui appartient aux espèces diverses, pour ne point confondre celles-ci, ou ne point les séparer mal-à-propos; et s'ils ne faisoient un emploi ingénieux de mille moyens délicats, ils augmenteroient l'obscurité que leur art a pour but de dissiper.

Linnæus a porté dans cette branche de la science un véritable génie, et lui a donné une impulsion extraordinaire; il est le premier qui ait étendu la nomenclature méthodique à tout l'ensemble des êtres naturels; tous ceux qu'il connoissoit bien, ont été nommés, caractérisés et classés par lui de la manière la plus précise et la plus claire; il a déduit de la nature de la chose les règles qui doivent diriger dans ce genre de travail; et chacun de ceux qui s'en occupent, se considère comme l'un des continuateurs de l'immense édifice dont Linnæus avoit posé les bases.

Nous voulons parler de ce grand catalogue des êtres existans, auquel on a donné le nom de *Systema naturæ.* Tous les naturalistes s'empressent de le compléter; tous les Gouvernemens éclairés se sont fait un devoir de leur en procurer les moyens.

Des jardins, des ménageries, ont été établis; des collections ont été rassemblées dans toutes les grandes capitales; de grands voyages ont été ordonnés, et c'est un des caractères de notre âge, que ces expéditions lointaines et périlleuses, entreprises uniquement pour éclairer les hommes et enrichir les sciences.

Pour ne parler que des entreprises et des établissemens des François, nous rappellerons à votre Majesté que le Muséum impérial d'histoire naturelle a été plus que doublé dans toutes ses parties, depuis l'époque où notre Rapport commence, et qu'il surpasse aujourd'hui tous les établis-semens du même genre par l'ensemble des objets qu'il réunit, autant que par les facilités qu'il offre pour l'étude.

La belle réunion de plantes rares formée à la Malmaison par sa Majesté l'Impératrice a déjà procuré à notre pays d'importantes richesses en ce genre, que la munificence de cette auguste Princesse s'est empressée de répandre dans les établissemens publics et particuliers.

Les jardins et les cabinets des écoles centrales com-mençoient à être fort utiles pour faire connoître les pro-ductions naturelles des différens départemens de la France. Il faut espérer que les ordres de votre Majesté, pour les réunir et les soigner dans les lycées, auront été exécutés.

Quatre grandes expéditions lointaines ont été entreprises par des François dans cette même époque. Chacun con-noît le malheureux sort de celle de la Pérouse (1). Les discordes qui ont mis fin à celle de Dentrecasteaux, n'ont pas empêché MM. de la Billardière (2), Lahaye, Riche, d'en rapporter beaucoup de plantes et d'animaux nou-veaux. La première de Baudin, quoique bornée aux Antilles, n'a pas laissé de procurer aussi des plantes nou-velles : mais la seconde, ordonnée par votre Majesté peu de temps après son avénement au gouvernement, et qui s'est portée vers la Nouvelle-Hollande et l'Archipel In-dien, a été la plus fructueuse qu'aucune nation ait jamais exécutée (3); grâce au zèle infatigable de MM. Péron,

(1) Voyage de la Pérouse autour du monde, rédigé par Milet-Mureau; *Paris, 1797, 2 vol. in-4.°, avec un atlas in-fol.*

(2) Relation du voyage à la re-cherche de la Pérouse; *Paris, an 8, 2 vol. in-4.° , et un atlas grand in-fol.*

(3) Voyage de découvertes aux terres australes; *Paris, 1807, in-4.°, premier vol. avec un atlas.*

Leschenaud de la Tour et Lesueur, les animaux et les végétaux inconnus en ont été rapportés par milliers ; et nous pouvons assurer votre Majesté que nous sommes en état de faire connoître les productions de ces parages beaucoup plus complétement que les nations Européennes qui les habitent depuis tant d'années.

Les naturalistes qui ont eu le bonheur de suivre votre Majesté en Égypte, ne laisseront rien à desirer sur l'histoire naturelle de cette contrée fameuse : M. Geoffroy en décrit les poissons et les quadrupèdes ; M. Savigny, les oiseaux et les insectes ; M. Delile, les plantes. Quelques-uns de ces objets, présentés au public dans des mémoires isolés, tels que le poisson polyptère, décrit par M. Geoffroy (1), le palmier doum, par M. Delile (2), donnent la plus vive impatience de jouir de la totalité, et de voir bientôt les planches magnifiques dessinées sur les lieux par les plus habiles artistes.

M. Olivier a rapporté beaucoup de choses nouvelles de son voyage au Levant (3) ; M. Bosc, de celui d'Amérique ; M. de Beauvois, des deux qu'il a entrepris en Guinée et à Saint Domingue. M. Desfontaines avoit fait antérieurement un voyage très-fructueux en Barbarie et sur l'Atlas ; M. Poyret avoit aussi été en Barbarie ; M. de la Billardière, en Syrie et sur le Liban (4) ; M. Richard, à Caïenne ; M. du Petit-Thouars, à l'île de la-Réunion ; MM. Poiteau et Turpin, à Saint-Domingue. Les correspondans du Muséum, à Charles-town, à Caïenne, à l'île de France, lui ont fait de

(1) Bulletin des sciences, *germinal an 10.*

(2) Ibid. *pluviôse an 10.*

(3) Voyage dans l'empire Ottoman, l'Égypte et la Perse ; *Paris, 1801-1807, 3 vol. in-4.º avec un atlas.*

(4) *Syriæ Plantæ rariores*, dec. I et II ; Paris, 1790, in-4.º

riches envois : on doit citer avec éloge dans le nombre MM. Michaux, Macé et Martin.

Tous ces voyages, ajoutés à ceux de Sonnerat, de Commerson, de Dombey et d'autres, mettent certainement les François au premier rang de ceux qui ont enrichi les collections Européennes.

Cependant, quoique nous ne connoissions pas tous les voyages des étrangers, nous en savons assez pour dire qu'ils ont rivalisé de zèle avec nous. Seulement, dans la période dont nous rendons compte, la Cochinchine a été visitée par Loureiro (1), le Brésil par Vellozo, tous deux Portugais; le Pérou et le Chili par Ruiz et Pavon (2), la Terre-Ferme par Mutis, le Mexique par de Sessé et Mocino, tous cinq Espagnols; l'Inde par Roxburgh (3), le Cap par Masson, la Nouvelle-Hollande par un grand nombre d'autres Anglois. M. Smith devoit en décrire les plantes (4), et M. Shaw les animaux (5).

Le voyage de MM. de Humboldt et Bonpland dans les diverses parties de l'Amérique Espagnole, en même temps qu'il est le seul de cette importance dû au généreux dévouement d'un particulier, s'annonce comme l'un des plus instructifs que l'on ait jamais faits pour toutes les branches des sciences physiques.

IL y a cependant, parmi ces voyageurs, plus de bota-

Augmentation du nombre des plantes connues.

(1) *Flora Cochinchinensis* ; Lisbonne, 1790, 2 vol. in-4.º; Berlin, 1793, 2 vol. in-8.º

(2) *Flora Peruviana et Chilensis* ; Madrid, 1799, 2 vol. in-fol.

(3) *Plants of the coast of Coro-* mandel ; Londres, 1795, in-fol.

(4) *A Specimen of botany of New-Holland* ; Londres, 1793, 1 vol. in-4.º

(5) *Zoology of New-Holland* ; Londres, 1794, in-4.º

nistes que de zoologistes. Le plus grand nombre ont publié ou publient en ce moment les Flores des pays qu'ils ont parcourus.

Celles du mont Atlas par M. Desfontaines (1), de la Nouvelle-Hollande par M. de la Billardière (2), d'Oware et de Benin par M. de Beauvois (3), des îles de France et de la Réunion par M. du Petit-Thouars (4), font honneur à la France et enrichissent la botanique. M. Pallas a continué celle du vaste empire de Russie, sous les auspices de son Gouvernement (5); l'Espagne a publié avec magnificence celle du Pérou et du Chili ; Michaux a laissé celle des États-Unis, et un ouvrage particulier sur les nombreuses espèces de chênes de ce pays-là (6).

Parmi les Flores Européennes, on doit remarquer, pour la beauté des figures, celle du Danemarck, commencée par Œder (7), et que le Gouvernement Danois prend soin de faire continuer, ainsi que la zoologie du même pays; celle d'Autriche , entreprise et terminée par M. Jacquin (8), et celle que MM. Kitaybel et Waldstein ont commencée pour la Hongrie (9). Bulliard en avoit aussi entrepris une en figures pour la France (10). Nous en

(1) *Flora Atlantica ;* Paris, an 6, 2 vol. in-4.°

(2) *Novæ Hollandiæ plant. specimen ;* Paris, 1804-1808, 2 vol. in-4.°

(3) Flore d'Oware et de Benin en Afr. ; *Paris, 1804, in-fol. non terminé.*

(4) Histoire des végétaux recueillis dans les îles australes d'Afrique; *Paris, 1806, in-4.° non terminé.*

(5) *Flora Rossica ;* Pétersbourg , 1784 et seq. in-fol.

(6) *Flora Boreali-Americana;* Paris, 1803, 2 vol. in-8.° Histoire des chênes de l'Amérique ; *Paris , 1801 , 1 vol. in-fol.*

(7) *Flora Danica ;* Hafn. 1764 et seq. in-fol. non terminé.

(8) *Flora Austriaca ;* Vienn. 1773-1778, et *Miscellanea Austriaca.*

(9) *Plantæ rariores Hungariæ.*

(10) Herbier de la France; *Paris, 1784 et seq. 4 vol. in-fol. non terminé.*

avons du moins une excellente, quoique dépourvue de cet ornement : c'est celle de M. Delamarck, dont M. Decandolle vient de soigner une nouvelle édition, et pour le perfectionnement de laquelle votre Majesté vient d'envoyer ce jeune botaniste dans les diverses parties de l'Empire (1). Parmi les Flores de nos provinces, celle du Dauphiné, par M. Villars, tient un des premiers rangs (2). Il y a une très-bonne Flore d'Angleterre, par M. Smith (3), et la plupart des États de l'Europe ont aussi les leurs. M. Swarz en a donné une des Indes Occidentales (4).

Pendant que l'on parcourt ainsi avec beaucoup de peine des pays voisins ou éloignés, les botanistes sédentaires travaillent à faire connoître les plantes des jardins et celles des herbiers. Les uns s'attachent à certaines collections particulières ; et, dans ce genre, la France peut citer avec orgueil la description du jardin de la Malmaison (5), où les talens du botaniste, M. Ventenat, et ceux de l'artiste, M. Redouté, ont rivalisé pour ériger un digne monument de la munificence de notre auguste Souveraine, et de la protection éclairée qu'elle accorde aux sciences utiles. Le Jardin de Cels, par M. Ventenat (6), est aussi un produit très-honorable d'une entreprise privée.

(1) Flore Françoise, *1.re édition en 3 vol. 1778*; *2.e édition en 5 vol. 1805.*

(2) Histoire des plantes du Dauphiné ; *Grenoble, 1780, 4 volumes in-8.°*

(3) *Flora Britannica*, par Smith, Londres, 1800, 3 vol. in-8.°; et *Arrangement of British plants*, par Whytering, 4 vol. in-8.°

(4) *Flora Indiæ occid.* Erlang, 1787, 3 vol. in-8.°

(5) Jardin de la Malmaison ; *1803 et seq. in-fol.*

(6) Description des plantes nouvelles et peu connues cultivées dans le jardin de M. Cels, *Paris, an 8 [1802]. in-fol.*; et Choix de plantes dont la plupart sont tirées du jardin de Cels, *1803.*

En Autriche, M. Jacquin continue depuis long-temps de décrire les plantes du jardin de l'empereur (1); M. Wildenow a commencé la description de celui de Berlin (2); celui du roi d'Angleterre à Kew (3) a été publié par M. Ayton, et celui d'Hanovre par M. Schrader (4).

Parmi ceux qui se sont bornés à donner des espèces de supplémens au système, en décrivant des plantes nouvelles de quelque part qu'elles leur vinssent, nous citerons M. Vahl, dans ses *Ecloga Americana* (5) et dans ses *Symbola* (6); M. Cavanilles, dans ses Plantes rares d'Espagne (7); M. Smith, dans ses *Icones* (8). Les *Stirpes* et le *Sertum Anglicum* de l'Héritier (9) méritent aussi d'être cités honorablement dans ce nombre.

D'autres botanistes prennent pour sujets d'étude, certaines familles de végétaux. Les Liliacées de M. Decandolle, avec des planches de M. Redouté, doivent être mises, pour la magnificence, à la tête de tous les ouvrages de ce genre (10). M. Decandolle a aussi donné un Traité sur les astragales et les genres voisins (11), et une

(1) *Hortus Vindobonensis;* Vienne, 1770-1776, in-fol. et *Hortus Schœnbrunnensis,* ibid. 1797 et seq.

(2) *Hortus Berolinensis;* Berlin.

(3) *Hortus Kewensis;* Londres, 1789, 3 vol. in-8.º

(4) *Sertum Hanoveranum;* Gott. 1795-1796, in-fol.

(5) Hafn. 1796, in-fol.

(6) *Symbola botanica;* Hafn. 1790, in-fol.

(7) *Icones et descriptiones plantarum quæ aut sponte in Hispania* crescunt, *aut in hortis hospitantur;* Madrid, 1791-1801, 6 vol. in-fol.

(8) *Icones pictæ plant. rar.* 1790-1793, et *Plant. icones hactenus ineditæ,* Lond. 1789-1791, in-fol.

(9) *Stirpes novæ;* Paris, 1780-1785; et *Sertum Anglicum,* 1788, in-fol.

(10) Les Liliacées; *Paris, 1802 et seq. gr. in-fol.* Il y a déjà trois volumes terminés.

(11) *Astragalogia;* Paris, 1802, 1 vol. in-fol.

Histoire

Histoire des plantes grasses , avec de belles figures (1).
La Monographie des pins, de M. Lambert, est un ouvrage
superbe ; celle des saules par Hofman (2) , celle des
carex par M. Skuhr (3) , celle des oxalis par M. Jacquin (4) , celle des gentianes par M. Frœlich (5) , méritent des éloges pour leur exactitude : nous devons aussi
remarquer celle des graminées d'Allemagne et de France ,
par M. Kœhler, de Mayence (6). Il y a une foule d'autres
travaux sur des familles particulières , publiés dans les
Mémoires des sociétés savantes , ou séparément, et qu'il
nous est impossible d'énumérer complétement.

Les plantes cryptogames ont été étudiées avec une
attention toute particulière : des figures et des descriptions
soignées des mousses ont été données par Hedwig (7) ,
des lichens par Hofman (8) et par Acharius (9) , des
champignons par Bulliard (10). MM. Tode (1 1) et
Persoon (1 2) ont porté très-loin l'étude des petits cham-

(1) *Plantarum hist. succulentarum ;* Paris, an 7 et suiv. in-fol.

(2) *Historia salicum ;* Leips. 1785-1791', 2 vol. in-fol. dont le second n'est pas fini.

(3) Histoire des carex ou laîches , traduite de l'allemand par Dela-vigne ; *Leipsick, 1802, in-8.º*

(4) *Oxalis monographia ;* Vienne , 1794, 1 vol. in-4.º

(5) *Libellus de gentiana ;* Erlang , 1786, in-8.º

(6) *Descriptio graminum in Gallia et Germania sponte crescentium;* Franc-fort, 1802, in-8.º

(7) *Descriptio et adumbratio mus-corum frondosorum ;* Leipsick , 1787-

1797, 4 vol. in-fol. et *Species muscorum frondosorum* , Leipsick , 1801 , in-4.º *Voyez* aussi *Muscologia recentiorum ,* par M. Bridel ; Goth. 1797 - 1799, 3 vol. in-4.º

(8) *Descriptio et adumbratio liche-num ;* Leipsick , 1790, in-fol.

(9) *Lichenographiæ Suecicæ pro-dromus ;* Linkioping , 1798.

(10) Dans l'Herbier de la France , et à part sous le titre de *Champignons de la France.*

(11) *Fungi Mecklenburgenses se-lecti ;* Lunebourg , 1790-1791, in-4.º

(12) *Synopsis methodica fungorum ,* Gott. 1801, in-8.º ; et *Icones pictæ spec. rar. fungorum* , Paris , 1803 et suiv.

pignons ; M. Decandolle y a beaucoup ajouté (1). Les algues et conferves ont été observées avec beaucoup de soin par MM. Chantrans et Vaucher (2) : le premier croit que plusieurs de ces êtres appartiennent au règne animal. La *Nereis Britannica* de M. Stackhouse (3) est une belle monographie des fucus. Il y en a une autre faite avec plus de luxe, par M. Welley : celle de M. Esper est moins soignée (4).

M. de Beauvois a travaillé sur toute cette classe (5) ; MM. Swarz (6) et Smith (7) sé sont occupés plus particulièrement des fougères.

Avec des secours si abondans, il a été aisé de rendre les ouvrages généraux de botanique infiniment plus complets que Linnæus ne les avoit laissés.

Le Dictionnaire de botanique de l'Encyclopédie, par M. Delamarck, continué par M. Poyret (8) ; les *Species plantarum* de M. Wildenow (9), l'énumération que M. Vahl (10) avoit commencée, porteront à près de trente mille le nombre des espèces de plantes connues et enregistrées dans ce grand catalogue de la nature, et chaque jour en ajoute de nouvelles. M. de Jussieu

(1) Dans son édition de la Flore Françoise.

(2) Histoire des conferves d'eau douce ; *Genève, 1803, in-4.°*

(3) Bath, 1795, in-fol.

(4) *Icones fucorum ;* Nuremberg, 1797 et 1798, in-4.°

(5) Prodrome d'aéthéogamie, déjà cité.

(6) *Synopsis filicum ;* Kiel, 1806, in-8.°

(7) Mémoires de l'Académie de Turin.

(8) Commencé en 1783. On en est au 8.ᵉ et dernier volume ; *in-4.°*

(9) Commencé en 1797 à Berlin. On en est au 8.ᵉ et dernier volume : il y en aura deux de supplément ; *in-8.°*

(10) *Enumeratio plantarum ;* Hafn. 1805. Il n'y en a que deux volumes.

comptoit dix-neuf cents genres en 1789; ce nombre seroit presque doublé par ceux qu'ont établis MM. Cavanilles, Loureiro, Smith, Lamarck, Ruis et Pavon, Michaux, la Billardière, Thunberg, Gærtner, du Petit-Thouars, Decandolle, Ventenat, et M. de Jussieu lui-même : mais une partie de ces genres rentreront les uns dans les autres, ou dans les genres anciens ; il en restera toujours huit à neuf cents de nouveaux (1).

Il n'est pas possible que dans un si grand nombre de plantes il n'y en ait beaucoup dont la société pourra tirer parti.

Sans vouloir, à l'exemple des anciens, attribuer à toutes les plantes des vertus médicales imaginaires, il est certain que la botanique a fourni même dans ces derniers temps, plusieurs médicamens utiles.

Le *tetragonia expansa,* rapporté des îles des Amis par le capitaine Cook, se cultive aujourd'hui en Europe comme plante alimentaire et comme excellent antiscorbutique ; le *chenopodium anthelminthicum,* si utile contre les vers des enfans, s'est répandu des États-Unis dans beaucoup de jardins de l'Europe ; la mousse de Corse [*fucus helminthocorton]* est suppléée maintenant par plusieurs de nos varecs, suivant les indications de M. Gérard.

Plusieurs plantes médicinales, anciennement connues, mais apportées autrefois de l'étranger, sont actuellement communes dans nos jardins; le *lobelia syphilitica* de Virginie,

Nouvelles plantes utiles.

---

(1) Consultez aussi sur les plantes nouvelles qui paroissent journellement, les divers recueils périodiques de botanique, tels que le Journal de botanique d'Usteri, celui de Schrader, le *Botanist Repository* d'Andrews, les Annales du Muséum d'histoire naturelle de Paris, &c.

le jalap du Mexique *[convolvulus jalappa]*, la rhubarbe de Sibérie *[rheum palmatum]*, celle des Arabes *[rheum ribes]*, sont de ce nombre.

L'histoire, jusqu'à présent si obscure, de nos plus importans médicamens végétaux, a été singulièrement éclaircie par les botanistes.

MM. Vahl, Ruis et Pavon, ont les premiers bien distingué les diverses sortes de quinquina, dont plusieurs égalent en vertu le quinquina rouge du Pérou.

M. Decandolle a montré que l'on confondoit, en pharmacie, des plantes de genres et même de classes différentes, sous le nom commun *d'ipécacuanha* (1).

Sans toutes ces distinctions, sans la fixation précise du degré de vertu de chaque espèce, il est impossible à la médecine de rien prescrire de certain sur les doses et l'efficacité des médicamens.

Les botanistes n'ont pas mis moins de zèle à propager les plantes aromatiques ou alimentaires qu'ils ont découvertes.

Tout le monde est instruit de leurs succès dans la transplantation à la Guiane des épiceries des Moluques. Ce monopole a été arraché à l'Orient par des François, et la culture de ces plantes précieuses portée dans des contrées d'où le retour en Europe sera beaucoup moins pénible et moins coûteux.

Nos îles de France et de la Réunion, qui ont servi d'entrepôt pour cette grande entreprise, en partagent le bénéfice : elles reçoivent elles-mêmes des espèces nouvelles ; le ravandsara de Madagascar, arbre aromatique,

(1) Bulletin des sciences, *messidor an 10.*

y est maintenant naturalisé; l'Inde et la Chine leur ont fourni le litchi, le ramboutan et le mangoustan, dont les fruits sont très-agréables.

Les professeurs du Muséum impérial d'histoire naturelle sont parvenus à faire donner à nos colonies d'Amérique l'arbre à pain des îles des Amis. On en fait à présent usage à Caïenne. La canne à sucre violette de Batavia remplacera bientôt la canne ordinaire; elle donne plus de sucre et en moins de temps.

La France, déjà si riche en excellens fruits, a reçu le mûrier rouge du Canada, le néflier du Japon, et le noyer pacanier de l'Amérique septentrionale. Ces fruits agréables peuvent encore se perfectionner par la culture.

Une variété de la patate du Mexique, envoyée récemment de Philadelphie, se répand en France : son goût approche de la châtaigne. Ces plantes alimentaires souterraines, qui craignent peu les intempéries, sont une richesse plus certaine encore que les autres.

Les États-Unis nous ont donné une foule de nouveaux bois de charpente et de menuiserie, principalement des espèces de chênes, de frênes, d'érables, de bouleaux, de pins et de noyers, dont quelques-unes ont encore des usages accessoires très-importans.

Le tan du chêne rouge est préféré à tous les autres; le quercitron, ou chêne tinctorial, aide à teindre les cuirs en un jaune très-solide; deux sortes d'érables donnent du sucre; le tupelo aquatique remplaceroit le liége; le baumier donne un suc utile en médecine; divers sapins et genevriers aromatisent la bière. Quelques-uns de ces arbres ont l'avantage de bien venir dans des terrains qui n'en nourrissoient pas d'autres de même genre. Le cyprès chauve veut des marais, &c.

La terre de Diémen nous enverroit de même des *eucalyptus* et des *casuarina* excellens pour la marine, et dont les diverses qualités s'approprieroient aisément à une foule d'autres usages particuliers. Le *phormium tenax* de la Nouvelle-Zélande peut servir la marine plus promptement encore par sa filasse, beaucoup plus robuste que celle du chanvre; il viendra aisément dans nos provinces méridionales.

Nous ne parlerons pas de ce grand nombre de plantes d'agrément qui ornent aujourd'hui nos parterres et nos bosquets, quoique ce soit aussi une utilité que de multiplier ces sortes de jouissances, et que l'architecture et les fabriques en tirent journellement des moyens et des modèles.

C'est en grande partie par cette attention qu'ont toujours eue les naturalistes de réunir dans leur patrie les productions étrangères qui peuvent y réussir, que les peuples civilisés sont arrivés à leur prospérité actuelle. Le même moyen peut l'augmenter encore : les pays étrangers nous offrent bien d'autres plantes utiles; nos colonies sur-tout peuvent en recevoir en foule des Indes et des autres pays chauds. Il seroit digne d'un Gouvernement paternel de les leur donner, et de faire encore, pendant la paix, ces conquêtes si douces et si peu dispendieuses.

Augmentation du nombre des animaux connus.

LE nombre des animaux existans est infiniment supérieur à celui des végétaux; mais on a commencé plus tard et l'on a long-temps mis moins d'attention à en dresser l'état. Linnæus encore, en portant dans cette branche de la science cette méthode précise qui lui a donné tant de succès en botanique, a eu l'avantage d'y trouver un champ plus neuf et plus fécond, qu'il a effleuré rapidement tout entier, pendant que Buffon et Pallas en cultivoient quelques parties avec plus de profondeur et d'éclat.

Les efforts réunis de ces hommes célèbres ont inspiré plus d'intérêt pour l'histoire des animaux, et l'effet commence à devenir sensible; car la période actuelle est plus riche que toutes les autres en travaux sur ce règne.

Les quadrupèdes ont éprouvé peu d'augmentation depuis Pallas et Buffon, si ce n'est par la Zoologie de la Nouvelle-Hollande de M. Shaw, et par les espèces que M. Schreber ajoute de temps en temps à la grande Histoire de cette classe, qu'il publie depuis plusieurs années (1). Cependant l'ouvrage d'Audebert sur les singes peut être cité comme livre de luxe (2). La Description de la ménagerie impériale, commencée par MM. de la Cépède, Cuvier et Geoffroy, offre aussi de belles figures de quadrupèdes dessinées par Maréchal et M. de Wailly (3). On attend avec intérêt l'ouvrage que M. Geoffroy prépare sur les animaux à bourse, et dont il a donné séparément de beaux échantillons. M. Péron a rapporté beaucoup de quadrupèdes nouveaux de la Nouvelle-Hollande, et M. Leschenaud, de l'île de Java. Buffon, qui se proposoit de

---

(1) Publiée en françois et en allemand, à Erlang, depuis 1775 ; le quatrième volume est fort avancé.

(2) Hist. nat. des singes; *in-fol.*

(3) Commencée en l'an 10, *in fol.* Il en a paru dix cahiers de quatre planches chacun.

terminer ses travaux par l'histoire des cétacées, fut arrêté par la mort ; M. de la Cépède a glorieusement rempli ce besoin de la science (1) et ce desir de son illustre maître.

M. Latham est celui qui a le plus ajouté au catalogue des oiseaux (2). La France a produit, sur cette classe, des ouvrages de luxe remarquables par la beauté de leurs planches. Les oiseaux d'Afrique (3), par M. le Vaillant, présentent beaucoup d'espèces nouvelles et un grand nombre d'observations intéressantes. Les perroquets (4), les oiseaux de paradis, les toucans, &c. (5) par le même auteur, avec des figures de M. Barraband ; les colibris et autres oiseaux dorés par Audebert et M. Vieillot (6) ; les tangaras par M. Desmarets fils, avec des figures de M.lle Decourcelles (7), sont à-la-fois de véritables objets de commerce, et des recueils dont la science peut tirer parti. On en a aussi commencé de semblables en Allemagne : les figures des oiseaux de ce pays, publiées par MM. Wolf et Meyer (8), et plus encore celles de MM. Borkhausen, Lichthammer et Becker (9), méritent des éloges ; mais peut-être vaudroit-il mieux représenter plus simplement des espèces nouvelles , que de reproduire ainsi des espèces connues, uniquement pour approcher davantage d'une perfection d'images que l'on n'atteindra jamais complétement , et qui n'est pas nécessaire au

(1) Histoire des cétacées ; *Paris , an 12 , in-4.°*

(2) *Index ornithologicus ;* Londres, 1790, 2 vol. in-4.°

(3) *Paris , in-fol. et in-4.°* Commencé en 1799 ; il en a paru cinq volumes.

(4) *Ibid. id.* Commencé en 1801; il en a paru deux volumes.

(5) *Paris , 1806 , 2 vol. grand in-fol.*

(6) *Paris , 1802 , 2 vol. grand in-fol.*

(7) *Paris , 1805 , grand in-fol.*

(8) *Nuremberg , grand in-fol.*

(9) *Darmstadt , in-fol.*

naturaliste

naturaliste. M. d'Azzara, dont on a en françois une excellente Histoire des quadrupèdes du Paraguay, traduite par M. Moreau de Saint-Merry (1), vient de donner, en espagnol, celle des oiseaux, qui ne sera pas moins précieuse.

Le luxe des figures a aussi été porté sur une classe qui n'en paroissoit guère susceptible. Daudin, en France, a fait représenter les grenouilles, rainettes et crapauds (2), et Russel, en Angleterre, les serpens de la côte de Coromandel, avec beaucoup de magnificence (3).

L'Histoire générale des reptiles, par M. de la Cépède, qui remonte aux premières années de notre période, a commencé à porter un grand jour dans cette classe, auparavant peu étudiée (4). Les travaux de ce célèbre naturaliste, continués depuis cette époque, et ceux que Daudin a faits en partie sous ses yeux, ont mis ce dernier en état d'en publier récemment une autre (5) où le nombre des espèces est plus que doublé. M. Schneider, dans deux ouvrages sur la même classe, a publié aussi des remarques très-intéressantes (6).

M. de la Cépède est encore celui qui a publié l'Histoire des poissons la plus récente et la plus riche. C'est, par ses vues, par le nombre des faits qui y sont rassemblés, par l'ordre qui y règne, par l'éclat de son style, un

---

(1) *Paris, 1801, 2 vol. in-8.°*

(2) *Paris, an 11, in-4.°*

(3) *Londres, 2 volumes grand in-folio.*

(4) Histoire naturelle des quadrupèdes ovipares et des serpens; *Paris, 1788 et 1789, 2 vol. in-4.°*

(5) Histoire naturelle des reptiles; *Paris, ans 10 et 11, 8 vol. in-8.°*

(6) *Amphibiorum physiologiæ spec. I et II,* Zullichow, 1797, in 4.°; et *Historiæ amphibiorum naturalis et litterariæ fascic. I et II,* Iena, 1799 et 1801, in-8.°

digne complément du magnifique édifice commencé par Buffon (1).

L'ouvrage de Bloch (2), qui l'avoit précédé de peu d'années, est remarquable par la beauté de ses figures enluminées et par le grand nombre de ses nouvelles espèces. L'abrégé Latin (3) que M. Schneider vient d'en publier, avec des additions, contribue à le compléter, et à faire connoître avec plus d'exactitude un certain nombre d'espèces ; mais la méthode bizarre que cet éditeur a suivie, d'après le nombre des nageoires, en rend l'usage embarrassant.

La classe immense des insectes est celle qui a donné lieu à plus de recherches et à plus d'ouvrages. Il y en a de ces derniers presque autant que sur les plantes, et l'espace nous manqueroit pour en rapporter seulement les titres.

Nous citerons néanmoins, parmi les descriptions d'insectes de certains pays, la Faune Étrusque, de M. Rossi (4) ; celle de Suède, de M. Paykull (5) ; la grande Faune des insectes d'Allemagne, avec de jolies figures, par M. Panzer (6) ; l'Entomologie Helvétique, de M. Clairville (7) ; celle de la Grande-Bretagne, par M. Marsham ; la Faune des insectes des environs de Paris, par M. Valckenaer (8), qui ajoute beaucoup à celle de MM. Geoffroy et Fourcroy ;

---

(1) Histoire naturelle des poissons ; Paris, ans 9 - 11, 5 vol. in-4.°

(2) Histoire naturelle des poissons, en françois et en allemand ; 12 vol. in-fol. et in-4.° Commencée en 1782.

(3) Systema ichthyologiæ iconibus cx illustratum; Berlin,1801,2 v.in-8.°

(4) Livourne et Pise, 1790-1794,

4 vol. in-4.°, dont 2 de supplément.

(5) Gustavii Paykull Fauna Suecica, Insecta ; Upsal, 1798, 4 vol. in-8.°

(6) Commencée en 1793, par feuilles détachées, et se continuant encore.

(7) Zurich, 1798, 1 vol. in-8.°, en françois et en allemand.

(8) Paris, 1802, 2 vol. in-8.°

les Insectes de Guinée et d'Amérique, par M. de Beauvois (1).

Parmi les descriptions d'insectes de certaines familles, se distinguent éminemment, par leur magnificence, les descriptions et les figures des papillons, de Cramer (2), d'Angramelle (3), d'Esper (4), et sur-tout celles d'Hübner (5). On doit y ajouter l'Iconographie des hémiptères, de Stoll (6); celle des crustacées, de M. Herbst (7); les punaises, de Wolf; les diptères, de Schellenberg (8); les abeilles d'Angleterre, de Kirby (9); enfin, l'Histoire des coléoptères, de M. Olivier (10), qui joint au luxe des figures l'ensemble le plus complet sur les mœurs, et un grand nombre d'espèces étrangères observées par l'auteur dans les cabinets de l'Angleterre et de la Hollande.

D'autres ouvrages sur cette classe, quoique dépourvus de nombreuses planches enluminées, sont remarquables par l'exactitude des observations qu'ils renferment. Telles sont les Monographies des carabes, des staphylins et des charançons, par M. Paykull (11); celles des fourmis et des

(1) Insectes recueillis en Afrique et en Amérique; *Paris, in-fol.* Commencé en 1805.

(2) Papillons exotiques. Commencé en 1779, continué par Holl jusqu'en 1790.

(3) Papillons d'Europe, *in-4.°* Commencé en 1779, continué jusqu'en 1790.

(4) Commencé à Erlang en 1777, *in-4.°*

(5) 8 volumes in-4.°

(6) Commencée en 1788; *Amsterdam, in-4.°*

(7) Commencée en 1790; *Berlin et Stralsund, in-4.°*

(8) Genres des mouches diptères, en françois et en allemand; *Zurich, 1803, in-8.°*

(9) *Monographia apum Angliæ,* en anglois; Ipswich, 1802, 2 vol. in-8.°

(10) Commencée en 1789, et se continuant encore. L'auteur vient de terminer le 5.ᵉ vol. in-4.°

(11) *Monographia staphylinorum Sueciæ;* Upsal, 1789, in-8.° *Monographia caraborum;* ibid. 1790, in-8.°

abeilles, par M. Latreille (1) ; celle des coléoptères à petits élytres, par M. Gravenhorst (2).

Pour les descriptions d'insectes nouveaux en général, on a plusieurs recueils périodiques, sur-tout en Allemagne, où ce genre de publication est plus en usage. Fuessly (3), Scriba (4), M. Illiger, ont successivement mis leurs noms à la tête de semblables recueils.

Quant au catalogue général des insectes, M. Fabricius (5) est depuis long-temps, en quelque sorte, en possession de le rédiger. Ses éditions successives, depuis celle de 1775, l'ont porté au nombre effrayant de près de vingt mille espèces, recueillies, soit dans les ouvrages que nous venons de citer, soit dans les cabinets que M. Fabricius a soin de visiter chaque année dans une partie de l'Europe. La France est l'un des pays qui lui ont fourni le plus de matériaux (6).

Nous avons en françois un excellent ouvrage sur les insectes ; c'est celui que M. Latreille a joint à l'édition de Buffon imprimée chez Duffart (7) ; et il y en a en

---

(1) *Paris, 1802, in-8.°*

(2) *Brunsvick, 1802,* et *Gott. 1806,* 2 vol. *in-8.°*

(3) Le Journal de Fuessly a commencé en 1778. Il a paru sous différens titres jusqu'en 1794, à Zurich et a Winterthur, *in-8.°*

(4) Celui de Scriba, imprimé a Francfort, a paru depuis 1790-1793, *n-8 °* et *in-4.°*

(5) Ce savant naturaliste n'est mort que depuis la présentation de ce Rapport.

(6) *Systema entomologiæ ;* Flens-bourg et Leipsick, 1775, in-8.° *Species insectorum;* Hambourg et Kiel, 1781, 2 vol. in-8.° *Mantissa insectorum ;* Hafn. 1787, 2 vol. in-8.° *Entomologia systematica;* Hafn. 1792-1794, 4 vol. in-8.° *Systema eleuteratorum,* Kiel, 1801, 2 vol. in-8.° *Systema ulonatorum ;* et ainsi de suite pour les autres classes.

(7) *Paris, ans 10-13, 14 vol. in-8.°* Le même auteur a publié depuis, en latin, les trois premiers volumes de ses *Genera insectorum;* Paris et Strasbourg, 1806 et 1807, in-8.°

Allemagne un beaucoup plus considérable, commencé par Jablonsky et continué par Herbst (1).

Les coquilles et les divers lithophytes n'ont pas manqué de descripteurs ni de dessinateurs. Schroeter (2), Draparnaud (3), MM. Poyret (4) et Ferussac (5), ont traité des coquilles d'eau douce; le grand ouvrage de Martini a été continué par Chemnitz (6), &c.

Les coquilles fossiles des environs de Paris ont trouvé dans M. Delamarck un descripteur infatigable, qui en a déjà ajouté plusieurs centaines à la liste de celles qu'on observe vivantes dans la mer et dans les eaux douces (7).

Mais les mollusques nus, ceux qui habitent l'intérieur des coquillages, les vers et les zoophytes, ont été trop négligés; l'intérêt et la variété de leur structure n'ont prévalu qu'auprès d'un petit nombre de naturalistes sur la difficulté de les recueillir et de les conserver.

M. Poli cependant a publié, sur les animaux des coquilles du royaume de Naples, un magnifique ouvrage, où il expose et représente leur anatomie avec beaucoup d'exactitude (8), et répand un jour tout nouveau sur leur physiologie.

(1) Système de tous les insectes connus, commencé à Berlin, en 1785, in-4.°

(2) Sur les coquilles d'eau douce, principalement de Thuringe; *Halle, 1779, in-4.°, en allemand.*

(3) Histoire natur. des mollusques terrestres et fluviatiles de la France *Paris, 1805, in-4.°*

(4) Coquilles fluviatiles et terrestres, observées dans le département de l'Aisne; *Paris, an 9, in-8.°*

(5) Essai d'une méthode conchyliologique; *Paris, 1807.*

(6) Nouveau cabinet systématique de coquilles; *Nuremberg, 1769-1788, 10 vol. in-4.°*

(7) Dans les différens volumes des Annales du Muséum d'histoire naturelle.

(8) *Testacea utriusque Siciliæ,* 2 vol. grand in-fol.

M. Cuvier s'occupe de tous ces animaux nus; il en a déjà fait connoître plusieurs nouveaux, tant à l'extérieur qu'à l'intérieur, et a rectifié, par le moyen de l'anatomie, la plupart des notions que l'on avoit sur les autres (1).

Gœtze (2), Werner, Fischer (3), Bloch, Rudolphi, ont donné beaucoup d'étendue à la connoissance des vers intestins, famille si singulière par la nécessité qui la retient dans l'intérieur des animaux.

Bruguière avoit commencé, dans l'Encyclopédie, une histoire générale de tous ces animaux sans vertèbres, qui ne sont pas des insectes, et que l'on confondoit sous le nom commun de *vers*. Son voyage et sa mort l'ont interrompue; et maintenant que la distribution méthodique de cette partie du règne est changée, on ne pourra pas continuer cet ouvrage sur le même plan.

Il y a beaucoup moins d'ouvrages généraux sur le règne animal que sur la botanique, parce qu'il est très-difficile qu'un seul homme étudie les espèces innombrables et les formes à-la-fois si compliquées et si diversifiées des animaux. M. Shaw est jusqu'à présent le seul qui ait entrepris d'en écrire un détaillé (4); mais il est encore loin de l'avoir terminé, et la plus grande partie de ses figures est empruntée d'autres ouvrages. Il y en a au moins plusieurs tableaux abrégés. Les Allemands, accoutumés depuis long-

(1) Dans les Annales du Muséum d'histoire naturelle.

(2) Essai d'une histoire naturelle des vers intestins des animaux; *Blankenbourg, 1782, 1 vol. in-4.°, en allemand.*

(3) *Vermium intestinalium brevis expositio, auct.* Werner, Leips. 1782, 1. vol. in-8.°; *ejusdem Contin. 1,* ibid. 1782; *Contin. 11 à Leonh.* Fischer, 1786; *Contin. 111, auctore* Fischer, 1788.

(4) *General zoology,* commencée en 1800, à *Londres, in-8.°*

temps à enseigner l'histoire naturelle dans leurs universités, ont sur-tout le Manuel de M. Blumenbach (1). Le premier écrit méthodique de ce genre qui ait paru en France, est le *Tableau élémentaire* de M. Cuvier (2), qu'a suivi la *Zoologie analytique* de M. Duméril, ouvrage qui présente tous les genres distribués d'après une analyse rigoureuse, et où l'auteur propose beaucoup de divisions nouvelles (3).

Les animaux nous offrent moins souvent des objets nouveaux d'utilité que les végétaux, parce que nous avons moins de moyens de nous en rendre maîtres et de nous consacrer leur existence.

Nouveaux animaux utiles.

Cependant cette période a fait connoître de nouvelles espèces de gibier que l'on pourroit répandre dans nos bois, comme le phascolome de la Nouvelle-Hollande, &c. ; de nouvelles pelleteries propres à alimenter le commerce ou à donner du poil pour la chapellerie, comme le couy du Paraguay, &c.

En revanche, les animaux offrent au philosophe, dans leurs propriétés et dans leurs diverses industries, des sujets de méditation plus nombreux et plus intéressans.

Observations remarquables sur les mœurs et l'industrie des animaux,

Leurs mœurs, les procédés de leur instinct, méritent sur-tout l'attention, et exigent souvent beaucoup de sagacité pour être bien développés.

(1) La 8.ᵉ édition est de 1807. Il y en a une traduction Françoise, par M. Artaud, faite sur la 6.ᵉ édition; *Metz, 1803, 2 vol. in-8.º*

(2) *Paris, an 6, in-8.º*

(3) *Paris, 1806, in-8.º* — Au reste, pour se mettre au courant de toutes les découvertes de détail dont se sont enrichies les diverses branches de l'histoire naturelle, il faut encore parcourir les ouvrages périodiques généraux, tels que le *Naturforscher*, le Journal de Voigt, les Annales du Muséum d'histoire naturelle, les écrits de la Société des naturalistes de Berlin, le *Naturalist's Miscellany* de Shaw, &c. Ce dernier a le défaut de reproduire beaucoup de choses connues.

L'abeille, qui fait depuis si long-temps l'objet de l'admiration des naturalistes et des hommes instruits de toutes les classes, n'étoit point encore parfaitement connue; et il étoit réservé à M. Huber de dévoiler tout-à-fait les secrets du gouvernement des ruches (1).

Propriétés singulières de certains animaux.

Tact des chauve-souris.

Il y a peu de propriétés plus remarquables que celle que Spallanzani a découverte dans les chauve-souris, de pouvoir se diriger dans l'obscurité, de démêler tous les contours, toutes les fentes des souterrains, et d'éviter tous les obstacles sans employer le sens de la vue : la délicatesse du sens du toucher répandu sur l'énorme surface de leurs oreilles et de leurs ailes, et l'extrême finesse de leur ouïe, peuvent également y contribuer.

Reproduction des parties coupées.

La faculté de reproduire les parties coupées ; portée à l'extrême dans le polype à bras, si célèbre par les expériences de Trembley, ne se manifeste guère moins fortement dans les actinies et dans quelques autres zoophytes, selon l'abbé Dicquemare (2): on l'a connue de tout temps pour les écrevisses ; on sait, par Spallanzani et Bonnet, à quel point elle va dans les salamandres aquatiques et les limaçons. Dans la période actuelle, Broussonnet a constaté qu'elle est presque aussi étendue dans les poissons (3).

Fécondation continuée.

Bonnet avoit découvert dans les pucerons la faculté d'être fécondés pour plusieurs générations par un seul

(1) Nouvelles Observations sur les abeilles, par François Huber; *Genève, 1792, in-8.º*

(2) Les recherches de Dicquemare ne sont encore connues que par quelques Mémoires épars dans le Journal de physique; mais le manuscrit existe en entier, avec beaucoup de planches toutes gravées, dans les mains de Melle le Masson le Golft : il est fort à desirer qu'il soit bientôt publié.

(3) Académie des sciences, 1786.

accouplement :

accouplement : M. Jurine l'a vue portée encore plus loin dans certains monocles (1).

La léthargie plus ou moins profonde dans laquelle certains animaux, comme les marmottes, les loirs, &c. passent la saison froide, est encore une propriété bien digne d'attention. La classe en a fait deux fois le sujet d'un prix ; et sa question a produit des travaux intéressans, qui ont bien fait connoître, sinon les causes de ce singulier phénomène, du moins toutes les circonstances qui l'amènent, l'accompagnent ou l'interrompent.

Sommeil hivernal.

Les observations de MM. Hérold et Rafn, qui furent couronnés il y a trois ans, et de M. Saissy (2), qui l'a été cette année, jointes à celles de MM. Mangili (3) et Prunelle, qui n'ont point jugé à propos de concourir, et à celles que Spallanzani avoit faites sur la fin de sa vie, donnent un corps assez complet de doctrine sur ce sujet.

La léthargie parfaite est accompagnée d'une suspension totale de la respiration, de la sensibilité, du mouvement et de la digestion. La circulation est très-ralentie, et la nutrition et la transpiration réduites à très-peu de chose. Le sang semble quitter les extrémités et engorger les vaisseaux de l'abdomen.

La seule condition de la léthargie est le froid et l'absence des causes irritantes. Celles-ci peuvent même contrarier l'action du froid ; et c'est ce qui fait que, dans l'état domestique, plusieurs de ces animaux ne tombent

(1) Bulletin des sciences, thermidor an 9.

(2) Recherches expérimentales sur la physique des animaux mammifères hybernans, &c. par M. Saissy ; *Lyon , 1808 , 1 volume in - 8.º*

(3) Essais d'observations pour servir à l'histoire des mammifères sujets à une léthargie périodique, en italien; *Milan, 1807 , in-8.º*

jamais en léthargie, et que d'autres y ont besoin pour cela de plus de froid, tandis qu'un repos absolu et un air renfermé les endorment plutôt qu'à l'ordinaire. Un froid trop vif devient lui-même un irritant et les réveille. Pendant la léthargie, leur chaleur naturelle ne s'élève guère au-dessus de celle du milieu; mais, si on les réveille, ils reviennent promptement à leur chaleur ordinaire, quelque froid qu'il fasse : au contraire, si on les abandonne au sommeil à quelques degrés au-dessous de zéro ils périssent gelés.

On trouve dans ces faits des preuves bien évidentes de l'influence des irritans extérieurs pour entretenir l'activité du tourbillon vital; mais on y en trouve de non moins remarquables de la possibilité que la vie subsiste, malgré le ralentissement excessif des mouvemens dont elle se compose.

Quant à la cause prédisposante, c'est-à-dire, aux circonstances particulières d'organisation qui font que certains animaux dorment l'hiver, et que d'autres de même classe ne dorment point, elles sont encore fort obscures.

Venin. Émanations nuisibles.

Depuis un temps immémorial on attribuoit aux vipères, et, plus qu'à tout autre, aux serpens à sonnette, la faculté d'étourdir et en quelque sorte d'attirer à soi les petits animaux dont ces reptiles se nourrissent. M. Barton a réduit cette faculté dans ses justes bornes, en montrant que le serpent à sonnette ne prend ainsi que de petits oiseaux ou animaux qui nichent près de terre, et que c'est dans les mouvemens qu'ils se donnent pour défendre leurs petits, qu'ils s'approchent assez de la gueule du reptile, pour qu'il puisse s'en emparer (1).

(1) Mémoire concernant la faculté de fasciner, attribuée au serpent à sonnette, en anglois; *Philadelphie, 1796, in-8.°*

Au nombre des émanations nuisibles les plus extraordinaires , doit être comptée l'électricité galvanique que certains poissons manifestent à volonté. M. de Humboldt a fait connoître le degré prodigieux de celle du gymnote de la Guiane (1), et M. Geoffroy a décrit les organes où elle se produit dans le silure électrique du Nil (2).

Il y a aussi des animaux intéressans par leurs formes singulières, et la Nouvelle-Hollande se fait remarquer plus que tout autre pays par ces formes extraordinaires. En général, elle a renouvelé ce fait remarquable, qui eut déjà lieu lors de la découverte de l'Amérique méridionale ; c'est que tous ses êtres vivans, excepté l'homme et le chien, sont d'espèces et souvent de genres inconnus au reste du globe, comme s'il y avoit eu pour elle une création particulière.

Animaux singuliers par leur forme.

Le kanguroo, découvert par le capitaine Cook, haut de six pieds, faisant des sauts énormes sur ses jambes de derrière disproportionnées, portant ses petits dans une poche ; le phascolome, décrit par M. Geoffroy, et qui réunit la poche des didelphes, la marche lente des paresseux et les dents des rongeurs ; l'ornithorinque de M. Blumenbach, dont les pieds ressemblent à ceux d'un phoque et le museau au bec d'un canard ; l'échidné, qui joint un museau tubuleux et une langue extensible de fourmilier à des épines de hérisson, frappent d'étonnement les yeux les plus habitués aux singularités de la nature.

Cette géographie des êtres organisés présente plusieurs autres considérations, et M. de Humboldt lui a donné le

_____

(1) Dans les Observations de zoologie et d'anatomie comparée qui font partie de son Voyage.

(2) Bulletin des sciences , *nivôse an 11;* Annales du Muséum d'histoire naturelle.

plus grand intérêt dans sa Description physique de l'Amérique équinoxiale. C'est là que l'on voit, avec le plus de précision, comment chaque plante, chaque animal, sont limités dans leurs migrations par la combinaison du sol, du climat et de l'élévation verticale.

Nécessité d'un nouveau Systema naturæ.

Tant de richesses dans tous les règnes mériteroient bien d'être recueillies dans un ouvrage général. Il est sur-tout nécessaire pour le règne animal, où il n'y en a point qui mérite ce nom : l'édition de Linnæus, par Gmelin (1), n'est presque par-tout qu'une compilation informe; et sa refonte seroit peut-être ce que votre Majesté pourroit ordonner de plus utile aux sciences naturelles.

L'Europe entière avoueroit sans doute un ouvrage de ce genre, rédigé par les naturalistes François. La collection intitulée *Annales du Muséum d'histoire naturelle*, qui se publie depuis cinq ans (2), prouve, en effet, que Paris est peut-être la seule ville où les objets d'observation et les secours d'érudition s'unissent aux connoissances acquises et aux vues élevées au degré nécessaire pour y faire réussir une entreprise aussi vaste.

Encouragés par votre protection toute puissante, les naturalistes François redoubleroient de zèle, et s'efforceroient d'ériger à votre Majesté un monument digne d'elle; et il seroit beau de voir le nom de NAPOLÉON, déjà attaché à tant de sages lois, à tant de grandes institutions, décorer encore le frontispice d'un ouvrage fondamental.

Les établissemens d'Alexandre sont tous détruits; mais l'Histoire des animaux d'Aristote subsiste comme une

(1) *Leipzig, 1788-1793, 3 parties, faisant 10 vol.; réimprimée à Lyon.* | (2) *Paris, depuis 1802.* On est au douzième volume in-4.°

marque éternelle de l'amour de ce grand prince pour les connoissances utiles. Un mot de votre Majesté peut créer un ouvrage qui surpassera autant celui d'Aristote par l'étendue des objets qu'il embrassera, que vos actions surpassent en éclat celles du conquérant Macédonien.

Loin de nous, cependant, l'idée de rien ôter à la gloire dú grand philosophe que nous vous rappelons ! Nous pensons, au contraire, qu'il faut faire revivre ses principes, si l'on veut donner à l'histoire naturelle toute sa perfection ; et nous voyons avec satisfaction qu'ils commencent, en effet, à revivre.

Nous voulons principalement parler des méthodes.

Il a été aisé de sentir, dès les premiers momens, que cette immense quantité d'objets que l'histoire naturelle considère, avoit besoin de quelque arrangement pour se loger sans confusion dans la mémoire.

Perfectionne-
mens dans les
méthodes.

On les a donc, de tout temps, distribués en divisions et subdivisions de divers ordres ; et à mesure que la science a fait des progrès, on a désigné chacun de ces groupes par des caractères distinctifs plus précis.

Linnæus sur-tout a porté cet art des distributions et des caractères à un tel degré de clarté et de briéveté, qu'il est aisé à celui qui s'est rendu son langage familier, de trouver, dans son immense catalogue, la place et le nom d'un être quelconque qu'il observeroit. C'est à la facilité qui résulte de cet arrangement, à la commodité de sa nomenclature, et sur-tout au soin qu'il a pris de placer dans son système tous les êtres connus de son temps, que cet homme célèbre a dû l'autorité extraordinaire qu'il avoit acquise de son vivant, autorité qui, toute despotique qu'elle étoit, avoit l'avantage de réunir les naturalistes sous les lois d'une langue commune et intelligible pour tous.

Il faut convenir, en effet, que, depuis la mort de Linnæus, une sorte d'anarchie s'est emparée de la partie systématique de l'histoire naturelle, et que les distributions de tous les degrés, et les noms qui s'y rattachent, ont varié au point de fatiguer les mémoires les plus tenaces, et d'exciter des plaintes vives de la part des amateurs superficiels.

Mais ce désordre apparent ne vient que de la tendance naturelle aux bons esprits vers un ordre meilleur, dont la marche de Linnæus sembloit vouloir nous tenir écartés pour jamais, vers cette distribution des faits dont la science se compose, en propositions tellement graduées et subordonnées dans leur généralité, que leur ensemble soit l'expression des rapports réels des êtres.

Il ne s'agit, pour cet effet, que de grouper les êtres d'après l'ensemble de leurs propriétés ou de leur organisation, de manière que ceux que le même groupe réunira, se ressemblent plus entre eux qu'ils ne ressemblent à tout autre qui seroit entré dans un groupe différent. Cette disposition est ce qu'on nomme *méthode naturelle :* une sorte de sentiment intérieur dirige vers elle tous ceux que la nature frappe ; mais, comme elle supposeroit, pour être parfaite, une connoissance très-détaillée de toutes les parties des êtres, on a été long-temps obligé de s'en tenir à ces systèmes de pure nomenclature, établis, comme ceux de Linnæus, sur quelque organe isolé et choisi assez arbitrairement.

Il en a été imaginé, avant et depuis Linnæus, un

très-grand nombre , sur-tout en botanique ; et ils ont eu au moins l'avantage de porter successivement l'attention sur les divers organes, et de les faire étudier : mais, comme ils satisfaisoient peu les esprits éclairés , on a cherché dans tous les temps à leur substituer la méthode naturelle.

Morison , Magnol , Ray , Haller , Adanson , Bernard de Jussieu , Linnæus même dans quelques écrits particuliers , ont cherché à rapprocher les plantes d'après ces principes : mais c'est à la France, et sur-tout à l'époque actuelle , qu'il étoit réservé d'en faire une application générale à tout le règne végétal ; et c'est précisément en 1789 qu'a paru le *Genera plantarum* de M. de Jussieu , ouvrage fondamental en cette partie, et qui fait , dans les sciences d'observation , une époque peut-être aussi importante que la *Chimie* de Lavoisier dans les sciences d'expérience (1).

Méthode naturelle des plantes.

Exposons, en peu de mots, les principes d'où l'on est parti , et la marche que l'on a suivie pour arriver à cette distribution naturelle des plantes.

Il y a parmi les végétaux quelques familles reconnues universellement pour naturelles, suivant l'acception donnée précédemment à ce terme : les graminées, les ombellifères , les légumineuses , sont de ce nombre. Les botanistes , observant dans chacune de ces familles les organes constans et ceux qui varient, et trouvant que ceux qui sont constans dans l'une, le sont aussi dans les autres, jugent que les premiers sont plus importans, et que l'on

(1) *Genera plantarum secundùm ordines naturales disposita ;* Paris, 1789 , in-8.°

doit y donner plus d'attention dans la formation des familles moins évidentes.

Ayant ainsi classé les organes d'après l'importance qu'ils leur ont reconnue, ils mettent d'abord ensemble toutes les plantes qui s'accordent par les organes de première classe ; ils subdivisent ensuite d'après ceux de seconde, et ainsi du reste.

C'est ce calcul de l'importance des organes, et son application aux divers végétaux, qui ont guidé M. de Jussieu dans la formation de ses cent familles primitives, et qui le guident encore aujourd'hui, ainsi que ceux qui travaillent, d'après ses vues, à perfectionner ce bel édifice.

L'ordre admirable qu'il a en quelque sorte introduit dans le règne végétal, a en effet changé, en grande partie, la marche de la botanique. Nos plus habiles botanistes François adoptent la méthode naturelle dans leurs écrits, et travaillent à l'étendre. Une partie des ouvrages descriptifs dont nous avons parlé plus haut, sont disposés selon ses principes : M. Ventenat l'a suivie dans son Tableau du règne végétal (1), et M. Desfontaines dans la plantation du jardin du Muséum et dans l'arrangement de ses herbiers. M. Jaume Saint-Hilaire vient de l'appuyer de dessins des principales évolutions des graines (2). Elle a moins pénétré à l'étranger, faute d'un catalogue complet des espèces disposé d'après elle ; et c'est à quoi remédiera, sans contredit, le *Systema naturæ* dont nous demandons à votre Majesté d'ordonner la rédaction.

(1) Tableau du règne végétal, selon la méthode de Jussieu ; *Paris, an 7,* *4 vol. in-8.º*

(2) Exposition des familles naturelles et de la germination des plantes ; *Paris, 1805, 4 vol. in-8.º*

Déjà

Déjà l'on s'attache à examiner en détail chaque famille et à mettre de l'ordre dans les genres qui la composent, d'après les principes qui ont présidé à la distribution de l'ensemble. M. de Jussieu en donne l'exemple dans plusieurs mémoires récens sur les passiflores, les verbénacées, les laurinées (1), &c. M. Correa de Serra, en s'occupant de celle des orangers, a donné de belles vues générales sur les raisons qui, liant ensemble certains organes, limitent nécessairement chaque famille dans des bornes déterminées (2). M. Ventenat a établi une famille nouvelle, celle des ophispermes, qui est voisine des sapotilliers. M. Decandolle a circonscrit celle des valérianes, et distribué d'une manière nouvelle celle des algues (3) ; et parmi les étrangers, M. Smith a travaillé dans le même genre sur les fougères et sur les myrtes. Ceux même des botanistes François qui ont encore conservé le système sexuel dans la distribution de leurs plantes, comme MM. Desfontaines et la Billardière, ont soin d'indiquer la place que chacune d'elles doit occuper dans la méthode naturelle, et font pour cela des recherches qui contribuent à la perfectionner.

La méthode naturelle est d'autant plus importante en botanique, qu'elle est le guide le plus sûr pour annoncer les vertus et les propriétés des plantes. Ces propriétés, en effet, dépendent de la composition des sucs et des autres produits végétaux, laquelle dépend, à son tour, des formes des organes sécrétoires. Aussi Linnæus lui-même avoit-il aperçu la constance de ce rapport entre l'ensemble des

(1) Dans différens volumes des Annales du Muséum.

(2) *Ibid.*

(3) Bull. des sciences, *prairial an 9.*

formes des plantes et leurs propriétés de tous les genres. M. Decandolle vient de la développer dans un ouvrage où il fixe avec beaucoup de sagacité les précautions à prendre pour en faire l'application (1).

On voit, par ce que nous avons dit ci-dessus, que cette subordination établie parmi les caractères botaniques, et fondement de toute méthode naturelle parmi les plantes, repose presque uniquement sur l'observation de la constance de ces caractères. C'est en effet à cela que nous réduisent l'obscurité qui règne encore dans l'économie végétale, et l'ignorance où nous sommes de ce qui résulte de telle ou telle modification d'organe : aussi est-on heureux, chaque fois qu'il s'introduit dans les principes de la classification des plantes quelque chose de rationnel.

Telle est la belle observation de M. Desfontaines, que nous avons citée précédemment, sur la manière opposée dont se développent les fibres ligneuses dans les plantes à cotylédons simples et doubles. Une différence aussi marquée dans le tissu intime du végétal justifie en quelque sorte, en l'expliquant, cette grande division du règne.

Les plantes n'ayant d'organes, ni pour le mouvement, ni pour le sentiment, il faut descendre jusqu'aux parties de la fructification, pour trouver des caractères importans : et c'est en effet sur ces parties que se fondent les familles et les genres ; encore, une fois que l'on quitte la composition de la graine, a-t-on bien de la peine à donner des raisons *à priori* de la constance qu'on observe.

(1) Essai sur les propriétés médi- | leurs formes extérieures; *Paris, 1804,*
cales des plantes, comparées avec | *in-4.°*

M. de Jussieu lui-même, voulant mettre quelque ordre dans la distribution de ses familles, en les répartissant dans certaines classes, a éprouvé de l'embarras ; et ses classes, fondées sur la position réciproque des organes sexuels et sur la structure de la corolle, sont beaucoup moins évidentes que ses familles mêmes.

La composition du fruit et de la graine, indépendamment de l'intérêt général qu'elle partage avec toute connoissance positive, est donc de première importance pour perfectionner la méthode naturelle des plantes ; c'est la vraie pierre de touche de la justesse des rapprochemens indiqués par les autres organes ; et M. de Jussieu s'est trouvé puissamment secondé, pour ses travaux ultérieurs, par l'ouvrage de Gærtner, qui a paru la même année que le sien. Ce livre porte l'empreinte du dévouement de près de cinquante années que son auteur a consacrées à le rendre digne du public, s'en occupant uniquement dans la retraite la plus profonde, sans desir d'une réputation prématurée, et donnant ainsi un exemple aussi précieux que rare aux hommes qui recherchent la vérité (1).

Les animaux offroient plus de facilité que les végétaux pour une méthode naturelle fondée sur le raisonnement : les ressemblances y sont plus frappantes, et leurs causes plus faciles à trouver. Aristote en avoit déjà fort bien saisi les principales classes ; et ces classes, introduites depuis dans presque toutes les divisions zoologiques, les rendant moins choquantes, et rappelant moins la nécessité d'une méthode naturelle, en avoient toujours fait

Méthode naturelle des animaux.

(1) La Carpologie, déjà citée.

négliger la recherche. Il étoit résulté de là que les classes des animaux vertébrés, assez naturelles en elles-mêmes, étoient subdivisées de la manière la plus bizarre, et que celles des animaux sans vertèbres avoient fini par se trouver beaucoup plus mal établies dans Linnæus que dans Aristote.

M. Cuvier, en étudiant la physiologie de ces classes naturelles des animaux vertébrés, a trouvé, dans la quantité respective de leur respiration, la raison de leur quantité de mouvemens, et par conséquent de l'espèce de ces mouvemens. Celle-ci motive les formes de leurs squelettes et de leurs muscles : l'énergie de leurs sens et la force de leur digestion sont en rapport nécessaire avec elle. Ainsi une division qui n'avoit été jusque-là établie, comme celle des végétaux, que par l'observation, s'est trouvée reposer sur des causes appréciables et applicables à d'autres cas (1). En effet, M. Cuvier, ayant examiné les modifications qu'éprouvent dans les animaux sans vertèbres les organes de la circulation, de la respiration et des sensations, et ayant calculé les résultats nécessaires de ces modifications, en a déduit une division nouvelle où ces animaux sont rangés suivant leurs véritables rapports (2). La classe des mollusques sur-tout, que Linnæus

---

(1) Leçons d'anatomie comparée, t. *IV*, leçon *XXIV*.

(2) Cette distribution des animaux sans vertèbres, proposée pour la première fois à la Société d'histoire naturelle de Paris, le 21 floréal an 3, dans un mémoire imprimé dans la Décade philosophique, perfectionnée dans le Tableau élémentaire et dans les Leçons d'anatomie comparée de l'auteur, reparoîtra bientôt sous un nouveau jour, et appuyée de grands développemens, dans le Traité anatomique des animaux sans vertèbres, qui est sous presse, avec beaucoup de planches.

et ses successeurs confondoient, sous le nom commun de *vers*, avec les zoophytes et autres animaux les plus simples, est distinguée et reportée à la tête des animaux sans vertèbres, qu'elle surpasse tous par une organisation beaucoup plus complète, et spécialement par l'existence d'un cœur et d'un cerveau plus ou moins compliqués. M. Cuvier a également reconnu du sang rouge et une circulation particulière dans une classe entière que Linnæus confondoit avec les vers en général, et en particulier avec ceux des intestins (1). Ce fait justifie le titre d'*animaux sans vertèbres* proposé par M. Delamarck pour cette immense partie du règne animal, au lieu de celui d'*animaux à sang blanc* qu'on leur donnoit auparavant. M. Cuvier pense que les insectes n'ont pas de circulation, et que c'est pour cela que leurs trachées leur portent l'air par tout le corps (2). En général, la quantité de respiration produit sur le mouvement le même effet dans les animaux sans vertèbres que dans les autres. Les zoophytes n'ont ni cœur, ni vaisseaux, ni poumons, ni nerfs, ni cerveau; M. Cuvier l'a montré en détail : il ne reste quelque embarras que pour les oursins, les astéries et les holothuries.

M. Delamarck (3), qui a fait un ouvrage sur les animaux sans vertèbres, où il en étend immensément la connoissance, sur-tout par une distribution toute nouvelle des mollusques à coquilles, a adopté, à quelques modifications et additions près, les classes de M. Cuvier.

(1) Bulletin des sciences, *messidor an 10*.

(2) Mém. de la Société d'hist. nat. de Paris; *Paris, an 8, in-4.°; p. 34.*

(3) Système des animaux sans vertèbres; *Paris, 1801, in-8.°*

MM. Duméril (1), Roissy (2), et plusieurs autres qui traitent de cette portion importante du règne animal, s'y conforment également en grande partie. Il n'y a pas de doute que la méthode naturelle ne l'emporte bientôt sur toutes les autres, en zoologie comme en botanique.

La zoologie est si immense, que chaque classe est en quelque sorte le partage d'écrivains particuliers, et toutes ont éprouvé de grandes améliorations dans cette période.

MM. Geoffroy et Cuvier (3) ont établi une distribution nouvelle parmi les quadrupèdes, dont les principaux motifs avoient été pressentis et employés avec habileté par M. Storr (4) : l'anatomie la confirme et la perfectionne journellement, et elle va bientôt trouver des caractères très-précis dans les observations de M. Frédéric Cuvier (5) sur les dents mâchelières.

M. de la Cépède, considérant cette classe sous d'autres rapports, en a fait une division qui a sur-tout l'avantage d'être très-régulière et très-rigoureuse (6). Il en a donné une sur les oiseaux, fondée sur des principes analogues, et également régulière (7). M. Bechstein, dans son Histoire des oiseaux d'Allemagne (8), a fait quelques modifications à la méthode de M. Latham ; mais la classe des oiseaux,

(1) Traité élémentaire d'histoire naturelle, et Zoologie analytique.

(2) Histoire naturelle des mollusques, faisant suite au *Buffon* de Duffart, *t. V.*

(3) Tableau élémentaire de l'histoire naturelle des animaux; *Paris, an 6, in-8.º*

(4) *Prodromus methodi mammalium;* Tubingue, 1786, in-4.º

(5) Annales du Muséum d'histoire naturelle, *t. X, p. 105, t. XII et suiv.*

(6) Mémoires de l'Institut, *t. III, p. 469.*

(7) Ibid. *p. 454.*

(8) En allemand ; *t. I.ᵉʳ, in-8.º*

en général, paroît peu susceptible d'être soumise à des caractères rigoureux.

M. Brongniard a saisi dans la structure du cœur et dans celle des organes des sens et du mouvement, les vrais motifs de la division des reptiles en ordres et en genres (1). Daudin s'est borné à multiplier ceux-ci, peut-être sans nécessité.

M. de la Cépède, dans sa grande Histoire des poissons, est entré dans les détails les plus scrupuleux sur les tégumens des branchies, sur la disposition des nageoires, et sur tous les autres caractères propres à subdiviser les genres établis avant lui, auxquels il en a ajouté un grand nombre d'entièrement inconnus, les distribuant tous dans un grand tableau très-régulier où les tégumens des branchies forment un élément nouveau, que l'auteur a très-ingénieusement combiné avec ceux que Linnæus avoit employés avant lui (2).

Le nombre des cœurs et la disposition générale des organes du mouvement ont fourni à M. Cuvier les familles naturelles de la grande classe des mollusques (3); l'ordre des testacées, fondé autrefois sur le caractère peu important de la coquille, est proscrit et dispersé dans plusieurs classes. M. Delamarck a établi avec autant de soin que de sagacité les genres des coquilles (4).

Les crustacées, qu'Aristote avoit déjà mis dans une classe à part, se trouvoient confondus par Linnæus dans

---

(1) Mémoires présentés à l'Institut, t. I.er, p. 587.

(2) Histoire naturelle des poissons, déjà citée.

(3) Mémoire lu à la Société d'his- toire naturelle de Paris le 11 prairial an 3, imprimé dans le Magasin encyclopédique.

(4) Dans le Système des animaux sans vertèbres; *Paris, 1801, 1 v. in-8.°*

l'immense famille des insectes. MM. Cuvier et Delamarck les en ont distingués par des caractères de premier ordre tirés de leur circulation ; ce dernier sépare même, sous le nom d'*arachnides*, un certain nombre d'insectes sans ailes.

Les vers à sang rouge, nommés aujourd'hui *annelides* par M. Delamarck, forment une famille caractérisée par une circulation particulière que M. Cuvier a fait connoître, et par un système nerveux dont M. Mangili a donné la première description.

De tous les animaux, les insectes sont ceux qui occupent le plus de naturalistes, à cause de leur nombre effrayant.

Linnæus, qui les avoit assez bien circonscrits, les divisoit en ordres d'après des caractères à-peu-près indiqués par Aristote, et tirés principalement du nombre et de la nature des ailes. Une partie de ces ordres est assez naturelle ; et le perfectionnement le plus essentiel qu'on y ait apporté depuis, est la séparation des orthoptères, due à de Geer, à M. Retzius et à M. Olivier.

Cependant M. Fabricius imagina, en 1775, de les subdiviser comme les quadrupèdes, d'après les organes de la manducation ; et par une patience infatigable, il est parvenu à appliquer ce principe aux ordres et aux genres, en se bornant à y joindre le concours des antennes. L'entomologie a gagné par-là, non-seulement la connoissance positive de toutes les modifications d'un organe important, mais encore une foule de genres et de familles que l'on auroit probablement négligés, en ne considérant pas les insectes sous ce point de vue (1) : cependant il faut

(1) *Voyez* la liste des ouvrages de M. Fabricius, donnée à l'article de la *Zoologie*.

convenir

convenir que les caractères trop minutieux employés par M. Fabricius l'ont très-souvent écarté des vrais rapports naturels des genres, sur-tout dans ses derniers ouvrages.

Vers la fin du XVII.ᵉ siècle, le célèbre Swammerdam avoit indiqué une méthode encore toute différente de ces deux-là, prise de la métamorphose, et principalement de cet état intermédiaire appelé *nymphe,* par où il faut que le ver ou larve passe pour devenir insecte parfait.

La vérité est qu'il faut combiner ces trois sortes de caractères pour arriver à quelque chose de naturel, et que l'on doit ici, comme dans toutes les autres classes, avoir égard, non pas à tout un organe considéré en masse, mais à l'influence spéciale de telle ou telle modification sur l'être qui l'éprouve.

C'est ce que fait M. Latreille dans son Système des insectes, dont les trois premières parties viennent de paroître. Les plus petits détails d'organisation propres à faire distinguer les familles et les genres y sont exposés, et l'imagination s'étonne à la vue de cette prodigieuse suite d'êtres que le vulgaire aperçoit à peine, et auxquels la nature a prodigué cependant des variétés de formes et des propriétés plus remarquables peut-être qu'à tous les grands animaux (1).

Les zoophytes ont été établis dans leurs limites actuelles par M. Cuvier ; mais M. Delamarck en sépare encore quelques genres d'une structure plus compliquée que les autres, qu'il nomme *radiaires.*

(1) *Voyez* de même l'indication des ouvrages de M. Latreille.

Sciences physiques. H h

Tant de travaux et des résultats si heureux dans la partie philosophique de la zoologie autorisent bien à dire qu'elle est en quelque sorte aujourd'hui une science Françoise. Appliquées un jour à toutes les espèces dans un ouvrage général, nos méthodes obtiendront bientôt une influence universelle.

Progrès de l'a-
natomie com-
parée. C'est sur-tout à l'anatomie comparée que la zoologie doit son caractère actuel.

L'exemple des botanistes avoit long-temps fait croire aux zoologistes qu'ils devoient se borner aux caractères extérieurs : il avoit déjà fallu du courage à Linnæus pour prendre de ces caractères dans le nombre des dents ; encore, pour s'être borné aux dents antérieures, n'en avoit-il pas tiré tout l'avantage qu'elles offrent. C'est que presque tous les organes des végétaux sont en dehors ; ils n'ont d'estomac et d'intestins qu'à la surface de leurs racines, de poumon qu'à celle de leurs feuilles ; la surface de leur cime aide beaucoup au mouvement de leurs fluides et leur tient lieu de cœur ; tout leur système génératif est aussi visible au dehors et se montre dans la fleur ; tandis que, dans les animaux, presque tout l'essentiel est en dedans, cœur, vaisseaux, nerfs, cerveau, intestins ; et si on ne les dissèque, on ne peut expliquer ni leur digestion, ni leurs mouvemens, ni leurs sensations, ni leur degré d'intelligence.

L'anatomie comparée, cultivée avec beaucoup d'ardeur jusqu'à la fin du XVII.ᵉ siècle, fut donc un peu négligée dans les deux premiers tiers du XVIII.ᵉ Linnæus y contribua involontairement, en portant dans l'étude des animaux la marche des botanistes; mais Buffon, Daubenton, et après eux M. Pallas, lui opposèrent leur exemple, et rappelèrent l'importance de l'anatomie comparée en zoologie, en même temps que Haller prouvoit combien elle peut en avoir en physiologie. John Hunter en Angleterre, les deux Monro en Écosse, Camper en Hollande, et Vicq-d'Azyr en France, furent ceux qui suivirent les premiers ces indications. Camper porta, pour ainsi dire en passant, le coup-d'œil du génie sur une foule d'objets intéressans, mais presque tous ses travaux ne furent que des ébauches; Vicq-d'Azyr, plus assidu, fut arrêté par une mort prématurée au milieu de la plus brillante carrière: mais leurs travaux avoient inspiré un intérêt général, et l'Europe compte maintenant plusieurs savans qui s'occupent, soit de disséquer les animaux qui n'ont pas encore été examinés anatomiquement, soit d'employer l'anatomie à déterminer la nature des animaux et à expliquer leurs fonctions, soit enfin de faire réfléchir les rayons de l'anatomie comparée sur la physiologie générale (1).

M. Everard Home, en Angleterre, a marché sur les traces de son maître Hunter; il nous a fait connoître le

---

(1) Le Traité des dents et les autres écrits de Hunter, insérés en partie dans les Transactions philosophiques; les Œuvres de Camper, recueillies en allemand par M. Herbell, et en françois par M. Jansen, *Paris, 3 vol. in-8.º avec un atlas*; l'Abrégé d'anatomie comparée de Monro le père, traduit par M. Sue; l'Anatomie et la Physiologie des poissons de Monro le fils, en anglois, et traduites en allemand par M. Schneider; les Mémoires de Vicq-d'Azyr, insérés parmi ceux de l'Académie des sciences, et recueillis, mais incomplétement, par M. Moreau, *Paris, 3 vol. in-8.º*; son Recueil de descriptions anatomiques d'animaux, commencé pour l'Encyclopédie méthodique, et quelques Mémoires de M. Broussonnet, sont, en anatomie comparée, les meilleurs écrits de la période qui a précédé immédiatement celle dont nous faisons l'histoire.

premier l'organisation singulière de ces quadrupèdes de la Nouvelle-Hollande, qui semblent participer de la nature des oiseaux et de celle des reptiles. Ils manquent de mamelles et de matrice; il sera du plus grand intérêt de connoître leur génération. Ses observations sur la matrice et la gestation du kanguroo, sur la dentition de l'éléphant, sur l'anatomie du taret, &c. sont pleines d'intérêt.

Le Traité des dents, par M. Blake, contient aussi plusieurs faits nouveaux, applicables à l'anatomie comparée, et qui, joints à ceux qu'ont fait connoître MM. Tenon, Home et Cuvier, portent, à peu de chose près, cette branche de la science à sa perfection.

Dans le même pays, M. Carlisle a fait la remarque intéressante, que, dans les quadrupèdes très-lents, tels que les paresseux, les artères des membres sont excessivement subdivisées à leur origine, et se réunissent ensuite pour se distribuer comme à l'ordinaire.

M. Hatchett a soumis les os et les coquilles à des opérations chimiques analogues à celles que Hérissant leur avoit fait subir, et qui ont le mérite d'en expliquer les apparences en faisant connoître leur structure intime (1).

M. Townson a fait des observations et des expériences curieuses sur le mécanisme de la respiration des reptiles, qui ont été confirmées par celles de MM. Herold et Rafn, de Copenhague (2).

_____

(1) Les Mémoires de MM. Home, Carlisle et Hatchett, sont insérés dans les Transactions philosophiques.

(2) Traités et observations sur l'his-toire naturelle et la physiologie, par Rob. Townson, en anglois; *Londres*, *1799*.

En général, l'anatomie comparée a été cultivée avec succès en Danemarck, ainsi que la zoologie ; et l'on doit à MM. Abildgaardt et Viborg de bonnes remarques dans le premier genre comme dans le second (1).

M. Neergaardt, Danois, résidant à Gottingen, a publié d'excellentes observations sur les intestins des quadrupèdes et des oiseaux (2).

En Hollande, M. Adrien Camper, continuant d'illustrer un nom déjà célèbre, a publié une anatomie de l'éléphant (3), et se dispose à en faire paroître une des cétacées.

En Allemagne, M. Blumenbach a enrichi d'observations piquantes presque toutes les branches de la science. Ses comparaisons des animaux à sang chaud et à sang froid, ovipares et vivipares, en sont pleines (4). Il a comparé même entre elles les variétés de l'espèce humaine, et fixé leurs caractères distinctifs.

M. Albers, de Bremen, a beaucoup travaillé sur les poissons, les cétacées, les oiseaux, principalement sur leurs organes de la vue, et a donné une bonne anatomie du phoque (5). Il s'occupe en ce moment de publier, sur

(1) Dans les Mémoires de la Société royale et de la Société d'histoire naturelle de Copenhague.

(2) Anatomie et physiologie comparées des organes de la digestion dans les quadrupèdes et les oiseaux, en allemand ; *Berlin, 1806, in-8.°*

(3) *Paris, 1806, grand in-folio.*

(4) *Specimen physiologiæ comparatæ animalium calidi sanguinis*, Gottingue, 1789 ; et *Specimen phy-*siologiæ comparatæ animalium frigidi sanguinis, ibid. : *Decades craniorum,* recueil commencé en 1790 ; et *De generis humani varietate nativa ;* la troisième édition est de Gottingue, 1795, in-12 : il y en a une traduction Françoise, *Paris, 1806, in-8.°*

(5) Matériaux pour l'anatomie et la physiologie des animaux, en allemand ; *Bremen, 1802, in-4.°*

l'anatomie des cétacées, un traité général, qui ne peut être attendu qu'avec impatience.

MM. Hedwig fils et Rudolphi (1) ont examiné avec soin les papilles des intestins.

M. Fischer, aujourd'hui établi à Moscou, s'est occupé de la vessie natatoire des poissons et de l'os intermaxillaire des quadrupèdes (2). Les bassins de ces derniers ont été comparés par M. Autenrieth, qui, en général, a porté très-loin les rapprochemens comparatifs des parties dans tout le règne animal.

M. Wiedeman, professeur à Kiel, a donné, dans ses Archives zootomiques, des descriptions détaillées de l'ostéologie de la tête de plusieurs quadrupèdes, et divers autres morceaux intéressans (3).

M. Meckel a fait des recherches précieuses sur le thymus et les glandes surrénales des divers animaux (4).

L'Italie, cette terre si éminemment classique pour l'anatomie, a produit encore dans cette période de grands travaux en ce genre.

Les excellens ouvrages de M. Scarpa et de Comparetti sur les organes de l'ouïe, de l'odorat et de la vue, ont presque complétement fait connoître les modifications variées de ces organes dans les diverses classes. M. Mangili

(1) Mémoires d'anatomie et de physiologie, en allemand; *Berlin , 1802 , in-8.°*

(2) Sur les formes de l'os intermaxillaire, en allemand; *Leipsick, 1800 , in-8.°*

(3) Les Archives de la zoologie et de la zootomie, dont il a paru 4 vol. in 8.°, sont un recueil précieux pour l'anatomie comparée.

(4) Mémoires d'anatomie et de physiologie humaines et comparées, en allemand; *Halle, 1806 , in-8.°*

a démontré les nerfs dans quelques animaux où on ne les connoissoit pas. Nous avons déjà parlé de la superbe Histoire anatomique des testacées des mers de Naples, par M. Poli, et du grand travail de M. Moreschi sur la rate.

En France, M. Cuvier a fait connoître d'une manière générale la structure des organes de la voix des oiseaux, et en a expliqué le mécanisme. MM. Bloch et Latham ont traité de quelques parties du même sujet, en Allemagne et en Angleterre.

M. Cuvier a encore développé le mécanisme des jets d'eau des cétacées et les causes qui rendent ces animaux muets : il a donné une comparaison des cerveaux de diverses classes, et montré les rapports de leurs formes avec l'intelligence et même avec quelques-unes des habitudes particulières des animaux. Il a décrit en détail les organes de la circulation des mollusques et des vers à sang rouge : il a cherché à prouver que les insectes n'ont aucune circulation, et, pour y parvenir, il a décrit la structure de leurs viscères et celle de leurs organes sécrétoires. Ceux-ci sont toujours de longs tubes flottant dans le fluide nourricier dont ils extraient leurs sucs propres (1).

M. Geoffroy a entrepris un grand travail, pour montrer l'analogie de toutes les parties du squelette dans toutes les classes d'animaux vertébrés, quelles que soient les modifications de leurs formes et de leurs connexions.

On connoissoit, avant lui, les organes électriques de

(1) Les Mémoires anatomiques de M. Cuvier sont épars dans le Journal de physique et dans le Bulletin des sciences ; mais on en trouve le résumé dans ses Leçons d'anatomie comparée.

la torpille et du gymnote ; mais il a décrit le premier ceux du silure , poisson bien supérieur à la torpille pour la force de cette propriété. Ces organes , toujours disposés par couches, paroissent avoir du rapport avec la pile galvanique. Il est piquant de savoir que les Arabes désignent ces animaux par le même mot que le tonnerre (1).

M. Duméril a fait connoître le mécanisme de l'articulation du genou et du jarret des oiseaux, qui leur permet de se tenir si long-temps sur un pied, et il a rempli de ses propres observations la partie de l'anatomie comparée de M. Cuvier dont il a été le rédacteur. M. Duvernoy en a fait autant pour la sienne, et il a publié séparément des observations sur l'existence de l'hymen dans tous les quadrupèdes, et d'autres sur les organes de la déglutition, considérés dans toutes les classes vertébrées.

Il n'existoit point, avant la période actuelle, d'ouvrage général sur l'anatomie comparée. Tous les écrits qui portoient ce titre , comme ceux de Severinus, de Blasius, de Valentin, de Collins , de Monro, et celui que Vicq-d'Azyr avoit commencé pour l'Encyclopédie méthodique, n'étoient que des recueils de descriptions particulières. Les leçons de M. Cuvier, publiées par MM. Duméril et Duvernoy (2), en font aujourd'hui un où chaque organe est considéré successivement dans toute la série des animaux. Il a fallu, pour cela, entreprendre un nombre considérable d'observations et de dissections nouvelles ; mais la richesse des résultats, soit pour la connoissance des

(1) Les Mémoires de M. Geoffroy sont dans les Annales du Muséum.

(2) *Paris, ans 8 et 14, 5 volumes in-8.°*

animaux,

animaux, soit pour la théorie générale de leurs fonctions, dédommage amplement de ce travail.

M. Blumenbach publioit en même temps, en Allemagne, un traité moins étendu (1), mais qui aura le même genre d'utilité, c'est-à-dire qu'il servira de base à l'enseignement et de point de départ pour des recherches ultérieures, en même temps qu'il fournira d'abondans matériaux à la physiologie, qui, jusqu'à ces derniers, temps, faisoit de l'anatomie comparée un usage un peu arbitraire, en n'employant presque jamais que des faits isolés.

Peut-être en abuse-t-on un peu aujourd'hui dans un autre sens, en rapprochant, d'une manière téméraire et sur des rapports examinés superficiellement, les classes et les organes les plus éloignés. C'est un reproche que l'on peut faire à quelques physiologistes Allemands : mais cette manière de voir les engage toujours à faire des observations; et les faits qu'ils auront découverts resteront, quand leurs idées systématiques seront passées.

M. Girard, professeur à Alfort (2), a publié, pour les écoles vétérinaires, un traité particulier d'anatomie des animaux domestiques, très-utile pour ceux qui se livrent à ce genre de médecine.

Outre son emploi physiologique, l'anatomie comparée en prend un très-grand pour la simple distinction des êtres. En effet, cette comparaison des organes a donné, pour chacun d'eux et pour toutes leurs parties, des caractères tels qu'une seule de ces parties peut faire reconnoître la classe, le genre et souvent l'espèce de l'animal

(1) Manuel d'anatomie comparée, en allemand; *Gotting. 1805, in-8.°*

(2) Anatomie des animaux domestiques; *Paris, 1807, 2 vol. in-8.°*

dont elle vient. Cela devoit nécessairement être ainsi : car tous les organes d'un même animal forment un système unique dont toutes les parties se tiennent, agissent et réagissent les unes sur les autres ; et il ne peut y avoir de modifications dans l'une d'elles, qui n'en amènent d'analogues dans toutes.

C'est sur ce principe qu'est fondée la méthode imaginée par M. Cuvier, pour reconnoître un animal par un seul os, par une seule facette d'os ; méthode qui lui a donné de si curieux résultats sur les animaux fossiles.

Ainsi l'anatomie éclaire jusqu'à la théorie de la terre ; ainsi toutes les sciences naturelles n'en forment réellement qu'une seule, dont les différentes branches ont des connexions plus ou moins directes, et s'éclaircissent mutuellement.

III.ᵉ PARTIE.

SCIENCES
D'APPLICATION.

ELLES se réunissent toutes dans les deux arts ou sciences pratiques de l'agriculture et de la médecine, qui ne sont que des applications générales des connoissances physiques aux plus pressans besoins de l'homme, et dont l'une nous apprend à propager et à entretenir les êtres dont nous nous servons, tandis que l'autre nous fait connoître les maladies auxquelles ils sont sujets, ainsi que nous, et les moyens de les prévenir et de les guérir.

Les êtres organisés sont donc le principal objet de la médecine et de l'agriculture ; mais toutes les substances naturelles peuvent devenir leurs agens : la physiologie animale et végétale est leur principale doctrine auxiliaire ; mais il ne leur est permis de négliger aucune des doctrines qui fournissent à celle-là les données dont elle part.

La médecine sur-tout s'est fait, dans tous-les temps, honneur de l'appui que lui prêtent les sciences naturelles; et les hommes précieux qui l'exercent se sont toujours livrés avec ardeur à l'étude de ces sciences : il faut même reconnoître que c'est à eux qu'elles doivent, sans comparaison, le plus grand nombre de leurs accroissemens. Peut-être n'aurions-nous encore ni chimie, ni botanique, ni anatomie, si les médecins ne les avoient cultivées, s'ils ne les avoient enseignées dans leurs écoles, et si les Souverains ne les avoient encouragées, à cause de leurs rapports avec l'art de guérir. Aujourd'hui même que ces sciences, sorties du cercle de la faculté, et introduites dans la philosophie générale et dans l'éducation commune, exigent, à cause de leur immensité, des hommes qui s'y livrent presque entièrement, leur influence sur la médecine reste encore plus sensible que sur toutes les autres professions; et tout ce que nous avons dit de leurs progrès pourroit presque être compté au nombre des siens.

Cependant, pour éviter les répétitions, nous ne considérerons plus les parties de l'étude médicale que nous avons déjà envisagées dans des rapports plus généraux, et nous nous bornerons ici à tracer les progrès particuliers de la connoissance des maladies et de l'art de les prévenir ou d'y remédier.

L'économie organique est tellement réglée, toutes les fonctions qui concourent à la maintenir, ont entre elles des rapports si étroits, que les maladies mêmes sont assujetties à une marche fixe, et que chacune d'elles a ses symptômes, ses périodes et sa durée, sur lesquels l'homme habile se méprend rarement.

Mais si la physiologie, qui considère l'être vivant dans son état régulier et ordinaire, est encore si loin d être devenue une science entièrement rationnelle, combien la pathologie, ou l'étude de ces irrégularités, qui, toutes constantes qu'elles sont dans leur marche, n'en troublent pas moins l'ordre commun des fonctions, sera-t-elle plus éloignée encore de cet idéal de perfection !

Nous voilà donc revenus à cette obligation d'observer, de réduire nos observations en histoires comparables, et d'en tirer quelques règles d'analogie qui puissent nous faire prévoir les phénomènes, d'après ceux qui ont eu lieu dans des cas semblables.

Théories médicales.

S'il étoit possible d'élever ces analogies à un degré de généralité tel qu'il en résultât un principe applicable à tous les cas, on auroit ce que l'on entend par les mots de *théorie médicale ;* mais, quelques efforts qu'aient faits depuis tant de siècles les hommes de génie qui ont exercé la médecine, aucune des doctrines qu'ils ont proposées sous ce titre, n'a pu encore obtenir un assentiment durable. Les jeunes gens les adoptent chaque fois avec enthousiasme, parce qu'elles semblent abréger l'étude, et donner le fil d'un labyrinthe presque inextricable ; mais la plus courte expérience ne tarde point à les désabuser.

Les conceptions des Stahl, des Hofman, des Boerhaave, des Cullen, des Brown, seront toujours considérées comme des tentatives d'esprits supérieurs : elles feront honneur à la mémoire de leurs auteurs, en donnant une haute idée de l'étendue des matières que leur génie pouvoit embrasser ; mais ce seroit en vain que l'on croiroit y trouver des guides assurés dans l'exercice de l'art.

La théorie médicale de Brown avoit des titres marqués au genre de succès dont nous avons parlé, par son extrême simplicité et par quelques changemens heureux qu'elle a introduits dans la pratique. La vie représentée comme une sorte de combat entre le corps vivant et les agens extérieurs; la force vitale considérée comme une quantité déterminée dont la consommation lente ou rapide retarde ou accélère le terme de la vie, mais qui peut l'anéantir par sa surabondance, aussi-bien que par son épuisement; l'attention restreinte à l'intensité de l'action vitale, et détournée des modifications qu'on est tenté de lui supposer; la distribution des maladies et des médicamens en deux classes opposées, selon que l'action vitale se trouve excitée ou ralentie; toutes ces idées sembloient réduire l'art médical à un petit nombre de formules : aussi cette doctrine a-t-elle joui, pendant quelque temps, en Allemagne et en Italie, d'une faveur qui alloit jusqu'à la passion; mais il paroît qu'aujourd'hui ce qu'elle a d'ingénieux ne fait plus méconnoître l'injustice de l'exclusion qu'elle donne, pour ainsi dire, à l'état des organes et à la grande variété des causes extérieures qui peuvent influer sur les altérations des fonctions.

Il en a été à peu près de même des modifications que quelques médecins, tels que MM. Röschlaub, Joseph Franck, &c. ont essayé de lui faire subir, et qui ont donné lieu à autant de systèmes divers, que l'on a compris sous le titre général de *théorie de l'incitation* (1).

---

(1) *Voyez* le Magasin de l'art de guérir, par *Röschlaub*; le XVIII.ᵉ siècle, ou Histoire des découvertes, théories et systèmes, par M. *Hecker*,

Quant aux essais plus nouveaux, tentés en Allemagne par les sectateurs de ce qu'on appelle, en ce pays-là, *philosophie de la nature*, on peut déjà en prendre une idée par ce que nous avons dit de leur physiologie. Ils se placent à un point de vue si élevé, que les détails leur échappent nécessairement; et la pratique de la médecine n'offre que des détails et des exceptions : aussi ne paroissent-ils avoir obtenu qu'une influence momentanée sur l'exercice de l'art (1).

Au reste, on peut remarquer ici qu'il y a dans l'histoire des théories médicales, comme dans celle de la physiologie, une sorte d'oscillation remarquable, et tout-à-fait correspondante à celles de la philosophie générale à chaque époque. Les idées chimiques, les idées mécaniques, s'étoient succédées et combattues dans le XVII.ᵉ siècle; on en étoit revenu, pendant le XVIII.ᵉ, au pouvoir de l'ame raisonnable sur les mouvemens involontaires, au principe vital, à l'excitabilité, ou à telle autre qualité plus ou moins occulte ; et à mesure que la métaphysique se reporte vers les abstractions et la mysticité, l'on voit la médecine chercher à la suivre dans ces régions élevées.

C'est ainsi que les progrès rapides de la chimie moderne avoient encouragé, il y a quelques années, plusieurs médecins à envisager ou à expliquer les maladies,

avec un extrait de son journal, ainsi qu'un ouvrage plus moderne du même auteur sur l'histoire des théories et des systèmes depuis Hippocrate.

(1) *Voyez*, sur la médecine des sectateurs de la philosophie de la nature, la Philosophie de la médecine, par *Wagner* ; l'Essai d'un système de médecine, par *Kilian* ; Idées pour servir de base à la nosologie et à la thérapie, par *Troxler* ; et les ouvrages déjà cités à l'article de la *Physiologie;* ils sont tous en allemand.

d'après le genre d'altération dans la composition des organes qu'ils supposoient produire chacune d'elles, et d'où il leur sembloit facile de conclure les moyens propres à les guérir.

M. Beddoes, M. Darwin, en Angleterre; M. Reil, M. Girtanner, et plus récemment quelques autres médecins, en Allemagne, et M. Baumes en France, ont présenté les plus remarquables de ces essais : mais, quelque vraisemblance que puisse avoir le principe en général, et quelque esprit que ces auteurs aient mis dans son emploi, nous avons trop vu ci-devant combien la chimie des corps organisés est encore peu avancée, pour que nous puissions en espérer une application détaillée.

Ainsi, de quelque côté qu'on ait envisagé les analogies qui résultent de l'observation médicale sur les altérations de l'économie organique, on ne leur a pu adapter de lien commun ; les observations sont restées fragmentaires ; et la distribution régulière des altérations, d'après certains caractères apparens, est le seul but que nous puissions jusqu'à présent espérer d'atteindre dans cette partie de la science médicale, comme dans toutes les sciences naturelles dont les objets sont un peu compliqués.

Il en résulte ce qu'on appelle *nosologie,* c'est-à-dire, un catalogue méthodique des maladies, tout-à-fait comparable aux systèmes des naturalistes, quoique d'une application infiniment plus difficile, parce que les caractères des naturalistes restent toujours les mêmes, tandis que chaque maladie est en quelque sorte un tableau mouvant, et se compose d'une suite souvent fort disparate

Nosologies.

de métamorphoses. Cependant l'ordonnance de ce catalogue, sa nomenclature, ses caractères distinctifs, ses
descriptions , sont susceptibles d'améliorations journa-
lières ; et l'on a malheureusement occasion d'y ajouter
quelquefois des maladies nouvelles.

L'exemple des naturalistes et les perfectionnemens introduits dans leurs méthodes distributives ont beaucoup
influé sur cette partie de la science médicale. Sauvages
et Linnæus essayèrent, il y a environ cinquante ans, d'y
porter une partie de la précision et de la netteté qui
venoient d'être introduites en botanique ; mais on sent
que les maladies n'étoient pas si aisées à diviser ni à
caractériser que les plantes. Le défaut le plus important,
et cependant le plus difficile à éviter, c'étoit la variation du principe de distribution. On l'a pris, tantôt dans
les symptômes, tantôt dans les causes, tantôt dans les
siéges des désordres. Mais les siéges ne sont pas toujours
faciles à découvrir : les causes se compliquent d'ailleurs
à l'infini, et ne sont pas dans un rapport direct avec les
symptômes ; on perd souvent de vue la première de toutes,
et plus souvent encore on les conclut d'après une pathologie hypothétique : aussi ne voit-on que trop les distributions nosologiques varier avec chaque système médical.
Les symptômes eux-mêmes sont exposés aux variations
les plus bizarres; et l'on ne peut, en un mot, suppléer
à ce défaut de principes rigoureux de distribution , que
par des descriptions bien complètes.

Travaux sur
des maladies
particulières.

C'est la voie qu'ont tentée les plus grands médecins
de tous les siècles, ceux que l'on regarde encore comme
les guides les plus sûrs dans l'exercice de l'art; et tout
récemment

récemment M. Pinel a cherché à la suivre fidèlement dans sa Nosographie philosophique (1) ; ouvrage dont les divers articles sont regardés comme autant de tableaux, affligeans sans doute, mais parfaitement ressemblans, des maux qui nous assiégent. Cependant l'auteur n'a point négligé la partie distributive; mais il en a cherché les bases dans ce que l'on a de plus certain. Ses classes sont fondées sur les modes de lésion, ses ordres sur les siéges ; et les considérations qui ont servi de fondement à cette dernière distribution, ont précédé et préparé celles qui ont guidé Bichat dans ses recherches anatomiques sur les membranes.

Indépendamment des ouvrages généraux de pathologie et de nosologie, les médecins ont fait des travaux particuliers sur certaines classes, ou, comme on pourroit s'exprimer, à l'exemple des naturalistes, sur certaines familles de maladies, soit qu'ils aient choisi pour cela les maux les plus communs, soit que des circonstances malheureuses leur aient donné sujet d'en observer de plus rares (2).

Ainsi l'expédition d'Égypte a fourni quelques occasions de mieux connoître la nature de la peste, et d'observer plus fréquemment la lèpre et quelques autres de ces maladies endémiques dans l'Orient, dont la police bien entendue de nos lazarets a, depuis si long-temps, préservé la chrétienté (3).

---

(1) Nosographie philosophique, ou Méthode de l'analyse appliquée à la médecine : la 3.ᶜ édition, en *3 vol. in-8.°*, est de 1807.

(2) On trouvera l'énumération des innombrables observations de maladies particulières dans la *Bibliotheca medicinæ practicæ realis* de M. Ploucquet, et dans les journaux. Il nous étoit impossible d'entrer dans ce détail.

(3) *Voyez* la Relation chirurgicale

Jamais on n'a mieux senti l'importance de cette police, que lorsqu'une maladie désastreuse, concentrée dans quelques parties de la zone torride, après avoir dévasté les États-Unis, est venue désoler divers cantons de l'Espagne, et, pendant quelque temps, menacer toute l'Europe.

Votre Majesté, toujours attentive au bien-être de son peuple, a envoyé en Espagne des médecins chargés de recueillir sur la fièvre jaune tous les renseignemens propres à en faire connoître la nature et le traitement, ainsi qu'à indiquer les précautions nécessaires pour s'en préserver. Les médecins Espagnols et ceux de Gibraltar leur ont communiqué, avec le zèle le plus louable, toutes leurs observations, qui, rapprochées de celles des médecins de Livourne, des États-Unis et de Saint-Domingue, donneront un corps de doctrine aussi complet qu'il est possible de l'attendre. On ne peut qu'en desirer la prompte publication (1).

En général, les Anglois et les Américains ont particulièrement travaillé sur les maladies des pays chauds. John Hunter, Gilbert, Blane, Chalmer, et sur-tout Jackson Rush, doivent être cités avec éloge. Le radsygin des Norvégiens, le pokolwar de Hongrie, le pelagra des Milanais, ont donné lieu à de nouvelles recherches; le crétinisme, le pemphygus, ont été examinés avec plus d'attention (2).

de l'expédition d'Égypte et de Syrie, par M. Larrey, *Paris, 1803, 1 vol. in-8.º;* et l'Histoire médicale de l'armée d'Orient, par M. Desgenettes, *ibid. an 10.* Consultez aussi les ouvrages de MM. Pugnel et Pouqueville.

(1) *Voyez,* sur la fièvre jaune, les

ouvrages de M. Devèze, *Paris, an 12;* de M. Valentin, *ibid. 1803;* de M. Berthe, *Montpellier, 1804;* et l'Histoire médicale de l'armée de Saint-Domingue en l'an 10, par M. Gilbert, *Paris, an 11.*

(2) M. Finke a cherché à réunir

La fameuse plique Polonoise a été étudiée, pendant la dernière campagne, par des médecins exempts des préjugés accrédités depuis long-temps dans le pays. Il paroît constant aujourd'hui que l'on peut, sans danger, couper les cheveux mêlés; qu'il n'en découle ni sang, ni autre humeur : quelques-uns même vont jusqu'à soutenir que la plique n'est pas une maladie réelle, et que la malpropreté seule feutre ou colle les cheveux (1).

Quelques maladies communes parmi nous ont aussi donné lieu à des ouvrages particuliers, qui en ont plus ou moins perfectionné la connoissance. Tels sont ceux de M. Portal sur le rachitis et la phthisie, qui ont été répandus par ordre du Gouvernement, et traduits dans plusieurs langues; le Tableau des névralgies, par M. Chaussier, qui a remis de l'ordre dans une famille de maux mal distinguée. Une grande partie des thèses soutenues dans l'École de médecine sont d'excellentes monographies de certaines maladies, et donnent une haute idée des études qui préparent les jeunes gens à débuter d'une manière aussi brillante; quelques-unes, développées par leurs auteurs, sont devenues des ouvrages importans (2).

---

dans sa Géographie médicale, publiée en 1792, ce qui se trouve épars dans les divers voyageurs sur les maladies endémiques.

(1) Mémoires présentés à l'Institut par MM. Roussille - Chamseru et Larrey. *Voyez* aussi ceux de M. Delafontaine, pour l'opinion contraire.

(2) Tel est sur-tout le Traité des fièvres ataxiques, par M. Alibert. On a encore remarqué, parmi les thèses médicales, celles de M. Pallois, sur l'hygiène navale; de M. Bayle, sur les pustules malignes; de M. Blattin, sur le catarre utérin; de M. Schwilgué, sur le croup; de M. Royer-Collard, sur l'aménorrhée; de M. Duvernoy, sur l'hystérie; de M. Tartra, sur les empoisonnemens par l'acide nitrique; de M. Rouard, sur ceux du vert-de-gris, &c. Plus de détails nous meneroient trop loin; et

M. Alibert a essayé avec succès, à l'exemple de l'Anglois Willan et de quelques Allemands, d'appliquer aux maladies de la peau ce même luxe d'images que l'on a introduit dans la botanique et dans la zoologie (1). M. Hallé avoit proposé depuis long-temps cet emploi des arts, et les écoles de médecine s'en étoient servies en particulier pour la vaccine. Cette sorte de description, qui parle aux yeux, surpasse en effet en vivacité les paroles les plus expressives, pour tout ce qui a rapport aux couleurs et aux figures; mais, comme aucune personne n'est précisément malade comme une autre, on ne peut donner de nos infirmités que des portraits individuels, tandis que, dans les êtres réguliers, l'individu représente l'espèce.

C'est malheureusement, comme nous l'avons déjà dit, une difficulté générale de toute la nosologie; mais c'est aussi ce qui rend si nécessaires et si glorieux les travaux des hommes qui s'attachent ainsi, à l'exemple du père de la médecine, à décrire scrupuleusement les maladies, à les caractériser avec exactitude, et à donner plus d'étendue et de solidité à cette science, premier fondement de l'art de guérir, comme les systèmes de nomenclature sont les premières bases de l'histoire naturelle.

Néanmoins, comme l'histoire naturelle a encore sa partie rationnelle où elle calcule l'influence des formes et de l'organisation des êtres sur les phénomènes qu'ils présentent, on doit chercher aussi à ajouter à la simple description de chaque maladie, des recherches sur son

il nous a été impossible seulement de connoître les bonnes thèses étrangères.

(1) Description des maladies de la peau; *Paris, in-fol.* Cet ouvrage a été commencé en 1806.

siége, sur les altérations primitives qui l'ont occasionnée, et sur la nature intime des désordres qui l'accompagnent et qui la suivent.

Cette partie rationnelle de la pathologie, ou cette physique des maladies, communément appelée *étiologie*, beaucoup moins avancée que leur description, est aussi beaucoup plus difficile, parce que l'examen anatomique des cadavres et la comparaison chimique de leurs liquides et de leurs solides, qui forment ses deux principaux élémens, ne peuvent avoir lieu qu'à une époque où tout est consommé, et qu'elle participe d'ailleurs de toutes les difficultés de la physiologie ordinaire.

Nous avons déjà parlé, dans l'histoire de la chimie, des connoissances acquises dans ces derniers temps sur les altérations chimiques de l'urine, du sang, de la substance des os, et sur la nature des concrétions calculeuses, biliaires, goutteuses. Ce sont là autant de vrais progrès pour cette partie de la médecine.

Chimie pathologique.

L'examen des cadavres, ou ce qu'on appelle *anatomie pathologique*, n'a pas été moins fécond. Déjà, avant l'époque dont nous parlons, elle possédoit beaucoup de matériaux recueillis par Baillie, par Voigtel. Les cabinets de Hunter à Londres, de MM. Sandifort et Brugmans à Leyde, Bonn à Amsterdam, Walther à Berlin, Meckel à Halle, ceux de Vienne, de Pavie, de Florence, avoient offert d'importans objets d'étude : mais nos François semblent s'y être particulièrement livrés dans ces derniers temps.

Anatomie pathologique.

M. Portal, qui enseigne publiquement cette partie de la médecine au Collége de France depuis plusieurs années, a donné, dans un grand Traité sur ce sujet, les résultats de sa longue expérience (1). L'École de médecine a fortement excité l'ardeur des jeunes gens à cet égard ; et plusieurs centaines d'ouvertures qui ont été faites dans ses laboratoires, promettent un grand ensemble d'observations sur la fréquence de chaque genre de lésions organiques, sur leur nature, leurs nuances et leurs rapports avec les symptômes observés pendant les maladies auxquelles elles correspondoient (2).

Parmi tous ces travaux d'anatomie pathologique, se distinguent éminemment ceux de M. Corvisart sur les maladies organiques du cœur, dont le précieux recueil vient d'être rendu public par M. Horeau (3). Il en résulte qu'elles sont beaucoup plus communes qu'on ne le croyoit jusqu'ici, et que c'est à elles qu'une foule de maladies que l'on regardoit comme primitives, telles que beaucoup d'hydropisies de poitrine et autres, doivent leur origine.

Thérapeutique. Cette connoissance intime de la nature de nos maux seroit l'indication la plus sûre de la possibilité et des moyens d'y remédier : aussi a-t-elle fourni, dans ces derniers temps, plusieurs vues, que le succès a justifiées. Ainsi l'altération presque végétale de l'urine dans le

(1) Cours d'anatomie médicale ; *Paris, 1804, 5 vol in-8.°*

(2) MM. Dupuytren, Bayle, Laennec, &c. se sont sur-tout occupés de ce genre de recherches, auquel Bichat avoit aussi donné une grande impulsion.

(3) Essai sur les maladies et les lésions organiques du cœur ; *Paris,* *1806, 1 vol in-8.°* Depuis la présentation de ce Rapport, M. Corvisart a encore publié un ouvrage vraiment classique; sa traduction et son commentaire de la Méthode d'Avenbrugger pour connoître les maladies internes de la poitrine par la percussion ; *Paris, 1808, 1 volume in-8.°*

diabétès a indiqué son traitement par l'usage exclusif des matières animales joint à l'emploi des alcalis et de l'opium ; l'analyse des divers calculs a donné l'espoir de parvenir à en dissoudre quelques-uns par des injections appropriées : les notions acquises sur la fréquence des maladies organiques et sur leurs symptômes extérieurs ont au moins l'avantage de montrer dans quels cas il est inutile de tourmenter le malade par des remèdes impuissans.

Cette connoissance physique des maladies est cependant encore tellement imparfaite, que nous serions bien malheureux si la partie de la médecine qui s'occupe de guérir n'avoit pas d'autre base : heureusement il existe une suite d'observations régulières, une tradition transmise par les siècles, qui prescrit les méthodes et fournit les remèdes, et qui, en sa qualité de corps de doctrine expérimentale, est susceptible de perfectionnemens journaliers, indépendans d'une étiologie encore absolument nulle dans un si grand nombre de cas. Parmi ces perfectionnemens dictés par la simple expérience, et fondés sur des essais répétés à l'infini, nous devons placer surtout ces méthodes généralement plus excitantes, plus actives, qui se sont introduites dans la pratique, et l'abandon de ces traitemens affoiblissans, de ces purgations continuelles, qui sembloient si bien faire l'essence de la médecine, qu'elles s'en étoient approprié le nom ; nous devons y placer aussi l'emploi plus fréquent de quelques remèdes actifs que la mollesse des mœurs avoit trop long-temps fait négliger.

Les améliorations du traitement des aliénés tiennent à des études d'un ordre plus élevé, à l'observation suivie de leur état moral et des aberrations de leurs idées, dont on a d'abord été redevable aux Anglois et aux Allemands, mais qui s'est introduite en France avec beaucoup de succès, et dont M. Pinel (1) et d'autres médecins ont obtenu d'admirables résultats, en faisant venir la psychologie la plus délicate au secours de l'art de guérir.

On a imaginé et l'on commence à employer fréquemment un heureux moyen de constater les résultats généraux des divers essais, et d'assigner la véritable valeur des probabilités sur lesquelles reposent presque uniquement la plupart de nos méthodes, en soumettant en quelque sorte au calcul l'expérience médicale : ce sont les tables comparées qui présentent d'un seul coup-d'œil le tableau de toute une épidémie, ou des longs résultats de la pratique d'un hôpital. M. Pinel en a donné un exemple intéressant sur les aliénations mentales, et le plus ou moins de probabilité qu'il y a d'en guérir chaque espèce (2).

Mais de toutes les applications que l'on a pu faire de ces tables, il n'y en aura peut-être jamais d'aussi satisfaisantes, d'aussi admirables même, que celles qui concernent la vertu préservative de la vaccine, et leur comparaison avec celles qui retracent les ravages de la petite vérole (3). Aussi, quand la découverte de la vaccine seroit la seule que la médecine eût obtenue dans la période actuelle, elle suffiroit pour illustrer à jamais notre temps

(1) Traité médico-philosophique sur l'aliénation mentale ou la manie; *Paris, an 9, in-8.°*

(2) Mémoires de l'Institut, *1807, 1.ᵉʳ semestre, p. 169.*

(3) *Voyez* Analyse et Tableaux de l'influence de la petite vérole sur la mortalité, &c. par M. Duvillard; *Paris, 1806, in-4.°*

dans

dans l'histoire des sciences , comme pour immortaliser le nom de Jenner, en lui assignant une place éminente parmi les principaux bienfaiteurs de l'humanité.

Il n'est pas nécessaire que nous rapportions en détail les expériences qui ont été faites pour constater l'efficacité de la vaccine. Depuis 1798 que M. Jenner publia les siennes , il en a été fait dans tous les États éclairés ; tous les Gouvernemens les ont ordonnées et surveillées ; tous les hommes bienfaisans y ont pris part. En France, sur-tout, une souscription volontaire, proposée par M. de Liancourt, ayant contribué aux premiers frais, un comité d'hommes instruits nommés par les souscripteurs a soumis ce merveilleux préservatif aux épreuves les mieux raisonnées ; il a entretenu constamment un foyer de matière vaccine, d'où il en a répandu dans toute l'Europe. En un mot, il n'y a point, dans la nature, de phénomène à-la-fois aussi surprenant et aussi certain que celui-là ; et l'on ne sait plus de quoi l'on pourroit désespérer maintenant, quand on songe que quelques atomes de matière purulente, recueillis sur des vaches du Devonshire, sont devenus un véritable talisman qui fera bientôt disparoître l'un des plus cruels fléaux qui aient jamais accablé l'humanité (1).

L'action des acides minéraux , et principalement de l'acide muriatique oxigéné, pour détruire les miasmes contagieux, est encore une des découvertes modernes les plus utiles et les mieux certifiées par des expériences nom-

(1) Consultez le Rapport du comité central de vaccine, *Paris, 1803, 1 vol. in-8.°* ; le Rapport fait à l'Institut par M. Hallé , et les Recherches historiques et médicales sur la vaccine, par M. Husson, *Paris, 1803, in-8.°, 3.° édit.*

breuses et rigoureuses. Les États-Unis, l'Espagne, nos
hôpitaux, nos prisons, ont eu mille occasions de s'en féli-
citer; et la voix publique a applaudi à l'honorable récompense décernée par votre Majesté impériale à M. Guyton
de Morveau, principal auteur de ce nouveau bienfait de
la science (1).

Les trois règnes de la nature ont encore fourni à la
médecine d'autres médicamens, dont la plupart se bornent
à exercer une action générale d'incitation ou d'affoiblissement, mais dont quelques-uns paroissent aussi avoir
une vertu tout-à-fait spécifique sur certaines fonctions.

La digitale pourprée, en ralentissant le pouls,. promet
d'être utile à beaucoup de phthisiques; le suc de belladonne,
en paralysant momentanément l'iris, aide à faire avec plus
de facilité l'opération de la cataracte. L'usage des topiques
arsenicaux contre les ulcères chancreux de la face, des
pommades oxigénées par l'acide nitrique contre les maladies psoriques, du charbon contre les ulcères fétides, des
salivations mercurielles contre les affections aiguës du foie
et l'hydrocéphale interne, de certains mélanges gazeux
contre diverses affections pulmonaires, du sénéga contre
le croup, de la gélatine contre les fièvres intermittentes,
du nitrate d'argent contre l'épilepsie, de la pensée contre
la croûte laiteuse, de l'éther alternant avec les purgatifs
contre le ver solitaire, du quinquina contre plusieurs
poisons métalliques, du galvanisme contre quelques paralysies, semble s'accréditer; mais leur action, comme celle

(1) Traité des moyens de désin- date de 1773, et fut annoncée dans
fecter l'air, &c. La 3.ᵉ édition est de le Journal de physique, *tome I.ᵉʳ*,
1805, *1 vol. in-8.°;* mais la découverte *p. 436.*

de presque tous les médicamens, se complique si fort avec les divers états des malades, qu'une longue suite d'observations peut seule parvenir à en mettre l'efficacité au rang des vérités démontrées (1). Ce n'en sont pas moins des instrumens de plus que l'art possède, et qui peuvent le servir quand ses moyens anciens l'abandonnent.

On doit mettre aussi dans le nombre de ces secours que lui ont procurés les sciences physiques, l'établissement en grand des eaux minérales artificielles. Sans remplir entièrement le but des eaux naturelles, elles en offrent cependant les principaux avantages, débarrassés de ces nombreux obstacles qu'opposent à leur emploi les distances et les saisons.

Un véritable progrès de l'art est encore d'avoir banni de l'usage plusieurs drogues exotiques et rares qui n'avoient point d'avantage particulier, et la plupart de ces compositions compliquées si célèbres dans les temps d'ignorance ; d'avoir simplifié et rendu plus constante, en vertu des nouvelles lumières de la chimie, la préparation d'un grand nombre de médicamens connus ; d'avoir appliqué, d'après les règles de l'histoire naturelle, des caractères plus certains aux substances médicamenteuses : mais il seroit difficile d'assigner en particulier chacun des faits nouveaux

Matière médicale.

(1) On conçoit qu'il a été impossible, dans un ouvrage tel que celui-ci, d'entreprendre l'énumération de cette prodigieuse quantité de remèdes employés et vantés dans cette période aussi-bien que dans toutes les autres. On ne pouvoit non plus analyser toutes les observations particulières publiées par les médecins ; mais on est obligé de renvoyer le lecteur aux journaux estimables que publient, sur la médecine, MM. Leroux, Sedillot, Graperon, &c., et aux Mémoires des Sociétés savantes. Il y a aussi dans l'étranger de grandes collections périodiques de ce genre, parmi lesquelles on doit distinguer le Journal de M. Hufeland.

dont se compose cet ordre de recherches, et de nommer spécialement tous les médecins auxquels on les doit ; nous ne pouvons que renvoyer aux ouvrages dont MM. Alibert (1), Barbier (2), Schwilgué (3) et Swediaur (4) ont enrichi en France cette partie de l'art qu'on appelle *matière médicale* (5).

Dans ces divers ouvrages, et dans ceux que quelques étrangers ont publiés sur le même sujet, les substances médicamenteuses sont classées d'après différens points de vue : les uns ont pris pour principe de distribution la famille naturelle d'où chaque substance est tirée ; d'autres, la composition que l'analyse chimique a cru y démêler ; d'autres encore, le système organique sur lequel elle exerce sa principale action ; enfin les médecins qui se sont attachés à la doctrine de Brown, ont principalement considéré l'excitation ou l'affoiblissement que chaque substance paroît produire. A force de multiplier ainsi les aspects sous lesquels on a envisagé les médicamens, on n'a pu manquer d'en étendre la connoissance.

Les changemens survenus dans le langage et la théorie chimiques en ont exigé d'analogues dans les codes pharmaceutiques : la ville de Nancy a donné la première en France l'exemple de les y introduire ; et le respectable M. Parmentier vient de le faire avec autant de succès

(1) Nouveaux Élémens de thérapeutique et de matière médicale ; *Paris, 1808, 2 vol. in-8.º*

(2) Principes généraux de pharmacologie ; *Paris, 1805, in-8.º*

(3) Traité de matière médicale ; *1805, 2 vol. in-12.*

(4) *Materia medica ;* Paris, an 8, in-12.

(5) Les travaux modernes sur la matière médicale en Allemagne sont consignés, ou au moins rappelés, et les sources indiquées dans les ouvrages de M. *Burdach.*

que de zèle pour celle de Paris. Les pharmacopées des autres États ont également été mises au niveau des connoissances actuelles (1).

Au reste, il est une remarque essentielle à faire ici; c'est que la médecine n'est point, comme les autres sciences, toute entière dans les livres : aussi-bien que tous les arts pratiques, elle est différente dans chacun de ceux qui l'exercent; et tous les livres ne seroient rien sans le génie et le talent particulier des individus. Aussi, pour avoir une histoire complète des progrès de la médecine, faudroit-il connoître tous les changemens introduits dans les procédés de cette foule d'hommes utiles occupés de toute part à soulager l'humanité souffrante; mais cette seule recherche exigeroit un temps et son exposition demanderoit un espace qu'il nous est impossible de trouver dans un travail comme celui-ci : nous nous bornerons donc à indiquer quelques-uns des grands praticiens qui ont publié les recueils d'observations les plus importans, tels que les Pierre Frank, les Reil, les Hufeland, les Quarin, les Formey, parmi les Allemands; les Heberden, les Fordyce, les Lettsom, les Gregory, les Duncan, parmi les Anglois; les Cotugno, les Cirillo, parmi les Italiens. Les meilleurs praticiens François ne peuvent être ignorés du chef suprême du Gouvernement; et ce n'est pas à nous à donner notre voix dans un jugement qui est plus qu'aucun autre du ressort du public.

Si l'on trouvoit notre énumération des principaux

(1) On trouvera dans la Pharmacie de M. Dorfurt l'indication de ce qui a été fait sur cet objet en Allemagne par MM. Rose, Tromsdorf, Buchholz, &c.

progrès de l'art de guérir bien sommaire en comparaison de la quantité immense des ouvrages qui ont paru sur son ensemble et sur ses diverses parties, nous répondrions qu'en effet nous n'osons assurer que nous n'ayons pas omis de rappeler quelque pratique avantageuse consignée dans ces innombrables écrits, sur-tout dans ceux des étrangers : mais nous avons lieu de croire que nos omissions ne sont point proportionnées à la quantité de ces ouvrages, attendu que la médecine a encore cela de différent des autres sciences naturelles, que l'on peut y être porté à écrire par beaucoup d'autres motifs que celui d'annoncer des vérités nouvelles.

Chirurgie.　La chirurgie, ou médecine opératoire, est dans le même cas ; et ce seroit un travail au-dessus de nos forces que d'étudier assez profondément cette multitude de livres chirurgicaux qui ont paru depuis 1789, pour être en état de dire avec précision ce que chacun d'eux a ajouté d'utile et de certain aux procédés connus. Il n'est pas même aisé d'assigner le moment où chaque procédé atteint sa perfection ; l'observation les prépare quelquefois long-temps d'avance, la voix des hommes accrédités engage à les mettre en pratique, l'expérience et le temps seuls les consacrent. La guerre elle-même a contribué à augmenter le nombre ou la certitude de ces procédés ; le caractère distinctif des plaies d'armes à feu a été mieux connu ; les cas où l'amputation devient nécessaire, et l'instant où elle est le plus favorable, mieux déterminés ; l'avantage de conserver le plus possible de chairs et de tégumens mieux constaté : les instrumens pour l'extraction des corps étrangers simplifiés ; la suture abandonnée dans presque toutes les plaies simples ; les onguens bannis dans les plaies avec perte de substance.

On doit compter sans doute aussi parmi les progrès de la chirurgie militaire, cette discipline active par laquelle on est parvenu à rapprocher la promptitude des secours de celle des moyens de destruction, et à conserver quelques défenseurs de plus à la patrie, en inspirant à ceux qui les soignent un dévouement et un courage semblables aux leurs. Le Manuel de chirurgie des armées de M. Percy, les Observations de chirurgie faites en Égypte par M. Larrey, sont de beaux monumens des services rendus par l'art médical à cette classe respectable qui sacrifie son existence à la gloire et à la défense du Prince et de l'État.

Les chirurgiens sédentaires profitent, pendant ce temps, de leur position plus tranquille, pour imaginer et donner à l'art des moyens encore plus sûrs et plus délicats.

L'utilité de la trachéotomie pour enlever les corps étrangers de la trachée - artère, a été démontrée par M. Pelletan. M. Deschamps a fait voir qu'on peut lier certaines artères au-dessus d'un anévrisme, et les laisser s'oblitérer sans danger et sans récidive. Dans l'anévrisme faux, on est allé chercher l'artère blessée aux plus grandes profondeurs, et l'on a réussi à la lier avec des rubans et un instrument nouvellement imaginé. M. Scarpa a enrichi l'art d'un ouvrage général sur l'anévrisme, où il apprécie toutes les méthodes de le traiter (1). L'opération de la

(1) *Pavie, 1804, in-fol.* en italien. Il y a une traduction Allemande avec des additions, par M. Harles d'Erlang ; *Zuric, 1808, in - 4.* M. Heurteloup vient d'en annoncer une traduction Françoise.

symphyse a été pratiquée heureusement par M. Giraud. La création d'une pupille artificielle, quand la véritable est obstruée, est devenue une opération facile et sûre pour MM. Demours, Maunoir, et, d'après leur exemple, pour la plupart des chirurgiens. MM. Himly et Cooper ont proposé même, et quelquefois pratiqué avec succès, la perforation du tympan dans certaines surdités. M. Guerin de Bordeaux a imaginé un instrument qui donne la plus grande précision à l'opération de la taille, et un autre qui facilite celle de la cataracte. M. Sabatier a montré la nécessité du cautère actuel contre la rage, et désabusé des remèdes illusoires avec lesquels on se flattoit de prévenir ce mal affreux (1). En général, on doit dire que la chirurgie Françoise se maintient dans cette gloire dont une longue suite d'hommes de mérite l'a fait briller depuis plus d'un siècle, et que tout annonce que les maîtres qu'elle a perdus dans cette période ne manqueront point de successeurs (2). MM. Flajani, Pajola, en Italie; Cline, Home, Tell, en Angleterre; Mursinna, Siebold, Richter, en Allemagne, et beaucoup d'autres, sans doute, soutiennent et étendent cet art dans leur pays.

Enseigne-ment médical. 　Nous le répétons, en effet, toutes ces découvertes, tous ces procédés plus ou moins ingénieux, tous ces traitemens,

_____

(1) Mém. de l'Institut; Sciences physiques, *t. II, p. 249.*

(2) L'Allemagne possède dans la Bibliothèque chirurgicale de M. Richter un excellent recueil d'analyses des ouvrages chirurgicaux qui ont paru depuis vingt ans, et des principales découvertes dont l'art s'est enrichi dans le même intervalle. D'autres ouvrages périodiques semblables ont été entrepris depuis par MM. Loder, Mursinna, Siebold et autres. Le Dictionnaire de chirurgie de M. Bemstein s'enrichit par des supplémens assez complets, qu'on publie de temps en temps,

tous

tous ces remèdes plus ou moins efficaces , n'existent en quelque sorte pour l'art qu'autant que les individus sont habiles à les mettre en pratique; et , sous ce rapport, le perfectionnement de l'instruction intéresse plus essentiellement la médecine que les sciences purement théoriques. La France peut se flatter d'avoir éprouvé en ce genre les améliorations les plus importantes, dans l'époque dont nous traçons l'histoire. On a cherché enfin à s'y rapprocher et même à y surpasser les exemples que donnoient depuis long-temps les universités de Pavie , de Halle , d'Édimbourg , de Vienne , &c. Trois grandes écoles y ont été fondées avec toutes les chaires et tous les secours matériels nécessaires pour l'enseignement le plus complet : les différentes parties de l'art qui peuvent bien être exercées séparément, mais dont les principes et l'enseignement sont nécessairement les mêmes, y ont été réunies ; la clinique sur - tout , cette instruction si importante qui se donne au lit des malades, et qui n'existoit point auparavant en France par autorité publique, y a été établie et organisée sur le meilleur pied ; les élèves qui montrent le plus de dispositions sont exercés sous les yeux des maîtres, et les secondent dans leurs recherches pour les progrès de l'art ; en un mot, on peut dire sans hésiter , que de toutes les parties de l'instruction publique, c'est peut-être à celle-ci qu'il y a le moins à desirer : elle deviendra parfaite, si l'on arrive à rendre les réceptions des médecins, et sur-tout celles des chirurgiens, un peu moins faciles ; et le moyen en est bien simple , car il suffit pour cela de ne pas faire dépendre la fortune des examinateurs de leur indulgence.

Sciences physiques. M m

Les ouvrages élémentaires publiés par quelques-uns des professeurs ne sont pas au moindre rang des moyens d'instruction : la nature de ce Rapport ne nous permet que de rappeler en peu de mots ceux où MM. Sabatier et Lassus ont consigné les résultats de leur longue et heureuse expérience dans la médecine opératoire ; celui que M. Richerand a intitulé *Nosographie chirurgicale* (1), où il se montre un digne élève de l'un des plus grands maîtres que son art ait possédés, Dessault, qui a été enlevé encore dans sa force au commencement de notre période, mais dont la nombreuse école perpétue la gloire ; le grand Traité de M. Baudeloque sur les accouchemens, qui a été traduit dans toutes les langues, &c. Nous regrettons beaucoup de n'avoir pas de notions suffisantes des ouvrages du même genre publiés par les étrangers, afin de leur rendre la même justice. En Allemagne, sur-tout, où l'usage des livres élémentaires est plus commun que chez nous, il n'est presque aucune université dont les professeurs n'en aient publié d'excellens.

S'il étoit de notre sujet de montrer à quel point les lumières des sciences, en se répandant, peuvent éclairer et diriger utilement l'administration, c'est ici sur-tout que nous aurions un beau champ. La précision donnée aux jugemens de la médecine légale (2), les précautions indiquées par la médecine à la police pour prévenir les épidémies et pour arrêter les contagions, les secours préparés pour les

---

(1) *Paris, 1805, 2 vol. in-8.*

(2) Les Allemands se sont occupés avec beaucoup de zèle de la médecine légale ; plusieurs ouvrages de MM. Ludwig, Metzger, Pyl, Scherf et autres, en font foi. Mais la police médicale est sur-tout devenue un objet d'étude particuliere,

noyés et pour les asphyxiés, la surveillance exercée sur la nourriture du peuple, le perfectionnement des hôpitaux de tous les genres, présenteroient un tableau consolant pour l'humanité. Il seroit beau de montrer les Gouvernemens Européens s'occupant à l'envi d'appliquer au bien-être de leurs peuples les découvertes des savans; mais ce n'est point à nous à tracer ce tableau, et les découvertes elles-mêmes ou leur développement scientifique doivent seuls nous occuper. Nous ne nous étendrons pas même sur l'hygiène privée, et sur l'influence heureuse que les lumières générales de la physique et de la médecine ont exercée pour rendre plus salubres le genre de vie, le vêtement, le logement, les alimens des citoyens de toutes les classes et de tous les âges; quiconque comparera avec un peu de soin et d'impartialité notre vie privée à celle que nous menions il y a trente ans, n'en pourra méconnoître les avantages: mais ces effets heureux des sciences, dont l'action lente n'est pas toujours sentie par ceux mêmes qui en profitent le plus, ne sont pas de nature à être exposés en détail dans un ouvrage tel que celui-ci. Qu'il nous soit seulement permis de rappeler l'immense et important travail de M. Tenon sur les hôpitaux, et les améliorations que les vues de ce chirurgien philantrope ont produites dans ces retraites du malheur; l'Hygiène de M. Hallé, l'ingénieuse *Macrobiotique* de M. Hufeland, et le grand Code de la santé et de la longévité du

depuis que M. Frank l'a traitée dans un grand ouvrage. MM. Fodéré et Mahon ont ajouté aux connoissances sur cette matière en France. Le Manuel de M. Schmidtmuller, qui est le plus moderne, indique les livres auxquels on peut avoir recours pour chaque objet en particulier.

chevalier John Sinclair (1), ouvrages où toutes les connoissances de la médecine sont employées pour enseigner
aux hommes les moyens de se passer des médecins. La
science nous prend en quelque sorte au berceau pour
nous prémunir contre tous les dangers qui nous attendent;
et les leçons données aux mères par M. Desessarts (2),
par M. Alfonse Leroy (3), épargneront à beaucoup
d'hommes une vie débile qu'une éducation imprudente
auroit pu leur préparer.

Art vétéri-
naire. La médecine vétérinaire est encore une branche de l'art
de guérir, dont l'objet est moins noble sans doute que
celui de la médecine humaine, mais dont les principes
sont les mêmes, et qui ne diffère dans son application
qu'à cause des différences de structure et de régime des
animaux, et de la plus grande simplicité de leur genre de vie.

Elle vient de tirer un grand parti de cette analogie, en
imaginant d'inoculer le claveau aux moutons. Cette idée,
fondée sur la ressemblance du claveau et de la petite
vérole, paroît avoir parfaitement réussi; et les nombreuses
expériences de M. Huzard ont constaté que c'est un préservatif sûr et à-peu-près sans danger. On a essayé la
vaccine dans la même vue, mais sans avoir encore rien
obtenu de décisif.

Il n'est pas jusqu'aux végétaux qui n'aient leurs maladies, et leur médecine susceptible d'études et de vues tout-
à-fait analogues à celles qui dirigent la médecine des êtres
animés.

(1) *Édimbourg, 1807, 4 vol. in-8.* | des enfans, *1.re édit. 1759; 2.e, 1798.*
en anglois. | (3) Médecine maternelle; *Paris,*
(2) Traité de l'éducation corporelle | *1803, 1 vol. in-8.*

Les recherches de M. Tessier sur les maladies des blés, celles des botanistes qui ont constaté que la plupart de ces maladies sont dues à des champignons parasites, la certitude obtenue par des expériences répétées à l'infini, que la plus funeste, la carie du froment, a son remède infaillible dans l'opération du chaulage, sont autant de résultats dus aux savans qui honorent notre période.

La deuxième des sciences pratiques qui se rattachent plus particulièrement aux sciences naturelles, c'est l'agriculture. Comme la médecine, elle s'occupe des êtres vivans : mais elle les considère principalement dans l'état de santé; et son objet est sur-tout de multiplier, autant qu'il est possible, ceux d'entre eux qui nous sont utiles, ou, en d'autres termes, d'employer la force de la vie pour rassembler et retenir le plus possible d'élémens dans ces combinaisons que la vie seule peut produire, et qui sont nécessaires à notre nourriture, à nos vêtemens ou aux autres besoins de notre société. En sa qualité de la plus indispensable et de la plus vaste de toutes les fabriques, elle peut être considérée sous un double point de vue, celui de la politique et celui de la doctrine; et cette dernière elle-même est susceptible d'un double aspect : celui de l'étendue qu'elle a acquise, ou de l'ensemble des vérités qui en général ont été reconnues, et celui du plus ou moins d'extension que ces vérités ont obtenue parmi les cultivateurs. Sous le rapport de la politique, l'histoire de l'agriculture devroit exposer quel étoit son état avant la révolution, quelle influence ont eue sur elle l'abolition des droits féodaux, la division des grandes propriétés, la

AGRICUL-TURE.

guerre continentale et maritime, et les variations dans le
système des contributions et dans celui des douanes; dans
quelles provinces il s'est introduit des procédés plus avantageux, quelles causes y ont contribué; s'il se produit
aujourd'hui plus ou moins de chaque denrée qu'autrefois,
et si on l'emploie avec plus d'avantage aux besoins du
peuple et de l'État. Mais tous ces objets, qui ne dépendent
que des circonstances politiques ou morales, regardent
l'administration, et non pas l'Institut; et quoique notre
compagnie ne soit point étrangère à la propagation des
découvertes agricoles, ses fonctions consistent sur-tout à
les constater ou à les rendre plus nombreuses, et son devoir, en ce moment, se borne à exposer l'histoire de celles
qui appartiennent à l'époque fixée par votre Majesté.

En général, ces découvertes se rapportent à deux sortes;
introduction de nouvelles espèces et de nouvelles variétés,
ou procédés nouveaux dans leur gouvernement. On peut,
si l'on veut, en faire une troisième sorte, des nouvelles
combinaisons de cultures diverses propres à tirer un
meilleur parti d'un espace donné, et des procédés con-
venables pour mettre en culture des terrains auparavant
stériles.

Cependant nous ne devons pas nous en tenir trop
étroitement, en ce genre, à ce qui peut être appelé nouveau
dans toute la rigueur du terme. Si quelques pratiques,
auparavant concentrées dans certains cantons particuliers
ou connues seulement dans des pays éloignés, sont devenues plus générales, il appartient à cette histoire des
sciences de montrer comment les notions tirées de la chimie et de l'histoire naturelle ont fait sentir à nos compa-

triotes l'avantage de ces pratiques, et les ont engagés à les étudier et à les introduire parmi nous.

Nous avons déjà cité, à l'article du règne végétal, plusieurs plantes étrangères dont l'utilité s'est fait connoître dans ces dernières années : nous en pourrions citer beaucoup d'autres qui, connues depuis long-temps, n'ont été admises que depuis peu dans l'agriculture Françoise.

Nouvelles espèces ou variétés de végétaux introduits en agriculture.

La pistache de terre *[arachis hypogæa]* commence à se répandre dans le midi, où elle a été introduite par Gilbert; sa semence, si singulière par sa position souterraine, donne une huile agréable. La patate douce de Malaga a été introduite, en 1789, à Montpellier et à Toulouse, par M. Parmentier; celle d'Amérique, qui est plus agréable, a été cultivée depuis à Bordeaux par M. Villers, et a réussi dans nos départemens plus septentrionaux par les soins de M. Lelieur. Le topinambour *[helianthus tuberosus]*, dont la racine a l'avantage de se conserver sous terre sans geler, s'emploie de plus en plus pour les bestiaux. Le navet de Suède, dit *ruta-baga*, plante qui réunit beaucoup d'utilités différentes, se répand généralement. Tout le monde se souvient des grandes expériences de M. Parmentier sur les pommes de terre, et des services rendus par ces racines dans les disettes dont nous fûmes menacés deux fois pendant la révolution : le goût s'en est répandu dès-lors, et les meilleures variétés se sont introduites par-tout. On s'est assuré de la possibilité de cultiver le coton herbacé dans quelques parties méridionales de la France, et de rendre ainsi nos fabriques un peu moins dépendantes de nos relations politiques. Le *phormium tenax* commence à être cultivé dans les mêmes départemens, et fournira bientôt les plus puissans de tous les cordages. La multiplication du faux acacia ou robinier a été très-considérable par-tout, et très-avantageuse à cause de la promptitude de son développement et de sa facilité à venir dans les plus mauvaises situations. Nous avons déjà parlé des arbres de l'Amérique septentrionale que l'on peut naturaliser parmi nous. Les essais en ce genre, dus aux soins de MM. Michaux et exécutés sous les auspices de l'administration des forêts, sont déjà nombreux et promettent beaucoup ; avec de l'ordre et de la patience, on enrichira la France d'une foule de bois de qualités diverses, et dont le plus ou moins de rapidité à croître et de facilité à vivre dans des terrains variés offre les plus grands avantages.

De toutes les opérations de plantation, la plus intéressante et la plus immédiatement utile est bien celle des pins maritimes pour la fixation des dunes : non-seulement elle met en valeur des terrains immenses, mais elle assure l'existence de villages, de cantons entiers, que les dunes menaçoient d'une destruction totale. On ne peut trop célébrer le zèle de M. Bremontier, qui a le premier constaté les vrais moyens de rendre ce travail efficace, et qui a mis toute son activité à en presser l'exécution (1).

Nouvelles races d'animaux domestiques.

La plus importante des races d'animaux que l'on peut considérer comme nouvelles en France, celle dont la multiplication a été la plus générale, c'est sans contredit celle des moutons d'Espagne à laine fine, appelés *mérinos ;* ils sont aujourd'hui répandus dans presque toutes nos

(1) Mémoire sur les dunes, *an 5.*

provinces.

provinces. Déjà la laine qu'ils fournissent diminue sensiblement pour nos fabriques de draps le besoin des laines étrangères ; et les cultivateurs qui tirent un revenu double d'un troupeau qui n'exige pas une nourriture plus abondante ni plus chère, bénissent les Daubenton, les Tessier, les Gilbert, les Huzard, les Silvestre, dont les longs travaux, encouragés par le Gouvernement, leur ont procuré cette nouvelle source de prospérité.

Les bœufs d'Italie, plus propres que les autres au tirage, les buffles, si utiles pour tirer parti des terrains marécageux, nous ont été procurés par les conquêtes de la première armée d'Italie. On commence à multiplier les vaches sans cornes, qui joignent à l'avantage de se blesser moins souvent entre elles, celui de fournir un lait aussi bon que copieux.

Les soins donnés aux haras par le Gouvernement, les instructions qui ont été publiées sous ses auspices par M. Huzard, ont déjà un effet très-sensible sur les races de nos chevaux.

Soins nouveaux et études des espèces et des races anciennes.

Grâce aux observations des naturalistes, l'art, presque nouveau en France, de recueillir le miel sans détruire les abeilles, commence à se répandre et aura de l'influence sur cette branche importante d'économie.

En tout genre, les connoissances plus exactes sur la manière de conduire chaque espèce, et sur la quantité et la qualité des produits de chaque variété, sont au moins aussi précieuses à acquérir que des espèces ou des races entièrement nouvelles. La comparaison des différentes céréales par M. Tessier, celle des diverses variétés de vignes, de leurs rapports avec les terrains et l'exposition, et de

Sciences physiques. N n

leur influence sur la qualité du vin, par M. Bosc (1), méritent donc un rang distingué parmi les travaux utiles de cette période.

Mais la partie la plus transcendante de l'agriculture consiste à trouver la combinaison et la succession d'espèces la plus avantageuse; à déterminer avec précision, dans chaque circonstance, quelle partie de terrain doit être consacrée à chaque culture, et la proportion relative des animaux et des grains que l'on doit chercher à obtenir. C'est dans cette proportion que consiste le problème des assolemens et des prairies artificielles; problème dont la solution, pour être parfaite, exige, pour ainsi dire, la réunion de toutes les sciences naturelles : aussi est-ce sur ce point que l'agriculture a fait, dans cette période, les progrès les plus marqués. L'ouvrage de Gilbert (2) avoit déjà démontré, avant le commencement de notre époque, l'avantage d'étendre la culture des prairies artificielles; et dès-lors les expériences ont été multipliées; des hommes habiles ont réussi à faire entrer ces prairies dans l'ordre de leurs récoltes successives, et l'art des assolemens a fait un grand pas vers sa perfection. Les bons exemples de ce genre ont été particulièrement donnés par MM. Yvart, Mallet, Pictet, Barbançois, Fremin, Jumilhac, Rosnay, Devilliers, Fera-Rouville, Sageret, &c. Les principes de cet art ont été établis dans un ouvrage que M. Yvart (3) a publié sur ce sujet, après avoir obtenu l'approbation de la

---

(1) Plan pour la détermination et la classification des diverses variétés de la vigne cultivée en France; *1 vol. in-8.°, 1808.*

(2) Traité des prairies artificielles; *1 vol. in-8.°, 1789.*

(3) Essai sur les assolemens.

classe ; et les résultats heureux de ces découvertes se sont principalement répandus par le zèle des sociétés d'agriculture.

Les jachères ont diminué par-tout, les bestiaux se sont multipliés ; l'art des engrais s'est perfectionné, la poudrette en a fourni un nouveau ; le plâtre a été mieux employé aux amendemens ; et l'usage si utile d'enfouir des végétaux vivans , semés à cet effet, commence à être adopté dans plusieurs cantons.

Nous devons mettre au premier rang des travaux utiles qui ont contribué à répandre le goût et les connoissances positives de l'agriculture, les cours publics d'économie rurale qui ont été faits dans cette période, et pour la première fois en France, par MM. Silvestre et Coquebert-Montbret, et celui que M. Yvart professe depuis deux années à l'école vétérinaire d'Alfort.

Ce seroit en vain que nous essaierions de nommer tous les hommes zélés qui ont contribué par leurs écrits et par leurs exemples à disséminer l'instruction agricole dans notre pays ; encore moins ceux qui ont rendu des services semblables aux pays étrangers. Qu'il nous suffise de citer ici les Mémoires de la Société d'agriculture de Paris (1), composés d'observations intéressantes sur toutes les parties de l'agronomie, et dans lesquels M. Silvestre, secrétaire de cette société, en exposant chaque année l'état des progrès de l'agriculture Françoise, leur a donné encore une nouvelle impulsion ; la partie d'agriculture de la Bibliothèque Britannique, rédigée par M. C. Pictet, de Genève, et les Annales de l'agriculture Françoise de notre confrère

(1) *11 vol. in-8.°*

M. Tessier, comme les recueils qui ont le plus contribué
à cette œuvre si utile dans la partie de l'agriculture. Les
instructions populaires sur divers sujets spéciaux, publiées
par ordre du Gouvernement, et rédigées par MM. Parmentier, Cels, Gilbert, Huzard, Tessier, Vilmorin, Yvart,
Chabert, Nysten ; l'Instruction pour les bergers de feu
Daubenton (1), celle de M. Huzard sur les haras (2); l'ouvrage de M. Silvestre sur les moyens de perfectionner les
arts économiques ; les écrits de M. Lasteyrie sur les moutons (3), les constructions rurales (4), le cotonnier (5);
ceux de M. Dumont-Courset, sur le jardinage (6); de
M. Maurice, sur les engrais ; les Voyages agronomiques de
M. François de Neufchâteau (7); ceux de M. Depère (8);
l'ouvrage sur les desséchemens, de M. Chassiron (9); les
Traités des bois et des irrigations, par M. de Perthuis (10);
la partie d'agriculture de l'Encyclopédie méthodique ; la
nouvelle édition du Dictionnaire de Rozier, et celle du
Théâtre d'agriculture, d'Olivier de Serres : voilà les ouvrages qui se présentent le plus avantageusement à notre
mémoire.

Mais de dire positivement, comme nous l'avons fait pour

(1) Troisième édition, 1 vol. in-8.º, an 10.

(2) 1 vol. in-8.º, an 10.

(3) Histoire de l'introduction des moutons à laine fine d'Espagne; 1 vol. in-8.º, an 11.

(4) Traduction du Traité de construction rurale publié par le bureau d'agriculture de Londres; 1 vol. in-8.º, an 10.

(5) Du cotonnier et de sa culture; 1 vol. in-8.º, 1808.

(6) Le Botaniste cultivateur; 4 vol. in-8.º, 1802.

(7) 1 vol. in-4.º, 1806.

(8) Manuel d'agriculture pratique, 1806.

(9) Lettre aux cultivateurs François sur les desséchemens; an 9.

(10) Traité de l'aménagement et de la restauration des bois et forêts de la France; an 11. Mémoire sur l'amélioration des prairies artificielles et sur leur irrigation; 1806.

les sciences théoriques, ce que chacun de ces auteurs a fourni de nouveau à l'agriculture, c'est ce qui nous seroit impossible. Ici, comme en médecine, comme en chirurgie, les procédés se propagent lentement; leur utilité se constate plus lentement encore : ce n'est point par sa nouveauté qu'une découverte se recommande : faire passer une pratique d'un canton dans un autre, est souvent une chose plus utile que ne pourroient l'être les conceptions les plus profondes, les efforts les plus soutenus de l'esprit; et dans ces transmigrations de races, d'instrumens, d'opérations, dans cette communication qui s'en fait entre des gens peu instruits, plus desireux de profits que de gloire, le nom du véritable inventeur se perd et disparoît le plus souvent. La même observation s'applique à la technologie, la troisième de nos sciences pratiques, et celle par laquelle nous terminerons ce Rapport.

ELLE embrasse tous les arts, c'est-à-dire, toutes les modifications que nous savons donner aux productions naturelles, pour les accommoder à nos besoins, depuis les altérations les plus simples, que leur facilité et leur nécessité journalière font ranger dans l'économie domestique ou rurale, jusqu'aux fabrications les plus étendues et les plus délicates. L'histoire détaillée de leurs progrès exigeroit des recherches, que notre genre de vie et les moyens qui sont à notre disposition ne nous permettent pas de rendre complètes. Ce n'est ni dans les livres, quelque nombreux qu'ils soient, ni dans le cabinet, que l'on peut s'en instruire. Il faudroit parcourir les ateliers, suivre les manipulations des ouvriers; s'entretenir avec les chefs, souvent leur

TECHNOLO-GIE, ou connoissance des arts et métiers.

arracher des secrets d'où dépend leur fortune : et même, après plusieurs années, combien n'ignoreroit-on pas encore de pratiques, cachées ou concentrées dans quelques ateliers particuliers, ou qui, des pays étrangers, n'auroient point pénétré jusque chez nous ?

Il faut donc, en technologie, comme en médecine, comme en agriculture, nous borner à une revue rapide des principaux objets qui sont parvenus à notre connoissance, et les considérer non-seulement en tant qu'ils seroient nouveaux en eux-mêmes, mais avoir encore égard à ceux qui sont au moins nouveaux pour la France, et qui n'y ont été propagés que dans ces derniers temps. Aussi-bien c'est au goût des sciences devenu plus général, c'est aux lumières devenues plus communes parmi les manufacturiers, que l'on doit cet intérêt qu'ils ont mis à s'instruire, à se procurer la connoissance de ces pratiques étrangères ou peu connues, et cette justesse avec laquelle ils ont pu les apprécier.

Cette énumération nous présente d'ailleurs encore, dans sa rapidité, un tableau assez remarquable et assez digne de l'attention du Chef auguste de l'État.

Ainsi la physique a fourni des améliorations tout-à-fait inattendues dans l'art de conduire le feu et d'épargner le combustible. Le chauffage des appartemens a reçu des poêles et des cheminées de toutes les sortes, qui ont peut-être réduit d'un tiers la consommation du bois, ou multiplié d'autant les jouissances des individus. La dépense que la cuisine exige, est réduite à moins de moitié par les nouveaux procédés de M. le comte de Rumford, dont l'utilité s'étend à toutes les fabriques qui emploient des liquides chauds, depuis les bains et les lessives jusqu'aux teintures et aux savonneries (1) : les distilleries sont arrivées par-là à des économies presque incroyables. Les thermolampes de M. Lebon, qui tirent parti du même feu pour chauffer et pour éclairer, ont reçu d'importantes applications en Angleterre et en Allemagne, et s'emploient déjà avec grand profit dans diverses manufactures considérables. C'est aux découvertes physiques sur l'influence de la pression dans les combinaisons, que l'on doit le nouvel art mis en pratique par M. Paul pour composer les eaux minérales artificielles.

Toutes les parties de l'économie rurale et domestique ont reçu des perfectionnemens, par l'extension des connoissances chimiques relatives aux substances qu'elles emploient.

La meunerie, la boulangerie, ont été améliorées par M. Parmentier (2). La mouture économique et les bons procédés de panification se sont généralisés. On a appris à faire de l'amidon avec une infinité de substances végétales plus communes que le blé, ou même auparavant tout-à-fait inutiles.

L'ouvrage de M. Chaptal sur le vin (3), dont nous avons parlé à l'article de la chimie, a produit la plus heureuse révolution dans cette branche si importante de l'industrie Françoise ; et plusieurs cantons, dont les vins étoient de mauvaise qualité, ont déjà réussi à les perfectionner d'après les préceptes de ce savant chimiste.

(1) Essais politiques et économiques, &c. par M. le comte de Rumford, 2 vol. in-8.°, 1799 ; et différens Mémoires imprimés parmi ceux de l'Institut.

(2) Le parfait Boulanger, 1 vol. in-8.°, 1778, et plusieurs autres Mémoires.

(3) Art de faire le vin ; 1 vol. in-8.°, 1807.

L'analyse du lait, par MM. Parmentier et Deyeux, a donné des procédés sûrs pour imiter par-tout toutes les sortes de fromages, et pour rendre le beurre plus agréable et plus facile à conserver.

Les filtres de charbon, suite des découvertes de Lowitz, de Morozzo, de Rouppe, ont fourni les moyens de rendre salubres et agréables les eaux les plus corrompues (1).

La théorie du tannage, découverte par M. Seguin, a produit cet effet, que l'on termine maintenant en trois ou quatre mois, dans la plupart des ateliers, ce qui en exigeoit auparavant douze ou quinze. D'ailleurs, les procédés spéciaux nécessaires pour chaque sorte de tannage, chamoisage et corroyage, sont devenus des connoissances générales.

Il en est de même des fabriques de produits salins, dont la France manquoit autrefois, et que la chimie a multipliées au niveau de nos besoins. La céruse, le vert-de-gris, la couperose, l'alun, le sel ammoniac, la soude, se font maintenant chez nous aussi parfaitement qu'en aucun autre pays : comme on les fabrique, pour la plupart, de toutes pièces, on leur donne un degré de pureté qu'il étoit impossible d'obtenir auparavant ; et si l'on trouve moyen d'adoucir, pour les deux derniers objets, l'impôt sur le sel, nous soutiendrons toute espèce de concurrence (2).

Nous serons également, dans tous les marchés, les

(1) *Voyez* la Manière de bonifier parfaitement les eaux, par Barry ; *1 vol. in-8.°, an 12.*

(2) Depuis la présentation de ce Rapport, l'exemption a été accordée ; et il s'est formé une vingtaine de fabriques de soude artificielle par la décomposition du sel marin.

rivaux

rivaux des Anglois pour l'acide sulfurique, si le Gouvernement permet à ces fabriques de s'approvisionner de
salpêtre de l'Inde (1).

L'emploi de cet acide pour clarifier les huiles les plus
troubles, sur-tout celle de colza, et les rendre limpides
comme de l'eau, est encore un des bienfaits récens de la
chimie.

Tout le monde se souvient du service important qu'elle
rendit à l'État dans des momens périlleux, en simplifiant
et en rendant populaires l'extraction du salpêtre et la fabrication de la poudre (2).

Aucun art ne devoit attendre de cette science et n'en a
reçu en effet plus d'amélioration que la teinture. M. Berthollet lui a donné le blanchiment par l'acide muriatique
oxigéné, qui épargne le temps et les frais, et qui a l'avantage
inappréciable d'enlever les couleurs mal appliquées (3).

L'emploi de l'acide oxalique, pour enlever à volonté
l'oxide de fer; celui de l'acide muriatique, pour nuancer les
couleurs, et des muriates d'étain, de fer et de bismuth,
comme mordans, sont aussi des sources de grandes commodités en teinture; comme la substitution de l'acide
pyroligneux au vinaigre, dans presque tous les cas où l'on
employoit celui-ci, a été celle d'une très-grande économie.
La teinture du coton en rouge a été réduite aux principes
les plus sûrs par les travaux successifs de MM. Haussman
et Chaptal (4): M. Tingry en a fait autant pour l'art des
vernis.

---

(1) Cette permission a été accordée.
(2) Instruction sur la fabrication du salpêtre; *an 2.*

(3) Annales de chimie de 1789.
(4) Art de la teinture du coton en rouge; *1807, 1 vol. in-8.°* Voyez aussi

L'art d'enlever dans la juste proportion le suint des laines qu'on veut teindre, est une découverte encore toute nouvelle, due à MM. Vauquelin, Godine et Roard.

M. Chaptal a imaginé de remplacer les huiles, dans la fabrication du savon, par de vieux débris de laine ; et l'on y emploie maintenant, en Angleterre, jusqu'aux vieux cadavres de poissons.

Le blanchiment à la vapeur est encore une découverte importante, généralisée par M. Chaptal (1).

Nous avons déjà parlé des nouvelles couleurs fournies par la chimie à la peinture à l'huile et à la peinture en émail, comme le bleu de cobalt, de M. Thenard ; le rouge de chrome ; le vert du même métal, appliqué à la porcelaine, par M. Brongniart. Nous aurions pu y ajouter l'introduction en France de la fabrication du bleu de Prusse et du bleu Anglois, qui n'est qu'un bleu de Prusse mêlé d'alumine.

L'analyse plus exacte des terres n'a pas été moins utile à la poterie ; et il suffit, pour s'en convaincre, de comparer nos poteries communes d'aujourd'hui à celles que nous avions il y a vingt ans. Les cailloutages de Sarguemines et les hygiocérames de M. Fourmy méritent d'être distingués dans ce nombre (2).

Le rouissage du chanvre par des moyens chimiques est infiniment plus sûr, plus court et plus salubre qu'autrefois.

Nous n'avons pas besoin de traiter des progrès de la

---

les Élémens de teinture, de M. Berthollet.

(1) Essai sur le blanchiment, par Oreilly ; *1801, 1 vol. in-8.º*

(2) Mémoire sur les ouvrages en terre cuite, par Fourmy ; *broch. in-8.º, 1802.*

docimasie et de la métallurgie, qui marchent nécessairement du même pas que la chimie, ni de rappeler au Chef
du Gouvernement la précision admirable à laquelle est
arrivé le monnoyage ; mais nous pouvons dire que la
purification du platine et l'art de le travailler ont donné
à tous les autres arts les vases les plus utiles par leur
inaltérabilité.

Nous avons déjà exposé ailleurs le nouvel art de fabriquer l'acier fondu, inventé par Clouet ; celui des crayons
de mine de plomb, par Conté ; et celui de décomposer
le métal des cloches, par M. Fourcroy. Ce dernier nous
tient momentanément lieu de mines d'étain et de cuivre.

L'établissement de fabriques de fer-blanc, qui ne laissent
plus rien à desirer, est encore une conquête récente sur
l'étranger.

La fabrication des cristaux et de tous les genres de
verres n'a pas fait de moindres progrès que les autres
arts chimiques, pour la netteté, la blancheur, le volume
et l'économie ; on peut s'en convaincre dans les moindres
demeures des particuliers, aussi-bien que dans l'excellent
ouvrage de M. Loysel sur la verrerie (1). M. Pajot-Des-
charmes en est venu jusqu'à souder les glaces. Le rouge
à polir, autrefois très-cher, se fait maintenant d'une manière infiniment plus simple, d'après les procédés de
MM. Guyton et Frédéric Cuvier.

Les cimens de toute espèce, les pouzzolanes artificielles,
fabriquées selon les méthodes imaginées par MM. Chaptal,
Père, &c., ainsi que celles de nos volcans éteints, ont donné
à nos constructeurs les moyens de se passer des produits

(1) Essai sur l'art de la verrerie ; *an 8, 1 vol. in-8.°*

étrangers. M. Fabbroni en Italie, et d'après lui, M. Faujas en France, ont trouvé des terres propres à faire des briques si légères qu'elles flottent sur l'eau, invention précieuse pour construire les fours des vaisseaux.

La carbonisation de la tourbe, la purification du *coak* ou charbon de terre dessoufré, ont été introduites en France dans cette période.

L'opération des assignats, quels qu'aient été ses résultats politiques, a laissé à l'art du papetier des perfectionnemens durables, et sur-tout l'emploi de l'acide muriatique oxigéné pour le blanchiment de la pâte. C'est même à elle que l'on doit en grande partie le nouvel emploi des caractères stéréotypes, qui augmenteront les bienfaits de l'imprimerie, en faisant pénétrer les conceptions du génie jusque dans les plus pauvres chaumières.

La technologie n'a point d'école en France où l'on en démontre les principes; et quoique les arts et métiers aient été souvent décrits en détail dans de grands ouvrages, il n'y a encore d'élémentaire et propre à l'instruction générale que la Chimie appliquée aux arts, de M. Chaptal; livre excellent, mais qui n'embrasse que les arts exclusivement chimiques (1). Du moins dans cette partie, l'on peut être assuré que la lumière des sciences pénétrera dans les ateliers; et ses effets sont déjà très-sensibles chez les manufacturiers éclairés.

RÉSUMÉ.   C'EST ici que nous terminerons, SIRE, cet aperçu sommaire des changemens les plus avantageux que les progrès de la chimie et de la physique ont introduits

(1) Chimie appliquée aux arts; *1807, 4 vol, in-8.°*

dans la pratique des arts. Nous aurions pu l'étendre beaucoup, si le temps et la nature de nos connoissances nous l'avoient permis, et sur-tout s'il nous avoit été possible d'entrer dans tous les perfectionnemens de détail qui ont été adaptés aux divers procédés particuliers ; nous aurions pu y ajouter enfin l'énumération de cette quantité de substances que la botanique, la minéralogie et la zoologie ont découvertes et fournies aux différens arts, si nous n'en avions déjà indiqué les principales en parlant de ces sciences elles-mêmes, et si nous n'avions encore ajouté à cette liste lorsque nous avons traité de la médecine et de l'agriculture.

Tel qu'il est, ce tableau suffira sans doute pour donner une idée de ce que les sciences ont fait et de ce qu'elles peuvent faire encore pour l'utilité immédiate de la société ; utilité immédiate qui est d'ailleurs le moindre des rapports sous lesquels un Prince comme votre Majesté, et un corps comme celui qui est admis aujourd'hui à l'honneur de vous entretenir, doivent considérer les sciences.

Conduire l'esprit humain à sa noble destination, la connoissance de la vérité ; répandre des idées saines jusque dans les classes les moins élevées du peuple ; soustraire les hommes à l'empire des préjugés et des passions ; faire de la raison l'arbitre et le guide suprême de l'opinion publique, voilà l'objet essentiel des sciences ; voilà comment elles concourent à avancer la civilisation, et ce qui doit leur mériter la protection des Gouvernemens qui veulent rendre leur puissance inébranlable, en la fondant sur le bien-être commun.

Si votre Majesté impériale veut donc reporter les yeux

sur le long rapport que nous venons de lui faire, et considérer sous l'aspect que nous venons de lui indiquer, les efforts des hommes dont nous lui avons parlé, nous esperons qu'elle y trouvera la preuve de ce que nous lui avons annoncé dès l'abord, qu'il n'est aucune des branches des sciences naturelles qui ne doive les augmentations les plus sensibles à ceux qui les ont cultivées de notre temps; qu'il n'en est aucune qui n'ait acquis une multitude de faits précieux, de vues nouvelles, et que la plupart ont éprouvé, dans leurs théories, des révolutions importantes qui les ont simplifiées, éclaircies, et leur ont fait faire des pas évidens vers la vérité.

La marche des affinités chimiques, ressort général de tous les phénomènes naturels, a été expliquée ; la chaleur, principal de leurs agens, a reçu des lois rigoureuses ; l'électricité galvanique est venue ouvrir des régions toutes nouvelles, dont nul ne peut encore mesurer l'étendue ; la nouvelle théorie de la combustion, en jetant sur toute la chimie la plus vive lumière, et la nouvelle nomenclature, en facilitant son étude, en ont inspiré le goût, et ont occasionné une foule de travaux aussi utiles que pénibles ; la physiologie des corps vivans, l'effet et la marche des fonctions dont leur vie se compose, ont reçu de la chimie les éclaircissemens les plus inattendus : l'anatomie comparée s'est jointe à la chimie pour faire pénétrer tous les secrets comme toutes les variations des forces vitales ; elle a réglé l'histoire naturelle d'après des méthodes raisonnées, qui réduisent les propriétés de tous les êtres à leur expression la plus simple ; elle a déterré et recréé des espèces inconnues, enfouies dans les couches du globe : les minéraux ont été analysés et soumis aux lois de la géométrie : des végétaux et des animaux auparavant inconnus ont été rassemblés et distingués ; leur catalogue général a été augmenté de plus du double ; leurs propriétés ont enrichi les arts d'une foule d'instrumens nouveaux : la vaccine enfin a donné les moyens de soustraire l'humanité à l'un des plus funestes fléaux qui la tourmentoient.

Telles sont les principales découvertes physiques qui ont illustré notre époque, et qui ouvrent le siècle de NAPOLÉON. Quelles espérances ne donnent-elles pas elles-mêmes ! Combien n'en donne pas sur-tout l'esprit général qui les a occasionnées, et qui en promet tant d'autres pour l'avenir ! Toutes ces hypothèses, toutes ces suppositions plus ou moins ingénieuses, qui avoient encore tant de vogue dans la première moitié du dernier siècle, sont aujourd'hui repoussées par les vrais savans : elles ne procurent plus même à leurs auteurs une gloire passagère. L'expérience seule, l'expérience précise, faite avec poids, mesure, calcul et comparaison de toutes les substances employées et de toutes les substances obtenues, voilà aujourd'hui la seule voie légitime de raisonnement et de démonstration. Ainsi, quoique les sciences naturelles échappent aux applications du calcul, elles se font gloire d'être soumises à l'esprit mathématique ; et par la marche sage qu'elles ont invariablement adoptée, elles ne s'exposent plus à faire de pas en arrière : toutes leurs propositions sont établies avec certitude, et deviennent autant de fondemens solides pour ce qui reste à construire.

Les physiciens et les naturalistes de notre époque se sont donc honorablement placés à la suite et dans les rangs des hommes qui ont accéléré la marche de l'esprit humain, et parmi eux, les physiciens et les naturalistes François. Nous pouvons, nous devons le déclarer en ce moment solennel où nous sommes leurs organes auprès de l'auguste Chef de l'État, et nous ne craignons pas d'être désavoués par ceux des autres nations, les physiciens et les naturalistes François ont noblement soutenu l'honneur de leur patrie; et pendant ces vingt années, où, dans une autre carrière, des prodiges inouis de dévouement, de valeur et de génie, portoient avec tant d'éclat dans toutes les contrées de l'univers les noms des héros de la France, ceux qui cultivent les sciences dans cet heureux pays ne sont point restés indignes d'avoir aussi quelque part dans la gloire de leur nation.

Nous le répétons ici, ce n'est point par un effet de notre partialité que les savans François se trouvent, dans ce Rapport, cités au premier rang dans presque toutes les branches des sciences naturelles; la voix des étrangers le leur décerne comme la nôtre; et même dans les parties où le hasard n'a pas voulu qu'ils fissent les découvertes principales, la manière dont ils les ont accueillies, examinées, développées, dont ils en ont suivi toutes les conséquences, place nos compatriotes bien près des premiers inventeurs, et leur donne, à bien des égards, le droit d'en partager l'honneur.

Votre Majesté impériale nous ordonne de lui proposer les moyens les plus sûrs d'entretenir cette noble émulation, et de la diriger vers le but le plus utile.

Un de vos regards, SIRE, l'espoir de voir un jour leurs travaux cités dans l'histoire de votre règne, parmi toutes

ces

ces merveilles dont votre génie et votre fortune vous ont entouré, voilà ce qu'il faut à ceux qui ont le bonheur d'être vos contemporains.

Les établissemens que vous avez relevés ou que vous avez fondés, leur assurent une existence honorable; votre munificence ne leur laisse point d'inquiétude pour l'avenir; les moyens de recherches et d'expériences leur sont offerts de toute part : quel aiguillon leur manqueroit-il donc sous un Prince qui daigne s'informer de leurs succès, les rapprocher de lui, examiner par lui-même leurs plans et leurs résultats?

Votre Majesté ne manquera pas de leur assurer des successeurs; toutes vos mesures paternelles pour fonder le bonheur futur de la France nous le garantissent. Déjà les écoles spéciales de médecine, de travaux publics, de sciences mathématiques et physiques et d'histoire naturelle, offrent pour les degrés supérieurs un enseignement infiniment plus parfait que tout ce qui a jamais existé dans aucun pays.

Des écoles d'agriculture et de technologie compléteroient ce grand système, et étendroient d'une manière indéfinie l'influence bienfaisante des sciences sur les professions utiles. C'est un objet que l'on ne peut trop recommander à la sollicitude de votre Majesté.

Peut-être la première instruction est-elle susceptible de quelque amélioration, par rapport aux sciences naturelles; peut-être le titre commun de professeurs de mathématiques, donné à quatre des maîtres de chaque lycée, a-t-il empêché de les examiner assez sur la chimie et l'histoire naturelle, qu'ils doivent également enseigner, et vaudroit-il mieux leur partager l'enseignement d'une manière plus spéciale. Mais les nouveaux plans que la sagesse de votre Majesté médite pour l'instruction publique, remédieront sans doute à ces légers inconvéniens (1).

Ce seroit une erreur de croire à l'inutilité de ces premières semences jetées dans l'esprit des enfans : outre l'augmentation des chances pour procurer un jour des savans habiles, elles serviront aux jeunes gens, sortis des lycées, qui se proposent d'exercer des professions utiles, et à ceux qui se destinent aux carrières supérieures de la guerre ou de l'administration, en éclairant leur esprit et en le remplissant d'idées et de faits dont ils pourront à chaque instant s'aider dans les travaux de leur état.

Par la même raison, votre Majesté ordonnera sans doute l'entretien et l'accroissement des jardins, des cabinets et des autres collections qui existent dans les départemens. Ces moyens matériels d'instruction parlent sans cesse aux yeux, et inspirent le goût des sciences à la jeunesse. Nous leur devons une partie des hommes de mérite dont nous venons de retracer les travaux, et l'on reprocheroit à l'âge présent de n'avoir pas conservé pour l'avenir les sources de tant d'avantages.

(1) Depuis la présentation de ce Rapport, une partie de ces vues a été réalisée par le conseil de l'Université impériale.

RÉPONSE DE SA MAJESTÉ.

MM. les président, secrétaires et députés de la première classe de l'Institut,

J'ai voulu vous entendre sur les progrès de l'esprit humain dans ces derniers temps, afin que ce que vous auriez à me dire fût entendu de toutes les nations, et fermât la bouche aux détracteurs de notre siècle, qui, cherchant à faire rétrograder l'esprit humain, paroissent avoir pour but de l'éteindre.

J'ai voulu connoître ce qui me restoit à faire pour encourager vos travaux, pour me consoler de ne pouvoir plus concourir autrement à leurs succès. Le bien de mes peuples et la gloire de mon trône sont également intéressés à la prospérité des sciences.

Mon ministre de l'intérieur me fera un rapport sur toutes vos demandes : vous pouvez compter constamment sur les effets de ma protection.

FIN.

IMPRIMÉ

Par les soins de J. J. MARCEL, Directeur de l'Imprimerie impériale, Membre de la Légion d'honneur.